Python
程序设计基础实战教程

韦玮／著

U0341897

清華大学出版社

北京

内 容 简 介

本书内容由浅入深,覆盖了绝大部分 Python 基础方面的知识,体系性较强,每个章节都基于各知识点编写了相应的 Python 程序实例,注重读者编程能力的培养。

这是一本定位于 Python 3 入门的书籍,适合没有 Python 编程基础,但是又想学习 Python 的读者使用。

图书在版编目(CIP)数据

Python 程序设计基础实战教程/韦玮著. —北京:清华大学出版社,2018(2020.1重印)
(清华科技大讲堂)
ISBN 978-7-302-48626-8

Ⅰ. ①P…　Ⅱ. ①韦…　Ⅲ. ①软件工具—程序设计　Ⅳ. ①TP311.561

中国版本图书馆 CIP 数据核字(2017)第 261158 号

责任编辑:贾　斌　薛　阳
封面设计:刘　健
责任校对:焦丽丽
责任印制:沈　露

出版发行:清华大学出版社
　　　　网　　　址:http://www.tup.com.cn,http://www.wqbook.com
　　　　地　　　址:北京清华大学学研大厦 A 座　　　　邮　　编:100084
　　　　社 总 机:010-62770175　　　　　　　　　　　邮　　购:010-62786544
　　　　投稿与读者服务:010-62776969,c-service@tup.tsinghua.edu.cn
　　　　质量反馈:010-62772015,zhiliang@tup.tsinghua.edu.cn
　　　　课件下载:http://www.tup.com.cn,010-62795954
印 装 者:三河市君旺印务有限公司
经　　销:全国新华书店
开　　本:185mm×260mm　　　印　　张:17　　　　字　　数:408 千字
版　　次:2018 年 1 月第 1 版　　　　　　　　　　　印　　次:2020年1月第次4印刷
印　　数:4501~6000
定　　价:45.00 元

产品编号:073118-01

前　言

1．关于本书

Python 是一门非常简洁优美的编程语言，不管读者是否有编程基础，都可以很快地入门 Python。

同时，Python 还是一门近乎"全能"的编程语言，比如，我们可以使用 Python 进行数据采集，也可以使用 Python 进行 Web 开发，还可以使用 Python 进行数据分析与挖掘，进行量化投资分析，进行自动化运维等。

所以，总的来说，Python 是一门非常容易入门，并且功能非常强大的编程语言。我们可能会听到"人生苦短，我用 Python"之类的说法，这样的说法也是不无道理的，因为我们使用 Python 进行编程，不管是从学习的角度，还是从项目开发的角度来说，都可以节约很多时间。

千里之行，始于足下。

如果要使用 Python 进行常规项目的开发，或者应用到各个不同的领域（比如数据采集、Web 开发、数据挖掘等），必须首先掌握好 Python 编程的基础，只有扎实地掌握好 Python 编程基础之后，才能够更灵活地将 Python 运用于各方面。

正如本书的名字一样，这本书只讲 Python 的基础编程方面的知识，关于 Python 在各领域更多的应用方面的知识，将在本系列图书的后面几本书中分别详细介绍。

如果对 Python 有些了解的朋友，会知道 Python 目前有 Python 2.x 和 Python 3.x 的版本。并且 Python 2.x 与 Python 3.x 的编程规则在很多地方都有变动（这一点跟其他编程语言不太一样），也就是说 Python 2.x 与 Python 3.x 版本的承接性不是太好，考虑到 Python 2.x 比较稳定，Python 3.x 比较新并且越来越成熟，各有各的优势，在笔者综合考虑之后，本书一律采用 Python 3.x 进行写作。

本书的主要特点是：系统化、实战化。

笔者一直坚信，其实学习任何知识都不难，关键是要集中一段时间沉下心去系统地学习相关的知识，如果零散地学习各知识点，事实上会让你越学越感到迷茫，如果系统地学习，构建好自己的知识体系，会让你事半功倍。所以，建议你拿到一本书的时候，首先要做的事情是熟悉目录，因为相关的知识点基本上在目录中就有体现，熟悉目录的目的，是让你在心中初步建立一套知识体系，再学习的时候至少知道学到哪了，接下来会学什么。同时，当以后你遇到新的知识点，而本书没有讲到的时候，你完全可以将相关知识点添加到你的知识体系中的某个合适位置，这样，非常有利于对整个知识系统进行全局的把控。如果坚持建立知识体系的习惯，就会逐渐培养出全局意识出来，同时也会发现掌握知识会快很多，此外还有很多好处大家都会逐渐感受到。

其次，这本书每章都会结合具体的编程实例进行讲解，并尽量对编程实例的安排把握由浅入深、层层递进的原则,让大家可以更好地接受,建议一定要把相关的代码自己动手敲一遍,并且如果基础不算太好,最好能够合上书,在理解的基础上默写敲一遍,这样,可以让你以后运用代码能力更强,说白了就是将现实世界的需求转化为代码的编程能力更强。

总之,系统化、实战化这两点也希望大家能够运用在其他各种知识的学习上,持之以恒,一定可以让你的学习能力变得更强。

综上,本书是一本定位于 Python 初学者,主要对 Python 基础知识进行实战讲解的书籍,如果你想零基础入门 Python,系统掌握 Python 基础编程的知识,为后续将 Python 运用在各领域的开发打下基础,那么,本书将适合你。

2. 本书目标读者

- Python 初学者;
- 高校计算机专业学生;
- 编程爱好者;
- 其他对 Python 感兴趣的人员。

3. 如何阅读本书

第 1~3 章主要介绍 Python 基本概述与基础编程方面的内容,包括 Python 基本介绍、Python 开发环境搭建、Python 基础语法、数据类型与运算符方面的内容。

第 4 章主要介绍 Python 的几种典型控制结构,事实上,控制结构在编程中非常重要,对于这一部分内容建议重点掌握,要求掌握得非常熟练,尤其是循环结构部分。

第 5 章和第 6 章主要介绍 Python 中稍微复杂一些的基础知识,包括迭代与生成、函数、模块等基础知识。

第 7 章和第 8 章主要介绍 Python 面向对象编程方面的知识,对于这一部分的知识尽量用了比较通俗的案例进行讲解,希望大家可以更好地掌握,因为后续如果想做一些大型的项目,常常会用面向对象的编程思想去编程。

第 9~12 章主要介绍 Python 基础中的一些提升部分的知识,主要包括正则表达式、数据库操作、文件操作、异常处理等,这一部分的知识事实上我们在实际项目中会常常遇到,用得非常多,是基础提升的关键部分。

第 13 章主要为大家介绍一个火车票查询与自动订票的项目,主要目的是希望读者可以运用之前学过的基础知识完成这个项目,将基础知识运用于项目开发实践。

第 14 章主要介绍了一个 2048 小游戏项目,主要目的是希望读者可以通过此 2048 小游戏项目,熟练掌握 Python 的基础知识,将 Python 基础知识融会贯通,并完成一个好玩的小游戏项目,培养综合运用知识的能力。

通过这 14 章的学习,目的是希望读者可以对 Python 基础有一个全面的掌握,同时,书中涉及的代码,希望读者可以自己手动输入一遍,这样可以更好地掌握相关知识。

4. 勘误与支持

由于作者水平有限,书中难免有一些疏漏或不准确的地方,恳请各位读者不吝指正。

相关建议可以通过微博@韦玮 pig 或微信公众平台正版韦玮(可以直接扫描最下方二

维码添加)进行反馈,也可以直接向邮箱 ceo@iqianyue.com 发送邮件(标题请注明一下:勘误反馈－书名),期待能够收到各位读者的意见和建议,欢迎来信。

5．致谢

感谢清华大学出版社魏江江主任与编辑贾斌老师,是他们的鼓励与支持,才让我有了将这本书坚持写下去的毅力。

感谢 CSDN、51CTO 与天善智能,因为有他们,让我在这个领域获得了更多的学员与支持。

感谢很久以来一直支持我的学员们,平时公司的工作也比较忙,如果没有他们一直以来的支持,在业余时间去完成这么多课程的录制以及书籍的写作,确实太难,是他们的支持与包容,给予了我在这个领域一直走下去的动力,非常感谢大家!

特别感谢我的女友,因为编写这本书,少了很多陪她的时间,感谢她的不离不弃与理解,同时,也感谢她帮我完成书稿的校对工作,谢谢她的付出与支持。

特别感谢远方的父母、叔叔、姐姐、爷爷,也特别感谢所有支持我的朋友们,谢谢!

6．配套视频与代码下载

所有赠送的视频课程与配套源代码可以分别扫描下列二维码观看或下载。

赠送视频扫描
上方二维码获取

配套源代码从上方
"资源下载"栏目获取

第1章 Python 概述

Python 是一门非常流行的语言,使用 Python 可以实现很多功能。目前 Python 主要有 Python 2.x 和 Python 3.x 两个版本系列,并且这两个系列的兼容性并不是太好。相对来说,Python 2.x 比较稳定,但经过多年的发展,Python 3.x 也逐渐变得越来越成熟,前景会更好,所以本书选择 Python 3.x 进行程序的编写。本章将主要介绍 Python 的一些基本情况并带领大家配置好基本的 Python 开发环境。

1.1 Python 的诞生

Python 于 1989 年发明,1991 年公开发行了第一个版本,创始人为 Guido van Rossum(吉多·范罗苏姆)。

Python 语言的设计参照了 C 语言、ABC 语言与 Modula-3。所以,如果读者有其他语言的编程基础,在学习 Python 的时候,会发现总有一种似曾相识的感觉,因为 Python 的一些基本语法相对来说还是沿袭了 C 语言的,所以,对很多程序员来说,会感觉 Python 的语法非常容易掌握。

虽然 Python 在很多语法上沿袭了 C 语言,但是 Python 语言的语法会比 C 语言更加简洁,又由于其参照了 ABC 语言与 Modula-3(两种非常强大而优美的语言),所以,Python 的设计也非常优美并强大。

同时,Python 是开源的,所谓开源,即开放源代码。这非常有利于 Python 的传播与使用,后续 Python 之所以会流行,也是与此分不开的。

Python 在设计之初就具有了比较完备的功能,比如:面向对象、各种常用的数据类型、函数、异常处理等。

20 世纪 90 年代的时候,计算机进入网络时代,并且计算机开始进入成千上万的家庭,用户增长非常快。Python 正好在这个时候出现,也自然就有了一个非常好的发展时机,由于 Python 的设计简洁优美、功能强大,所以受到大量程序员的喜爱与拥护,故而迅速地培养了一批忠实的粉丝用户。

人们在使用 Python 的时候,如果遇到问题,可以直接修改对应的 Python 语言的源代码(因为 Python 是开源的),同时,如果人们有较好的主意,也可以开发出对应的程序,然后提交给吉多·范罗苏姆,吉多·范罗苏姆可以选择采用这些程序加入到 Python 中,若被采用,这对程序员来说是莫大的荣耀。

在 2016 年 3 月的 TIOBE 编程语言排行榜上，Python 已经上升进入前 5 名。到今天为止，越来越多的人都在使用 Python，并且，由于 Python 在人工智能、大数据领域应用得非常好，再加上现在大数据发展速度非常快，所以 Python 的发展也非常迅速。

1.2 Python 的特点

上面已经介绍了 Python 的诞生，那么，Python 有哪些显著的特点呢？

总的来说，Python 的特点主要有：

- 简洁优美；
- 功能强大；
- 支持面向对象。

首先，对于 Python 语言简洁优美的特点，大家在未来学习本书的过程中就能够体会到，使用 Python 写程序，写出来的程序会非常简洁，并且，由于 Python 具有强制缩进的要求，所以写出来的 Python 程序也非常美观，可读性非常强。

其次，Python 虽然简洁，但是其功能是非常强大的。比如，Python 在人工智能、系统编程、Web 开发、网络爬虫等领域都有非常好的应用；Python 的可扩展性非常强，第三方库也非常丰富，使用 Python 可以做非常多的事情。

再者，Python 是一门支持面向对象的编程语言，这一点在开发大型项目的时候我们可以深刻感觉到它的优势。

总之，Python 是一门简洁优美、功能强大，支持面向对象的编程语言，好处非常多，同时也非常容易学习，相对于其他编程语言，用户可以更轻松地学会 Python。

1.3 Python 的功能

前面已经介绍了 Python 的优势，这一节中重点介绍 Python 能够做一些什么事情，将分为 Python 在常规时的应用与在大数据时代下的应用两方面进行介绍。

1.3.1 Python 常规应用

通常情况下，Python 可以做以下事情：

（1）进行简单脚本编程；

（2）进行系统编程；

（3）开发网络爬虫；

（4）进行 Web 开发；

（5）进行自动化运维；

（6）进行网络编程；

（7）进行数据挖掘、机器学习等大数据与人工智能领域方面的程序开发。

……

由此可以看出，Python 能够做的事情是非常多的，小到开发一些简单的脚本程序，大到机器学习等领域的应用。

在以上应用领域中，值得指出的是，Python 在网络爬虫、自动化运维、数据挖掘与机器学习等领域的应用尤为广泛。

比如，如果读者想做一个网络爬虫进行信息的自动采集，此时可以选择 Python 的 Urllib 库或者第三方爬虫库，如 Scrapy 等就可以很快地做出一个爬虫，然后使用该爬虫就可以进行信息的自动收集了，在搜集了对应的信息之后可以直接使用 Python 的正则表达式（re 模块）或者其他的数据筛选表达式实现数据的自动筛选，即可以大大地减轻人力劳动。

再比如，如果读者是做 Linux 运维方向的，平常只能依靠一些管理工具或者人力去进行服务器的运维，此时可以学习 Python，之后可以开发一些自动化运维的脚本或者程序去实现对服务器的自动运维与管理，同样可以大大减轻自己的负担与劳动。

除此之外，如果读者在做大数据、数据挖掘、机器学习等方向的工作也可以学习 Python，在掌握了 Python 之后，可以研究一些相应的算法，然后，在 Python 中，可以很方便地实现这些算法，同样，也可以很方便地解决各种业务场景中的问题，比如，如果需要对现有客户价值进行分类或分析，可以在学习了 Python 之后，使用 Python 实现相关的聚类算法，比如 K-Means 算法等，随后根据相应的算法对数据进行处理与分析，实现相应的需求的功能。

所以，可以看到，Python 在这些常见的领域中的应用是非常多的。除了这里所介绍到的 Python 的应用外，Python 在其他领域中的应用也是非常广泛的，因为 Python 的库非常丰富，所以到后面我们会发现，用 Python 来实现各种各样的功能非常方便。

1.3.2 Python 在大数据时代下的应用

大数据时代下，云计算、数据分析与挖掘、人工智能等领域得到了极速的发展，而在这些领域中，我们可以使用各种语言实现所需要的功能，比如可以选择 Java 实现，也可以选择 C++实现，当然还可以选择 Python 来实现。

那么，这么多的语言应该如何选择呢？

影响我们做选择的因素主要有：

（1）你熟悉哪种语言？

（2）哪种语言实现起来相对来说比较方便简单？

（3）各语言的实现效率怎么样？

综合多种因素，我们会发现，如果我们已经学会了 Python，并且同时掌握了一些其他语言，此时，使用 Python 实现机器学习等方面的应用会相对来说简单很多。并且 Python 语言的执行效率虽不及 C++等更接近底层的编程语言，但是 Python 的执行效率也并不低，此外，如果任务量非常大，也可以使用多进程、多线程，以及分布式等技术对任务进行切分，此时并行处理这些任务，我们的速度也可以是非常快的。

同时，Python 关于数据挖掘、机器学习等相关算法等库也非常丰富，所以用户可以非常方便地实现这些相关的算法，甚至有些算法比较难，由于有了丰富的第三方模块，所以在 Python 中应用这些算法也是极为方便的。当然，在用户学到一定深度的时候，需要尽量尝试着编写一些新算法实现程序，或者也可以自己思考一些新的算法并实现。

现在 Python 无疑已经成为人工智能(AI)时代的首选语言。

Python 之所以能成为 AI 时代的首选语言,跟前面我们所分析的原因也是分不开的,在 AI 时代,如果有一种语言可以让我们去选择学习,那么 Python 必将是需要重点考虑的语言。

1.4 Python 的安装与配置

前面我们已经对 Python 进行了简单的介绍,接下来将为大家介绍如何安装好 Python 的开发环境。考虑到用户的计算机操作系统可能有所不同,所以本节中会分别为大家介绍 Windows、MAC、Linux 系统中 Python 开发环境的搭建。

1.4.1 在 Windows 中搭建 Python 开发环境

首先,我们需要选择一个 Python 版本下载对应版本的 Python,例如选择的 Python 版本为 Python 3.5.2,此时可以打开以下链接进行 Python 的下载:

https://www.python.org/downloads/release/python-352rc1/

打开了该页面之后,会发现此时有如图 1-1 所示可以下载的内容。

Files

Version	Operating System	Description
Gzipped source tarball	Source release	
XZ compressed source tarball	Source release	
Mac OS X 32-bit i386/PPC installer	Mac OS X	for Mac OS X 10.5 and later
Mac OS X 64-bit/32-bit installer	Mac OS X	for Mac OS X 10.6 and later
Windows help file	Windows	
Windows x86-64 embeddable zip file	Windows	for AMD64/EM64T/x64, not Itanium processors
Windows x86-64 executable installer	Windows	for AMD64/EM64T/x64, not Itanium processors
Windows x86-64 web-based installer	Windows	for AMD64/EM64T/x64, not Itanium processors
Windows x86 embeddable zip file	Windows	
Windows x86 executable installer	Windows	
Windows x86 web-based installer	Windows	

图 1-1　可以选择下载的文件

在图 1-1 中可以看到,此时有非常多个文件。在这里,只需要关注以 executable installer 结尾的文件即可,可以看到以 executable installer 结尾的文件(以该字样结尾的文件意思是其为可执行文件安装包)主要有两个:

(1) Windows x86-64 executable installer

(2) Windows x86 executable installer

如果读者的计算机版本是 64 位的,可以下载使用安装包(1),如果读者的计算机版本是

32位的,可以下载使用安装包(2)。

　　由于作者的计算机版本是64位的,所以下载安装包(1)Windows x86-64 executable installer,下载之后,只需要双击即可打开安装页面,当然,如果双击打开权限不够,可以右击,然后选择以管理员身份运行以打开安装界面。

　　打开安装页面后可以发现,会出现如图1-2所示的界面。

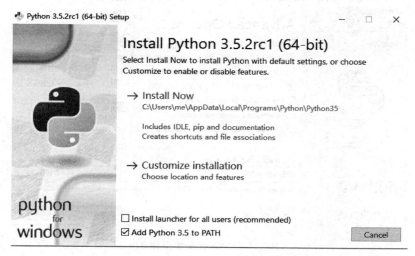

图1-2　Python安装步骤1

　　在图1-2所示界面中,单击Install Now直接进行快速安装,当然也可以选择Customize installation进行用户自定义安装,我们推荐使用Customize installation选项进行安装,因为这样在后续可以自定义的地方会多一些,同时,建议勾选下方的Add Python 3.5 to PATH,该勾选选项之后会自动将环境变量添加好,勾选好之后,单击Customize installation即可进入下一步。

　　进入下一步之后,随后会出现如图1-3所示的界面。

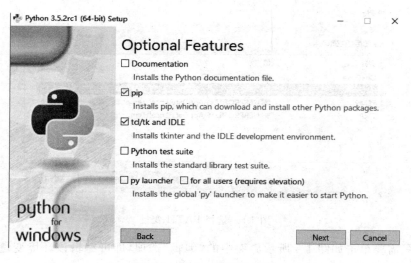

图1-3　Python安装步骤2

在如图 1-3 所示的界面中,建议勾选 pip 与 tcl/tk and IDLE,因为这样就可以将这两者安装上,pip 在后续安装模块的时候用得非常多,而 IDLE 则是 Python 的自带编辑器,我们用得也会比较多。

勾选好这两项之后,单击 Next 按钮即可进入下一步,这时会出现如图 1-4 所示的界面。

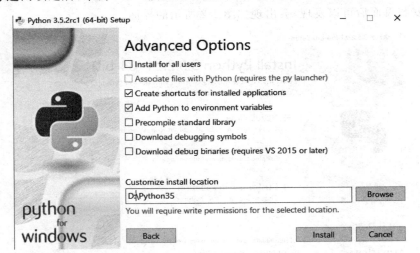

图 1-4　Python 安装步骤 3

在如图 1-4 所示的界面中可以设置安装目录,比如此时希望将 Python 安装到 D 盘下面的 Python35 目录中,可以将该路径设置为"D:\Python35",然后,单击 Install 按钮即可进行安装,安装好之后就可以看到安装成功提示页面,只需要关闭该页面即可。

此时,系统已经安装好 Python 了。

有的时候,环境变量可能会由于系统或其他原因自动添加不上,此时,最好检查一遍环境变量的配置,如有问题,手动进行修改。

打开环境变量的配置界面后选择 PATH 变量,如图 1-5 所示。

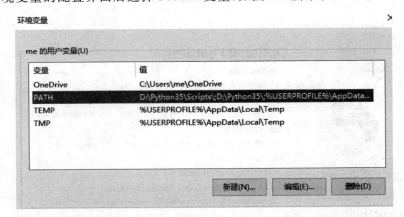

图 1-5　选择 PATH 变量

然后,只需要单击如图 1-5 所示界面中的"编辑"选项,即可编辑该环境变量,随后会打开如图 1-6 所示的界面。

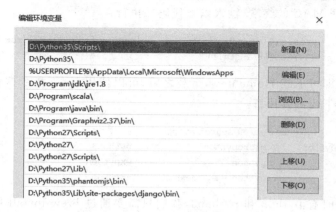

图 1-6　配置环境变量

在该界面中，正常情况下，环境变量自动添加完成，可以检查一下。如果可以看到如图 1-6 中的"D:\Python35\Scripts\"与"D:\Python35\"等环境变量（即 Python 安装目录与 Python 安装目录下面的 Scripts 目录），此时说明已经自动添加完成，如果没有出现相关环境变量，需要手动单击"新建"按钮，然后分别将 Python 安装目录与 Python 安装目录下面的 Scripts 目录添加到环境变量中即可。

事实上，环境变量的意义是系统告诉我们的 Python 安装到了什么地方，这样在执行 python 等命令的时候，系统就知道去什么地方调用相关的 Python 文件。

1.4.2　在 MAC 中搭建 Python 开发环境

事实上，MAC 系统中已经自带了 Python，只不过默认版本为 Python 2.x，由于我们的开发需要使用 Python 3.x 的版本，所以需要安装 Python 3.x。又由于系统自带的 Python 2.x 版本涉及的相关内容比较多，所以并不建议大家拆卸自带的 Python 2.x 版本，所以此时我们需要在保留 Python 2.x 的基础上安装 Python 3.x 版本。

由于我们需要同时在系统中安装 Python 2.x 和 Python 3.x 的 Python 版本，所以需要进行多版本管理，此时我们推荐使用 Homebrew 进行多版本管理。

读者可以访问 Homebrew 的官方主页查看该工具的相关介绍，其官方主页地址为：http://brew.sh/index_zh-cn.html。

打开该主页后，会出现如图 1-7 所示的界面。

图 1-7　Homebrew 的官方主页

此时可以打开 MAC 的终端,输入以下代码并执行:

```
weisuendeMini:~ weisuen $ /usr/bin/ruby - e " $ (curl - fsSL https://raw.githubusercontent.com/Homebrew/install/master/install)"
```

通过该代码,即可下载 Homebrew,下载之后,可以使用 brew 指令搜索 Python 相关的软件,我们输入以下代码并执行:

```
weisuendeMini:~ weisuen $ brew search python
app - engine - python      micropython           python3
boost - python             python                wxpython
gst - python               python - markdown     zpython
```

可以看到,此时有 python 和 python3,我们只需要通过 brew install 指令安装 python3 即可,输入以下指令进行:

```
weisuendeMini:~ weisuen $ brew install python3
```

安装好之后,我们需要配置 MAC 的路径信息,所以需要打开路径配置文件,如下所示:

```
weisuendeMini:~ weisuen $ sudo emacs /etc/paths
Password:
```

输入了密码之后,我们将看到如图 1-8 所示的界面。

图 1-8　MAC 中路径配置界面

此时我们只需要按照图 1-8 所示进行相关配置即可。配置完成之后,此时 Python 2.x 和 Python 3.x 就已经在我们的电脑中共存了,如果想调用 MAC 系统自带的 Python 2.x 版本,可以通过输入命令 python 实现,如果想调用新安装的 Python 3.x 版本,可以通过输入命令 python 3 实现,此时,我们也可以通过 which 查看对应的版本信息,如下所示:

```
weisuendeMini:~ weisuen $ which python
/Library/Frameworks/Python.framework/Versions/2.7/bin/python
weisuendeMini:~ weisuen $ which python3
/Library/Frameworks/Python.framework/Versions/3.4/bin/python3
```

可以看到,相关版本的 Python 已经能够正常使用了。

1.4.3　在 Linux 中搭建 Python 开发环境

同样,Linux 一般默认也会拥有 Python,目前,Linux 系统中自带的版本基本上都是 Python 2.x 版本,如果想使用 Python 3.x 版本,我们也需要安装,并且一般不建议拆卸自带的 Python 2.x 版本,所以,我们需要在保留自带的 Python 2.x 的基础上,共存地安装 Python 3.x。

此时在这中间会涉及相应的技巧,我们会具体以 CentOS7 系统为例进行讲解。

　　首先,在终端中输入 python,便可以查到当前自带的 Python 版本,此时自带的版本为 Python 2.7.5,如下所示:

```
[root@localhost weisuen]# python
Python 2.7.5 (default, Nov 20 2015, 02:00:19)
[GCC 4.8.5 20150623 (Red Hat 4.8.5－4)] on linux2
Type "help", "copyright", "credits" or "license" for more information.
>>> exit()
```

　　接下来,要安装 Python 3.x 版本的 Python 可以这样做:先从 Python 的官网下载 Python 3.x 的版本,具体可以从 https://www.python.org/ftp/python/中下载,在此选择 的版本是 Python-3.4.2.tgz,所以可以按如下代码进行下载:

```
# wget https://www.python.org/ftp/python/3.4.2/Python－3.4.2.tgz
```

　　下载之后,进行相应的解压操作:

```
# tar － zxvf Python－3.4.2.tgz
```

　　随后,可以对 Python 3 进行配置:

```
[root@localhost weisuen]# ls
Python－3.4.2 Python－3.4.2.tgz 公共 模板 视频 图片 文档 下载 音乐 桌面
[root@localhost weisuen]# cd Python－3.4.2/
[root@localhost Python－3.4.2]# ./configure －－ prefix = /usr/local/python3
```

　　配置完成之后,可以进行 make(编译)和 make install(安装):

```
[root@localhost Python－3.4.2]# make
[root@localhost Python－3.4.2]# make install
```

　　安装完成之后,为了直接输入 python 可以调用刚刚安装的 Python 3,所以需要建立软 链接。在建立软链接之前,一般首先需要备份原来的 Python,具体过程如下:

```
[root@localhost bin]# mv /usr/bin/python /usr/bin/python2bac
[root@localhost bin]# ln － fs /usr/local/python3/bin/python3 /usr/bin/python
```

　　此时,输入 python 即可调用刚刚安装的 Python 3,而输入 python 2.7 则可以调用系统 原来的 Python 2 的版本,此时,两种 Python 版本都在 Linux 中,如下所示:

```
[root@localhost bin]# python
Python 3.4.2 (default, Sep 3 2016, 20:04:41)
[GCC 4.8.5 20150623 (Red Hat 4.8.5－4)] on linux
Type "help", "copyright", "credits" or "license" for more information.
>>> exit()
[root@localhost bin]# python2.7
Python 2.7.5 (default, Nov 20 2015, 02:00:19)
[GCC 4.8.5 20150623 (Red Hat 4.8.5－4)] on linux2
Type "help", "copyright", "credits" or "license" for more information.
>>> exit()
```

　　接下来需要配置好 Python 3.x 对应的 pip 工具,其实在 Python 3.4 中会默认带有

pip3,此时为了在终端中输入 pip3 可以直接调用 Python 3.4 自带的 pip3,需要为 pip3 建立软链接,如下所示:

```
[root@localhost bin]# ln - fs /usr/local/python3/bin/pip3 /usr/bin/pip3
```

建立好软链接之后,在终端中输入 pip3,即可出现如下信息,说明此时在终端中输入 pip3 已经能成功调用 pip3。

```
[root@localhost bin]# pip3

Usage:
  pip < command > [options]

Commands:
  install        Install packages.
  uninstall      Uninstall packages.
  freeze         Output installed packages in requirements format.
  list           List installed packages.
  …
```

通过以上的步骤,已经在 Linux 系统中搭建好了 Python 2.x 与 Python 3.x 共存的开发环境了。但是,由于升级之后会影响某些系统的功能,所以还需要了解一下常常会出现的问题及解决方案。

常见问题 1:升级 Python3 后,yum 无法使用。

问题描述:

升级 Python3 后,可能会导致 yum 无法使用,出现如下所示信息:

```
File "/usr/bin/yum", line 30
    except KeyboardInterrupt, e:
                            ^
SyntaxError: invalid syntax
```

解决办法:

此时,是因为/usr/bin/yum 文件中会调用 Python,而此时调用的 Python 为升级后的 Python 3.x,由于 Python 3.x 与 Python 2.x 有一些差异,所以此时,可以让系统调用 Python 2.x,而此时若要调用原来的 Python 2.x 版本,则需要修改以下代码。

编辑文件/usr/bin/yum:

```
[root@localhost Python - 3.4.2]# vim /usr/bin/yum
#!/usr/bin/python
import sys
try:
    import yum
except ImportError:
    print >> sys.stderr, """\
There was a problem importing one of the Python modules
…
```

可以发现,此时第一行代码调用的是 Python,默认会调用 Python 3.x,所以此时需要将第一行代码改为：

```
#!/usr/bin/python2.7
```

修改之后，保存并退出。

随后，使用 yum 时就不会再出现该问题。

常见问题 2：升级 Python 后/usr/libexec/urlgrabber-ext-down 出现问题。

问题描述：

在升级 Python 后，有时程序在用到/usr/libexec/urlgrabber-ext-down 文件的时候（比如有时用 yum 之时），可能会出现如下所示的问题。

```
Downloading packages:
Delta RPMs reduced 2.7 M of updates to 731 k (73 % saved)
  File "/usr/libexec/urlgrabber-ext-down", line 28
    except OSError, e:
…
SyntaxError: invalid syntax
  File "/usr/libexec/urlgrabber-ext-down", line 28
    except OSError, e:
                  ^
SyntaxError: invalid syntax
由于用户取消而退出
```

解决办法：

出现这个问题的原因与问题 3 的原因类似，即程序用到 Python 的时候，无法调用 Python 2.x 的版本去执行。

此时，可以修改/usr/libexec/urlgrabber-ext-down 文件里面的代码，具体操作如下所示：

```
[root@localhost Python-3.4.2]# vim /usr/libexec//urlgrabber-ext-down
#!/usr/bin/python
#   A very simple external downloader
#   Copyright 2011-2012 Zdenek Pavlas

#   This library is free software; you can redistribute it and/or
#   modify it under the terms of the GNU Lesser General Public
#   License as published by the Free Software Foundation; either
#   version 2.1 of the License, or (at your option) any later version.
…
```

同样，需要将第一行改为：

```
#!/usr/bin/python2.7
```

修改并保存退出之后，该问题即可解决。

1.5 编辑器的选用

如果要编写 Python 程序，一般我们需要在编辑器中进行。而编写 Python 程序可以选择的编辑器非常多，所以在本节中，我们将为大家介绍编写 Python 程序常见的编辑器与选择技巧。

1.5.1　常见的编辑器

一般来说,只要能写入内容的工具都可以作为 Python 程序的编辑器,比如,如果读者愿意,完全也可以通过记事本直接写 Python 程序。

在此,我们主要介绍比较方便的常用于编写 Python 程序的编辑器。

1. 常用编辑器 1:自带编辑器 IDLE

简单介绍:IDLE 是一款 Python 自带的编辑器,安装好了 Python 之后就可以直接运行,该编辑器使用起来是比较方便的,但是如果要开发一个 Python 项目,里面有多个文件,此时则不太便于项目的管理。

特点:使用方便、比较轻巧、不太利于项目的管理。

2. 常用编辑器 2:PyCharm(推荐安装)

下载地址:http://www.jetbrains.com/pycharm/download/。

简单介绍:PyCharm 编辑器用于编写 Python 程序非常适合,同时也非常方便使用,如果要开发 Python 项目,使用该编辑器也非常便于项目的管理。

特点:使用方便、便于项目的管理。

3. 常用编辑器 3:Notepad++

下载地址:https://notepad-plus-plus.org/download/v7.3.2.html。

简单介绍:Notepad++是一款非常优秀的编辑器,使用它不仅可以很方便地编写 Python 程序,也可以很方便地编写其他语言的程序,同时这款编辑器也非常轻巧,使用起来也非常简单灵活。同样,在对于 Python 项目文件的编写与管理方面支持得也非常好。

特点:功能强大、方便灵活、利于项目的管理。

4. 常用编辑器 4:sublime text

下载地址:http://www.sublimetext.com/3。

简单介绍:sublime text 是一款主流的编辑器,并且体积也比较小,运行速度比较快,界面也非常美观。

特点:主流、体积小、运行快、界面美观。

除此之外,还有很多适合编写 Python 程序的编辑器,比如 WingIDE、LiClipse、Vim 等,都是非常好的编辑器,在此就不一一介绍了。

1.5.2　Python 编辑器选用技巧

既然这么多编辑器都适合编写 Python 程序,那么应该如何选用这些编辑器呢?

首先,选用一款编辑器的原则之一是选用自己熟悉的编辑器。比如,如果读者熟悉使用 Vim、Notepad++等编辑器,那么,完全可以使用熟悉的编辑器进行 Python 程序的开发。

其次,选择一款编辑器还应该看其是否方便 Python 程序的编写,比如是否支持高亮、错误提示等。在前面我们所介绍的编辑器中,都是非常适合 Python 程序开发的,也是非常方便的。当然,如果有更好的选择,完全可以使用自己喜欢的编辑器,不用过多纠结于此。

最后,如果读者实在不知道如何选择编辑器,可以按照笔者的习惯来进行,首先,如果开发某个单个 Python 文件的程序,可以使用 Python 自带的编辑器 IDLE 就足以方便编写,如果需要开发 Python 项目,此时可以选择 PyCharm 编辑器进行开发。此外,笔者还比较喜欢使用 Notepad++编辑器进行程序的开发。

1.6　第一个 Python 程序

到现在为止,我们已经安装好了 Python 开发环境,接下来将为大家开发第一个简单的 Python 程序,让大家可以更好地认识 Python。

首先,Python 程序的编写分为 Python Shell 环境下编写与 Python 源文件下编写两种情景。

我们可以在计算机左下角运行处输入"IDLE",然后按回车键,即可打开 IDLE,此时默认进入 Python Shell,如图 1-9 所示。

```
Python 3.5.2 Shell
File  Edit  Shell  Debug  Options  Window  Help
Python 3.5.2 (v3.5.2:4def2a2901a5, Jun 25 2016, 22:18:55) [MSC v.
D64)] on win32
Type "copyright", "credits" or "license()" for more information.
>>> |
```

图 1-9　Python Shell 编程模式

在 Python Shell 中编写 Python 程序,Python Shell 中编程时有一个特点,就是程序会写一行或一段,按一下回车键,执行一行或一段,比如,输入以下程序并按回车键:

```
>>> print("Hello Python!")
Hello Python!
```

这是一段很简单的打印输出程序,程序主要实现的功能就是输出"Hello Python!",可以看到,此时程序的执行是一次次执行的,每按一次回车键执行一次。

除此之外,我们可以进入到 Python 源文件下进行程序的编写。比如可以在 Python Shell 中按 Ctrl＋N 组合键,即可打开一个新窗口,如图 1-10 所示。在该新窗口中,我们可以直接编写一个 Python 程序文件,在该程序文件中可以写上多行程序,然后只需要按 F5 键即可统一执行。

在该新窗口中,我们可以直接编写一个 Python 程序文件,在该程序文件中可以写多行程序,然后只需要保存后按 F5 键即可统一执行。

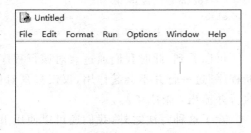

图 1-10　通过 Ctrl＋N 组合键调出的编写 Python 程序文件的窗口

比如,可以在该窗口中编写如下程序:

```
age = 16
if(age > = 18):
    print("已成年")
else:
    print("未成年")
```

编写好了之后,可以直接按 Ctrl+S 组合键进行文件的存储。在该程序中,主要实现了一个简单的判断功能,如果年龄大于或等于 18 岁,则输出"已成年",否则输出"未成年"。此时年龄的设定为 16 岁,所以按 F5 键执行该程序后,输出结果如下:

```
======================= RESTART: D:/Python35/abc.py =======================
未成年
```

可以看到,此时已经成功输出了正确的结果。

在此,我们仅举两个简单的例子,让大家初步认识 Python 程序,关于 Python 程序的语法等基础,我们将在后面进行系统学习。

1.7 注释

在 Python 中,我们可以通过注释让某些程序不起作用或者对程序进行解释说明。

Python 中,常见的注释方法主要有两种:

(1) ♯注释法。

(2) 三引号注释法。

其中,♯注释法比较适合注释单行程序,而三引号注释法比较适合注释多行程序,当然没有绝对的要求。

比如,在上面的程序中,假如我们希望在程序的开始添加一行对程序的解释说明,但由于这一行是程序的解释说明,在 Python 程序文件里面,若不进行处理则会执行,此时我们并不希望它执行,若让这一行不起作用,我们可以对这一行程序进行注释,如下所示:

```
♯是否成年判断程序
age = 16
if(age > = 18):
    print("已成年")
else:
    print("未成年")
```

可以看到,此时我们通过♯对该行程序实现了注释,所以以上程序中的"♯是否成年判断程序"这一行并不会起作用,仅仅只是对程序进行解释说明而已,这时程序仍然可以正常执行并输出:未成年。

除了这种写法之外,我们还可以使用下一种写法,如下所示:

```
'''是否成年判断程序'''
age = 16
```

```
if(age >= 18):
    print("已成年")
else:
    print("未成年")
```

可以看到,此时我们使用的是三引号注释法,第一行程序仍然不起作用,只对程序进行说明与解释,该程序最终也能正常执行。

如果此时我们希望写一段新的程序来执行,不希望受这一段是否成年判断程序的干扰,其实我们可以将整段程序都给予注释,此时我们可以这样写:

```
'''是否成年判断程序
age = 16
if(age >= 18):
    print("已成年")
else:
    print("未成年")
'''
print("I like Python!")
```

此时,使用三引号注释法可以很轻松地将这一大段程序给予注释,注释之后,三引号里面的程序段就不起作用了,其实可以正常输出:I like Python!

当然此时也可以使用#分别对每一行程序均进行注释,如下所示:

```
#是否成年判断程序
#age = 16
#if(age >= 18):
#    print("已成年")
#else:
#    print("未成年")
print("I like Python!")
```

这样,注释的这一段程序也不会起作用,此时也会正常地输出:I like Python!

但是我们会发现,如果使用#注释多行程序,需要在每一行均写一个#,比较麻烦,所以,我们一般建议,单行程序使用#注释法注释,多行程序使用三引号注释法注释,当然读者也可以不按照此建议进行,没有绝对的要求,只不过方便程度不一样而已。

1.8　小结

（1）Python 语言的设计参照了 C 语言、ABC 语言与 Modula-3。所以,如果读者也有其他语言的编程基础,在学习 Python 的时候,会发现总有一种似曾相识的感觉,因为 Python 的一些基本语法相对来说还是沿袭了 C 语言的,所以,对很多程序员来说,会感觉 Python 的语法非常容易掌握。

（2）Python 是一门简洁优美、功能强大,支持面向对象的编程语言,优点非常多,同时也非常容易学习,所以,相对于其他编程语言,读者可以更轻松地学会 Python。

（3）一般建议,单行程序使用#注释法注释,多行程序使用三引号注释法注释,当然此建议并不需要绝对采用。

习题 1

请在自己的计算机上安装并配置好 Python 3.x 开发环境,并安装好 PyCharm 编辑器。

参考答案:参照本章 1.4 节进行安装和配置即可,关于 PyCharm 编辑器的安装,建议选择社区版即可。

第2章 基础语法

在安装好了 Python 的开发环境之后，接下来我们有必要对 Python 的一些基础语法进行了解，在本章中，我们将为大家初步介绍 Python 中常见的基础语法相关的知识。

2.1 标识符

在 Python 中，我们随处可见标识符，在本节中，将为大家具体介绍标识符的概念与标识符的命名规则。

2.1.1 标识符的概念

所谓标识符，指的就是标识某个实体的符号。

比如，在现实生活中，茶杯是一个实体，纸张是一个实体，人也同样是一个实体，为了方便让这些实体能够更好地区别开来，我们可以为每个实体定义对应的名字，比如，可以为某个人这个实体定义一个名字叫小明等。

同样，在 Python 中，为了更好地区分各个实体，我们也可以为各个实体定义属于他自己的名字，比如，现在有三个实体，为了更好地区别这三个实体，我们可以为这三个实体分别命名为：a、b、c。

在 Python 中，变量、类、对象等都属于实体。

2.1.2 标识符的命名规则

我们知道，标识符的最大作用即是通过名字来区分各个实体，所以，如何命名显得尤为重要。

在 Python 中，标识符的命名是有规则的，按照规则来命名的标识符，可以使用，我们称为有效标识符，而不按照规则来命名的标识符，则不可以使用，我们称为无效标识符。

一般来说，Python 中标识符的命名规则主要有：

（1）名字里的第一个字符可以是字母或者下画线。

（2）名字里除了第一个字符以外的其他字符，可以是字母、下画线或数字的任意一种或多种组合。

比如，以下标识符为有效标识符：_7、Ijk、Ic0。因为它们都是按照我们的命名规则进行命名的。而以下标识符为无效标识符：&abc、51pt、_-i。&abc 的首字母并不是字母或者下画线，而是特殊字符；51pt 的首字母是数字；_-i 的第二个字符并不是字母、数字或者下画线，同样也是特殊字符。这些标识符都不满足我们的命名规则，所以称为无效标识符。

2.2 变量

在这一节中，我们将为大家介绍变量相关的知识，会分别从变量的定义以及变量的应用实践等方面进行介绍。

2.2.1 变量的定义

所谓变量，简单来说，指的是其值可以变化的量，由于世界中的事物千变万化，所以变量的运用是非常广的。

变量是一种实体，所以为了方便区分各个不同的变量，我们需要为各个变量起一个名字，变量名的命名规则遵循标识符命名规则与规律。

2.2.2 变量的应用实践

在 Python 中如果要定义一个变量，是不需要事先声明的，只需要按照如下格式进行即可：

变量名 = 变量值

上面的"="为赋值符号，而不是等于符号，在出现赋值符号的时候，需要从右往左看程序，此时的含义是，将对应的变量值赋值给名为 XX 的变量，可以看到，Python 中的变量的定义是即用即定义的，并不需要事先声明。

比如，我们可以输入以下程序：

```
x = 10
print(x)
x += 5
print(x)
```

执行该程序，可以发现会输出：

```
10
15
```

在该程序中，首先将数字 10 赋值给了变量 x，随即输出了该变量的值，然后执行"x+=5"，这一行代码相当于"x=x+5"，即将 x 加上 5 之后，然后再赋值给变量 x，此时 x 的值成了 15，所以以上程序中第 2 行输出结果为 15。

接下来，我们再为大家介绍一个关于 Python 变量应用的程序。

比如，此时如果我们希望实现一个倒计时程序，也就是说，每隔一定时间，会提示一次当前的剩余时间，当倒计时结束之后，会提示倒计时结束。因为此时的时间应该是变化的，所以我们可以使用变量的知识进行解决。

我们可以输入如下所示的程序：

```
#倒计时程序
import time
x = 30
for i in range(0,int(x/5)):
    print("离抢购结束时间还有" + str(x) + "秒")
    x = x - 5
    time.sleep(5)
print("抢购时间结束!")
```

该程序会每隔 5 秒钟输出一次提示，倒计时总共时间为 30 秒。

该程序的输出结果如下：

```
离抢购结束时间还有 30 秒
离抢购结束时间还有 25 秒
离抢购结束时间还有 20 秒
离抢购结束时间还有 15 秒
离抢购结束时间还有 10 秒
离抢购结束时间还有 5 秒
抢购时间结束!
```

并且，每次信息输出的间隔时间为 5 秒钟。可能在这个程序中，有一些代码我们还没有学过，但是没有关系，我们重点理解一下其中变量的应用即可，看不懂的部分暂时只需要弄懂其大概意思就行。

由于需要用到时间延时的功能，所以需要通过"import time"导入 time 模块，然后设置总时间的值（30）并赋给变量 x。然后接下来进入循环，循环的次数为总时间除以每次循环的时间间隔再取整数，进入循环后可以输出当前的剩余时间，随后，可以将剩余时间自动地减 5 秒钟再次赋值给当前代表时间的变量 x，随后延时 5 秒钟再执行，此时循环便可以实现自动倒计时的功能，最后，结束后可以输出倒计时结束。

在本节中，我们已经讲过变量的定义，并且学会了如何进行变量赋值，同时，也为大家做了一个变量应用的小实例：自动倒计时程序，希望大家可以理解变量，并学会变量的简单应用，在后续的编程过程中，我们会经常使用到变量。

2.3 保留字

保留字也叫做关键字，是 Python 中预先定义好的具有特殊意义的字段，这些字段由于已经具备了自身的意义，所以不能在自定义标识符中使用，也就是说，在一定程度上，可以说，保留字就是系统事先定义好的，具有特殊意义的标识符。

那么，系统中有哪些保留字呢？

其实，可以输入以下 Python 代码查看当前所有的保留字：

```
>>> import keyword
>>> print(keyword.kwlist)
['False', 'None', 'True', 'and', 'as', 'assert', 'break', 'class', 'continue', 'def', 'del', 'elif',
'else', 'except', 'finally', 'for', 'from', 'global', 'if', 'import', 'in', 'is', 'lambda',
```

'nonlocal', 'not', 'or', 'pass', 'raise', 'return', 'try', 'while', 'with', 'yield']

所以我们可以看到，导入了 keyword 模块之后，输出 keyword 下面的 kwlist 就能够看到所有的关键字，比如，上面的 False、None、True 等都是保留字。

在此，我们并不需要对上面的保留字都有较深的理解，因为在后续的过程中，我们会逐渐地依次学到，在此，只需要对这些保留字有一个基本的印象即可，在未来用到自定义标识符起名字的时候，避开这些保留字即可，因为自定义标识符不能与保留字重名，比如，我们的变量名称不能命名为"False"，如以下的程序会出错：

```
>>> False = 8
SyntaxError: can't assign to keyword
```

因为在上述程序中，False 为保留字，故而不能作为变量名等自定义标识符。

2.4 行与缩进

行与缩进是 Python 语法基础的另外两个点，在本节中，会为大家介绍行与缩进相关的知识。

2.4.1 行

在 Python 中，行分为逻辑行和物理行，所谓逻辑行即是意义上的行数，所谓物理行，即我们所看到的行数。

比如，在如下程序中，是 3 个逻辑行，2 个物理行：

```
print("Python");print("PHP")
print("Hadoop")
```

在写 Python 程序的时候，我们会发现，经常在行末都可以不写分号。事实上，每个逻辑行后面都应存在分号，只不过如果恰好处于物理行行末，分号可以省略。

比如，上面的程序也可以写成如下形式：

```
print("Python");print("PHP");
print("Hadoop");
```

但为了方便，一般在物理行行末，我们都会能省则省，基本上不带分号。

2.4.2 缩进规律详解

Python 中的程序，是需要严格缩进的，缩进不正确，则会导致程序出错。
比如，我们可以尝试编写以下代码：

```
>>> print("Python")

SyntaxError: unexpected indent
```

结果会发现，当前的程序执行会出问题，注意，该程序中，print()前面我们留了一个空白,此时造成了不正确的缩进,所以会出现问题。

如果读者不了解缩进的规律,会发现缩进非常麻烦,稍有不慎,就会导致程序出错。

但如果读者了解缩进的规律,会发现缩进会让我们的程序变得非常美观,代码变得非常有层次性。

那么,缩进的规律到底是怎么样的呢? 在此,我们只需要把握以下两点缩进规律即可:

(1) 在物理行行首,最开始的时候不要留空白。

(2) 按照代码的层次进行缩进,如果代码属于下一层级,则相对于上一层级进行一次缩进

比如,我们可以输入以下代码:

```
a = 10
if(a >= 0):
    print(str(a) + "为正数")
else:
    print(str(a) + "为负数")
```

可以发现,在上面的代码中,"a＝10"、"if(a＞0):"、"else:"等属于同一个层次,所以处于同一个缩进幅度上,而"print(str(a)＋"为正数")"相对于"if(a>=0):"来说,处于下一个层级,所以其相对于"if(a>=0):"进行一次缩进。

缩进的时候,可以使用空格进行缩进,也可以使用 Tab 键进行缩进,一般来说,笔者推荐使用 Tab 键进行缩进,当然,这也要根据个人习惯而定。

2.5　小结

(1) 一般来说,Python 里面标识符的命名规则主要有:①名字里的第一个字符可以是字母或者下画线。②名字里的除了第一个字符以外的其他字符,可以是字母、下画线或数字的任意一种或多种组合。

(2) 保留字也叫做关键字,是 Python 中预先定义好的具有特殊意义的字段,这些字段由于已经具备了自身的意义,所以不能在自定义标识符中使用,也就是说,在一定程度上,可以说,保留字就是系统事先定义好的,具有特殊意义的标识符。

(3) 我们只需要把握以下两点缩进规律即可:①在物理行行首,最开始的时候不要留空白。②按照代码的层次进行缩进,如果代码属于下一层级,则相对于上一层级进行一次缩进。

习题 2

请找出以下程序的错误之处:

```
k = -9
if k >= 0:
    with = "正数"
    print(with)
```

```
    else:
print(k + "为负数")
```

参考答案：

"with"为关键字，不能作为变量名，此处需要改。

"else"缩进不对，此处也需要改。

"print(k＋"为负数")"中，k 为数字，而后面显然是要连接字符串，所以此时需要强制地将 k 的类型转为字符串。

完善后代码如下：

```
k = -9
if k >= 0:
    with1 = "正数"
    print(with1)
else:
    print(str(k) + "为负数")
```

第3章 数据类型与运算符

在这个世界中,任何的数据按照特点不同都可以将其归为某种类型,在 Python 中也一样,可以按照不同的数据具有的一些共性特点,将这些数据划分到对应的类型中。

在了解了 Python 的基础语法之后,我们需要对 Python 中常见的数据类型与常用的运算符进行了解并掌握,在本章中我们会为大家分别介绍 Python 中常见的基本数据类型,并为大家介绍运算符的使用。

3.1 数字

数字是一种常见的数据类型,比如1,2,1.6等都是数字。

具体来说,在 Python 中,数字可以分为以下几种类型:

（1）整型（int）；

（2）浮点型（float）；

（3）复数型（complex）。

我们可以通过 type(元素)来打印输出对应的元素类型,比如我们可以输入如下代码:

```
>>> type(9)
<class 'int'>
>>> type(9.0)
<class 'float'>
>>> type(5 + 3j)
<class 'complex'>
```

可以看到,上述代码能够打印输出各个数据的类型,如9的类型为整型 int,而9.0的类型为浮点型 float,5+3j 的类型为复数型 complex。

我们知道,复数分为实部和虚部,如果我们希望取复数的实部和虚部,可以通过以下代码实现:

```
>>> a = 5 + 3j
>>> a.real
5.0
>>> a.imag
3.0
```

可以看到,如果希望取复数的实部,可以通过"复数.real"取出,而复数的虚部可以通过"复数.imag"取出。

同样,我们还可以通过 Python 实现数据类型的强制转换,比如我们可以输入如下代码:

```
>>> a = 9.0
>>> type(a)
<class 'float'>
>>> a = int(a)
>>> type(a)
<class 'int'>
>>> b = 3
>>> type(b)
<class 'int'>
>>> b = float(b)
>>> type(b)
<class 'float'>
```

在上面的代码中,实现了数据类型的互相转化,比如,9.0 本来是浮点型,但是通过 int(9.0)转化之后,该数据就成了整型,同样,上面代码中的 3 本来是整型,通过 float(3)之后,将数据转为了浮点型。所以,我们可以看到,如果希望进行数据类型的强制转换,可以通过"数据类型(数据)"等格式进行数据类型的强制转换。

在本节中,我们为大家讲解了关于数字这种数据类型的相关知识,希望大家掌握如何查看某个元素的数据类型以及数据类型强制转换的知识。

3.2 字符串

一般来说,用引号引起来的数据,我们将其称为字符串(str)。

比如,我们可以输入以下程序:

```
>>> a = "9"
>>> type(a)
<class 'str'>
```

可以看到,此时我们用引号将 9 引起来,此时 9 就成了字符串,此时可以看到其数据类型为字符串型 str。

字符串在 Python 中随处可见,比如我们之前学过的判断是否成年的程序中:

```
print("已成年")
```

这里面的"已成年"就是字符串。

其实,引号可以细分为单引号、双引号、三引号。

一般来说,单引号和双引号基本的使用方法一致,如下所示:

```
>>> a = 'I like music'
>>> b = "I like music"
>>> a
```

```
'I like music'
>>> b
'I like music'
```

可以看到,此时,字符串"I like music"我们分别用单引号和双引号引起来,最终,变量 a 与 b 的结果是一致的。

但是,如果字符串里面含有单引号,那么一般在外层我们会使用双引号,如果字符串里面含有双引号,我们一般在外层会使用单引号进行,这样做是为了避免单双引号的冲突,如下所示:

```
>>> a = "It's a pig"
>>> b = '"苹果"并不是苹果'
>>> a
"It's a pig"
>>> b
'"苹果"并不是苹果'
```

在上面程序中可以看到,为了避免单双引号的冲突,"It's a pig"由于里面有单引号,所以外层使用双引号,'"苹果"并不是苹果'里面有双引号,所以外层使用单引号。当然,也可以在里面使用单引号或者双引号的时候,外层同样使用单引号或双引号,只不过此时需要用到转义符\,如下所示:

```
>>> a = 'It\'s a pig'
>>> b = "\"苹果\"并不是苹果"
>>> a
"It's a pig"
>>> b
'"苹果"并不是苹果'
```

可以看到,如果此时里层也用与外层一样的单引号或双引号,那么在里层单引号或双引号的前面需要加上转义符\,加上转义符后,程序一样也可以实现。

一般来说,如果字符串是一个多行字符串,此时我们可以使用三引号进行定义,三引号既可以包含一行的字符串,也可以包含多行的字符串,同时,三引号也包括两种形式: '''对应字符串'''与"""对应字符串"""等两种。

比如,我们可以输入如下程序:

```
>>> a = '''从明天起,做一个幸福的人
喂马,劈柴,周游世界
从明天起,关心粮食和蔬菜
……
'''
>>> b = """从明天起,做一个幸福的人
喂马,劈柴,周游世界
从明天起,关心粮食和蔬菜
……
"""
>>> print(a)
从明天起,做一个幸福的人
喂马,劈柴,周游世界
```

从明天起,关心粮食和蔬菜

…

```
>>> print(b)
从明天起,做一个幸福的人
喂马,劈柴,周游世界
从明天起,关心粮食和蔬菜
…
```

可以看到,在程序中,我们通过三引号定义了多行字符串,同时,三引号包括三个单引号的组合或者三个双引号的组合两种组合方式。

当然,有些读者可能会觉得,只要加上行连接符,双引号或者单引号也可以包含多行字符串,如下所示:

```
>>> c = "从明天起,做一个幸福的人\
喂马,劈柴,周游世界\
从明天起,关心粮食和蔬菜\
…"
>>> print(c)
从明天起,做一个幸福的人喂马,劈柴,周游世界从明天起,关心粮食和蔬菜……
```

在上面的程序中,可以在每行的行末加上行连接符\,此时双引号可以包含多行的一个数据,程序的执行没有任何问题,但是我们注意到,输出的结果中,仍然是一行字符串。也就是说,通过行连接符连接的多行数据,其本质上仍然是一行数据,这一点与三引号中的多行字符串数据是不一样的,需要注意。

3.3 列表

如果读者有其他语言的编程基础会发现,很多语言中都会有数组的概念,所谓数组,简单来说就是存储一系列元素的一个容器,在 Python 中,默认是没有数组这种数据类型的,跟数组这个数据类型最相近的数据类型就是列表了。

当然,如果读者没有学过其他编程语言,不知道数组的概念,也没有关系,因为在本节中,会为大家从最基础介绍列表这种数据类型。

3.3.1 列表的定义

所谓列表,可以理解为是一个存储一系列元素的容器。

比如,现在有以下数据:

```
>>> a = "Python"
>>> b = "R"
>>> c = "Java"
>>> d = "PHP"
```

可以看到,这些数据都是编程语言,如果希望这些数据都放在同一个地方,此时可以定义一个列表,然后在列表里面放这些数据即可。

3.3.2 列表使用详解

定义一个列表可以通过如下格式实现：

列表名 = [元素 1,元素 2,元素 3, …]

所以,如果需要将上述的编程语言数据放在同一个列表中,可以通过如下代码来实现：

```
>>> pro = [a,b,c,d]
>>> pro
['Python', 'R', 'Java', 'PHP']
```

可以看到,此时已经将这些数据全部放到名为 pro 的列表中了,输出 pro,可以看到相对应的数据已经存储好。

如果希望将列表中的某个数据取出来使用,可以按照如下格式进行：

列表名[下标]

注意,这里的下标指的是元素在列表里面的序号,该序号从 0 开始编号。所以,如果想取出上述列表 pro 中的 Java 这个元素,此时,Java 下标应该为 2,因为该列表里面的元素从 0 开始编号,我们可以通过如下代码实现：

```
>>> pro[2]
'Java'
```

如果现在希望将列表里面的元素依次取出,此时就需要用到列表的遍历了。所谓列表的遍历,简单来说,就是依次访问列表里面的元素并取出来。在 Python 中,列表的遍历可以通过如下格式进行：

```
for i in 列表名:
    i
```

比如,如果我们想遍历上述的 pro 列表里面的元素并输出,我们可以这样做,具体完整的代码如下所示：

```
a = "Python"
b = "R"
c = "Java"
d = "PHP"
pro = [a,b,c,d]
for i in pro:
    print(i)
```

执行结果为：

```
Python
R
Java
PHP
```

可以看到,此时的相关元素已经成功遍历并输出。

3.4 元组

元组也是 Python 里面的一种数据类型,元组这种数据类型与列表类似,但是功能与特点有所不同,并且这两种数据类型也是不一样的。在这一节中,我们将会具体介绍元组这种数据类型。

3.4.1 元组的定义

元组也是一种可以存储一系列数据的一种容器。

元组与列表的不同点主要在于元组里面的元素不能修改,而列表的能修改,其次元组与列表的定义符号不一样,这些区别我们将在 3.4.3 节中进行具体介绍。

如果我们希望将一系列的数据存储到元组中,格式如下:

元组名 = (元素 1,元素 2,元素 3,…)

3.4.2 元组使用详解

比如,如果我们希望将一系列的水果存储在一个元组中,我们可以通过如下代码实现:

```
>>> a = ("葡萄","桃子","西瓜","橙子")
>>> a
('葡萄', '桃子', '西瓜', '橙子')
```

可以看到,此时已经将对应的水果"葡萄、桃子、西瓜、橙子"等全部存到了一个元组中,并将元组命名为 a。随后,可以看到元组 a 里面已经具有了相关的元素。

如果我们希望取出元组中的元素,可以按照如下格式进行:

元组名[下标]

同样,对应的下标为元素的存储序号,与列表的类似,该序号从 0 开始编号。

比如,如果我们希望将"桃子"这个元素取出来,我们可以使用如下代码进行:

```
>>> a[1]
'桃子'
```

因为此时桃子为该元组中的第二个元素,由于元素从 0 开始编号,所以其序号为 1,此时可以看到已经成功取出了"桃子"这个元素。

如果我们希望对对应的元组里面的元素进行遍历,可以通过如下格式进行:

```
for i in 元组名:
    i
```

可以看到,其遍历的方式基本上与列表元素的遍历方式是一致的。

比如,我们可以通过以下代码遍历并输出上述元组 a 中的元素,完整代码如下:

```
a = ("葡萄","桃子","西瓜","橙子")
for i in a:
    print(i)
```

可以看到,此时的输出结果为:

```
葡萄
桃子
西瓜
橙子
```

从结果可以看出程序已经成功遍历并输出了元组 a 中的元素。

3.4.3 列表与元组的区别

列表与元组虽然很像,但是也有区别。一般来说,列表与元组的区别主要有以下两点:

(1) 元组里面的元素不能修改,而列表里面的元素能修改。

(2) 元组与列表的定义符号不一样。

如果要更改列表里面的元素,格式如下:

列表名[对应下标] = 新的元素

比如,假如现在定义有以下列表和元组:

```
>>> a = ["葡萄","桃子","西瓜","橙子"]
>>> b = ("葡萄","桃子","西瓜","橙子")
```

如果此时我们希望更改里面的某个元素,比如更改"西瓜"这个元素,此时会发现在列表中的元素可以被更改,而在元组中的元素则不能被更改,代码如下所示:

```
>>> a[2] = "猕猴桃"
>>> a
['葡萄', '桃子', '猕猴桃', '橙子']
>>> b[2] = "猕猴桃"
Traceback (most recent call last):
  File "< pyshell # 75 >", line 1, in < module >
    b[2] = "猕猴桃"
TypeError: 'tuple' object does not support item assignment
```

我们成功地更改列表里面对应的元素,更改之后,列表里面的元素就成了['葡萄', '桃子', '猕猴桃', '橙子'],但当我们尝试着以同样的方式更改元组里面的元素时,就出现了问题,此时提示,元组对象里面的元素不能被分配,也就是说,不能修改元组里面的元素。

所以,当数据需要灵活地变化的时候,此时可以将数据存储到列表中,而当数据比较稳定,不希望其被改变时,可以将数据存储到元组中,比如,从数据库中取出数据之后,不希望这些数据能够被直接改变,那么这些数据可以存储到元组中。

除此之外,元组与列表的第二个不同点,就是其定义的符号不一样,这一点在上面的代码中我们都遇到了,列表使用[]定义,而元组使用()定义。

在这里,我们为读者介绍了列表以及元组等数据类型的相关知识,在未来的编程中,我们会发现经常会遇到它们。

3.5 字典

字典也叫做关联数组,即里面存储的元素中,每个元素都是成对出现的,每个元素中的这一对数据是一个关联的数据。

比如,现在我们希望将一个人的信息存储起来,这个人的信息包括:

姓名:李白
职业:诗人
爱好:喝酒

此时,如果将这些信息存储到列表或者元组中,会发现无法将姓名与李白关联起来,也无法将职业与诗人关联起来,如果我们要取这个人的职业信息,会比较麻烦。

此时,这些数据里面的每个元素都是成对出现的,可以发现每个元素里面的这一对数据都是一个相关联的数据,此时,可以考虑将这些数据存储到字典中。

在字典中,每对元素一般分为两部分,如上所示,"姓名:李白"这对元素中,也分为两部分,前半部分为姓名,后半部分为李白(即姓名对应的值),在字典里面,我们一般将前半部分的数据称为键(key),后半部分的数据称为值(value)。比如"姓名:李白"这对元素中,键为姓名,值为李白。

如果想将一系列元素存储到字典中,格式如下:

字典名 = {键 1:值 1,键 2:值 2,键 3:值 3,…}

所以,如果想将上面这一个人的信息存储起来,可以通过如下代码实现:

```
>>> p = {"姓名":"李白","职业":"诗人","爱好":"喝酒"}
>>> p
{'职业':'诗人','爱好':'喝酒','姓名':'李白'}
```

如果需要取字典中的某一个元素,可以通过如下格式实现:

字典名["键名"]

比如,可以通过如下代码将这个人的职业信息取出来:

```
>>> p["职业"]
'诗人'
```

可以看到,通过上述代码,成功取出了这个人的职业信息。

如果想将字典里面的数据自动遍历出来,可以通过以下格式实现:

```
for i in 字典名:
    i              #这里会依次取出键名
    字典名[i]       #这里会依次取出各值
```

比如,如果希望将上面的存储在字典中的这个人的信息遍历出来,可以通过以下程序实现:

```
p = {'职业': '诗人', '爱好': '喝酒', '姓名': '李白'}
for i in p:
    print("键为:" + i + ",值为:" + p[i])
```

该程序的输出结果如下:

键为:职业,值为:诗人
键为:姓名,值为:李白
键为:爱好,值为:喝酒

可以看到,相关的数据已经成功全部取出。

如果未来想存储一些与上面类似的具有关联的这些数据,字典这种数据类型将是我们非常好的一个选择。

3.6 运算符实践

所谓运算符,即是在 Python 中对数据进行运算的符号。在编程世界中,光有数据是远远不够的,我们还需要能够对这些数据进行操作、运算等,这样才能够灵活地去做一些事情。

在 Python 中,常见的运算符有:+、-、*、/、**、<、>、!=、//、%、&、|、^、~、>>、<<、<=、>=、==、not、and、or。

在此,笔者总结了一些常见的运算符及其含义,均放在了表 3-1 中,在此,读者可以对这些常见的运算符先进行一个大概的了解,这样,在我们以后使用的时候就可以知道其含义并掌握了。

表 3-1 常见的运算符及其含义

运 算 符	含 义
+	两个对象相加
-	取一个数字的相反数或者实现两个数字相减
*	两个数相乘或者字符串重复
/	两个数字相除
**	求幂运算
<	小于符号,返回一个 bool 值
>	大于符号,返回一个 bool 值
!=	不等于符号,同样返回一个 bool 值
//	除法运算,然后返回其商的整数部分,舍掉余数
%	除法运算,然后返回其商的余数部分,舍掉商
&	按位与运算,所谓的按位与是指一个数字转化为二进制,然后这些二进制的数按位来进行与运算
|	按位或运算,同样要将数字转化为二进制之后按位进行或运算
^	按位异或
~	按位翻转 ~x = -(x+1)
>>	左移

运　算　符	含　义
<<	右移
<=	小于等于符号,比较运算,小于或等于,返回一个 bool 值
>=	大于等于
==	比较两个对象是否相等
not	逻辑非
and	逻辑与
or	逻辑或

在此,以一些常见的运算符为例,讲解运算符的使用。

首先,为读者介绍常见的算术运算符: ＋、一 、＊ 、/、//、％、＊＊。

一般来说,加减乘除等运算在 Python 中与数学中的运算基本一致。

比如,我们如果要计算 5＋4＊7－8/2 的值,可以通过以下程序实现:

```
>>> k = 5 + 4 * 7 - 8/2
>>> k
29.0
```

可以看到,此时的计算结果为 29,该计算过程为 5＋4＊7－8/2＝5＋28-4＝33－4＝29,与数学中的运算是一致的。

值得注意的是,加法运算符(＋)不仅仅能够起到加法运算的作用,还能够起到连接字符串的作用,即实现字符串的相加(连接)。

比如,我们希望将字符串"hello"与"Python!"连接起来,可以通过以下程序实现:

```
>>> a = "hello "
>>> b = a + "Python!"
>>> b
'hello Python!'
```

此时,运算符＋实现的功能就是字符串连接的功能。如果要连接的数据为数字类型,此时我们需要将数字类型的数据进行强制转换为字符串类型,因为如果要进行字符串连接,就需要将对应的数据转为字符串。比如,我们可以输入以下程序:

```
>>> k = 5 + 4 * 7 - 8/2
>>> print("5 + 4 * 7 - 8/2 的结果是:" + str(k))
5 + 4 * 7 - 8/2 的结果是:29.0
```

可以看到,我们要连接的结果是一个数字,所以我们需要将其通过"str(k)"强行转化为字符串后才能连接。

除了四则运算以外,算术运算中还有整除符(//)、求余符(％)、幂运算符(＊＊)等。

比如我们可以输入以下程序:

```
>>> a = 10
>>> b = 3
```

```
>>> c = a//b
>>> c
3
>>> d = a % b
>>> d
1
>>> e = b ** 2
>>> e
9
```

可以看到,通过 a//b 计算得到的结果为 a 除以 b 之后取商部分的数据,a%b 计算出来的结果为 a 除以 b 之后取余数部分的数据。如果进行 b ** 2 运算,此时得到的结果为 b 的 2 次幂。

接下来为读者介绍一些常见的比较运算符:<、>、>=、<=、==、!=。

比较运算符会对数据进行比较,然后返回布尔值,所谓布尔值,即要么为真,要么为假,通俗来说,就是要么是肯定的,要么是否定的。

比如,我们可以输入以下程序:

```
>>> a = 10
>>> b = 7
>>> c = a > b
>>> c
True
>>> c = a < b
>>> c
False
```

可以看到,上面的程序中,a 与 b 进行了比较运算,并输出了比较运算的结果。大于等于运算符(>=)、小于等于运算符(<=)、等于运算符(==)、不等于运算符(!=),使用方法都类似。

最后为大家介绍一些常见的逻辑运算符:not、and、or。

逻辑运算中三种基本运算为:与(and)、或(or)、非(not)。

关于与运算,我们只需要记住:全真才真,一假全假。意思是,只有都是真的时候,结果才为真,只要出现一个假的,结果即为假。

比如我们可以输入以下程序:

```
>>> a = True
>>> b = False
>>> a and a
True
>>> a and b
False
>>> b and b
False
```

我们会发现，只有 a 与 a 才为真，其他的都是假。

关于或运算符，同样，只需要记住：一真则真，全假才假。意思是，只要出现真，那么结果即为真，只有全部是假的，结果才为假。

比如我们可以输入以下程序：

```
>>> a = True
>>> b = False
>>> a or b
True
>>> a or a
True
>>> b or b
False
```

可以看到，只有 b 或 b 的结果为假，其他的都为真。

关于非运算，则比较简单，原来是真的，非运算之后就会变为假的，原来是假的，非运算之后就会变为真的。比如我们可以输入以下程序：

```
>>> a = True
>>> b = False
>>> not a
False
>>> not b
True
```

可以发现，进行了非运算之后，真和假就变了。

3.7　运算符优先级规律与使用技巧

通过上面的学习，我们会发现，运算符非常多。其实不同的运算符其优先级是不一样的，所谓优先级指的是，当某些运算符同时出现的时候优先执行哪些运算符，而这个优先程度即指的是运算符的优先级。

3.7.1　运算符优先级规律

那么，运算符的优先级有什么规律呢？

简单来说，关于运算符的优先级规律，只需要记住如下优先级排序规则即可：

(1) 函数调用、寻址、下标；

(2) 幂运算 ** ；

(3) 翻转运算 ～；

(4) 正负号；

(5) *、/、%；

(6) +、-；

(7) <<、>>；

(8) 按位 &、^、|；

（9）比较运算符；

（10）逻辑的 not、and、or；

（11）lambda 表达式。

当同时出现某些运算符的时候，按照以上顺序执行对应的运算符。

3.7.2　运算符使用技巧

如果觉得运算符的优先级规律非常难记，读者也可以在有个大概的印象后，在使用运算符的时候运用一些技巧解决这个问题。

那么，运算符的使用有什么技巧呢？

如果在不知道运算符的优先级的时候，可以使用（）强行改变运算的执行顺序，将需要先运行的地方使用（）括起来即可。

比如，需要先执行 $2+4$，然后结果乘以 4，再将此结果与 $4+8$ 的结果进行大于比较运算，此时如果不知道运算符的优先级，可以写成如下形式：

```
((2 + 4) * 4)>(4 + 8)
```

此时，对应的运算会从最里层括号开始算起，依次算到外层括号，算完之后，再计算括号外面的内容。

比如，以上的计算写成程序如下：

```
>>> a = ((2 + 4) * 4)>(4 + 8)
>>> a
True
```

此时可以看到，该计算会按照以下计算过程进行：

```
((2 + 4) * 4)>(4 + 8)
=>(6 * 4)> 12
=> 24 > 12
=> True
```

所以，如果真的不知道或者不清楚对应的运算符的优先级，可以使用（）强行改变运算符的运算顺序，以实现对应的功能。

3.8　小结

（1）元组与列表的不同点主要在于元组里面的元素不能修改，而列表的能修改，其次元组与列表的定义符号不一样。

（2）字典也叫做关联数组，即里面存储的元素中，每个元素都是成对出现的，每个元素中的这一对数据是一个关联的数据。

（3）如果不知道运算符的优先级，可以使用（）强行改变运算的执行顺序，将需要先运行的地方使用（）括起来即可。

习题 3

请遍历出下面变量 a 里面的元素：

a = [{'职业': '诗人', '爱好': '喝酒', '姓名': '李白'},{'职业': '工程师', '爱好': '读书', '姓名': '张明'}]

参考答案：

```
a = [{'职业': '诗人', '爱好': '喝酒', '姓名': '李白'},{'职业': '工程师', '爱好': '读书', '姓名': '张明'}]
for i in a:
    for j in i:
        print(j + ":" + i[j])
```

第 4 章
条件控制与循环结构

学习好条件控制与循环控制结构,可以让我们的编程效率更高,本章我们会为大家系统地介绍条件控制结构与循环结构。

4.1 程序执行流程概述

在现实世界中,做任何事情都需要一定的流程,同样,在 Python 中,实现相应的程序也会有一定的流程。

常见的程序流程主要有:

(1) 顺序结构;

(2) 选择结构;

(3) 循环结构;

(4) 中断结构。

顺序结构是最常见的程序执行流程结构,即按代码的编写顺序依次往下执行。

选择结构也叫做分支结构,是在执行的时候,需要根据条件判断选择某一块程序执行的结构,选择结构会从众多的分支中选择满足条件的分支执行,当然,如果所有分支都不满足条件,也可以不执行选择结构中的代码,直接跳过,然后执行下面的程序。

循环结构是一种重复执行某一段代码的执行流程结构。比如,如果我们需要重复地去执行一些代码,此时我们使用循环结构进行可以大大简化程序的编写,并且,在后续的学习中我们会发现,循环结构在开发中用得是非常多的,并且使用循环结构可以实现一些非常强大的功能,比如做网络爬虫的时候,我们可以使用循环结构对网站进行自动的爬取等。

中断结构是一种在程序执行的时候,若满足某个条件,中断程序的执行或者中断某一块代码的执行的一种程序执行流程结构。比如,在本章后面会学习到的 break、continue 语句,都是中断结构语句。

灵活地掌握这些程序执行流程结构,可以让我们的编程思路更加清晰,开发效率更高。

4.2 if 语句详解

if 语句是一种选择结构语句,使用 if 语句可以轻松地实现选择结构。这一节将会为大家详细介绍 if 语句。

4.2.1 几种常见的 if 语句格式及使用

如果要使用 if 语句,我们可以先了解 if 语句常见的几种格式。

首先,如果程序只有一种分支,此时可以使用以下格式:

```
if 条件:
    代码块
```

如果满足条件,就会执行上面对应的代码块,执行完后继续后面程序的执行,如果不满足条件,该代码块则不会执行,此时会跳过这一段程序,然后继续执行后面的程序,这种只有一个待选代码块的分支结构,我们称为单分支结构。

比如,假如现在小李同学向杂志社投稿,如果稿件采用,则会回复小李,假如稿件不采用,则不再另行通知。此时,我们可以输入如下程序表示上述事件:

```
a = "通过"
if(a == "通过"):
    print("您的稿件已被采用!")
```

可以看到,此时小李的稿件已被采用,所以,会提示他"您的稿件已被采用!",若某人向该杂志投稿,如果稿件没有通过,则不会提示任何信息,这就是一种单分支选择结构。

除了单分支选择结构之外,常见的还有双分支选择结构,双分支选择结构的格式如下:

```
if 条件:
    代码块 1
else:
    代码块 2
```

此时,若满足条件,则执行代码块 1;若不满足条件,则执行代码块 2。

比如,现在有一个学生成绩是否及格判断系统,若学生成绩大于或等于 60 分,则为通过,此时提示已经通过,若为不通过,则提示需要补考。此时,我们可以通过以下程序实现:

```
a = 50
if(a >= 60):
    print("您的成绩已经通过!")
else:
    print("您的成绩未通过,需要补考,请好好准备!")
```

可以看到,代码中的学生成绩为 50 分,此时会输出:

您的成绩未通过,需要补考,请好好准备!

所以,如果要进行一些只有两种选择的判断,我们可以使用双分支选择结构来实现。

除了单双分支选择结构之外,还有多分支选择结构,也就是,当有多种选择的时候会用到这种结构,该结构的 if 语句实现格式如下:

```
if 条件 1:
    代码块 1
elif 条件 2:
```

```
    代码块 2
elif 条件 3:
    代码块 4
…
esle:
    代码块 m
```

这里的 else 语句块是不一定要有的,通常根据实际业务需求决定,else 代表当以上条件都不成立的时候,执行 else 对应的代码块。

可以看到,通过这种格式可以实现多分支选择结构,此时程序会从上往下依次判断各条件是否成立,若遇到条件成立的,则执行该条件对应的代码块,若 elif 对应的条件都不成立,则需要看此时是否有 else,若有,则执行 else 对应的内容,若没有,则不执行该多分支选择结构,继续下面的代码执行。

比如,现在有一个论坛,其用户都有积分,此时,如果希望根据积分的情况为用户划分等级,比如划分规则如下:

```
0～999 积分 ----------------------->新手入门
1000～1999 积分 -------------------->登堂入室
2000～4999 积分 -------------------->中级用户
5000～9999 积分 -------------------->忠实铁粉
10000～49999 积分 ----------------->论坛元老
50000 积分以上 -------------------->超级元老
```

此时,我们可以通过以下程序实现:

```
score = 3218
if score >= 0 and score < 1000:
    print("新手入门")
elif score >= 1000 and score < 2000:
    print("登堂入室")
elif score >= 2000 and score < 5000:
    print("中级用户")
elif score >= 5000 and score < 10000:
    print("忠实粉丝")
elif score >= 10000 and score < 50000:
    print("论坛元老")
elif score >= 50000:
    print("超级元老")
else:
    print("非法用户")
```

可以看到,此程序中具有多种分支,当前的用户积分为 3218 分,所以最终程序会输出:

```
中级用户
```

若要判断其他用户的等级,只需要更改对应的积分变量即可。

在此,我们为大家介绍了常见的 if 语句的格式与简单应用案例,希望大家可以对 if 语句有一个较好的了解。

4.2.2　if 语句的嵌套使用

If 语句可以嵌套使用,所谓嵌套使用,即在 if 语句下面再放上 if 语句或其他语句等,在嵌套使用的时候,我们需要特别注意缩进问题,一定要将同一层次的代码处于同一缩进幅度上。

比如,小明去应聘一家公司,该公司要求笔试分数在 79 分以上,面试分数在 85 分以上才能通过应聘,否则为应聘失败,若应聘成功,需要提示输出通过的信息,若应聘失败,需要输出具体的原因即到底是什么分数不够,此时我们可以将该案例通过一个嵌套使用的 if 语句来体现,如下所示:

```
# 本程序中使用 s0 代表笔试分数,s1 代表面试分数
s0 = 87
s1 = 79
if(s0 > = 79):
    if(s1) > = 85:
        print("通过")
    else:
        print("面试分数不够")
else:
    if(s1) > = 85:
        print("笔试分数不够")
    else:
        print("面试与笔试分数均不够")
```

可以看到,此时小明笔试分数为 87 分,面试分数为 79 分,通过本程序最终输出如下结果:

面试分数不够

可见,小明这次并没有应聘上,原因是面试分数不够。

如果需要使用此程序来判断其他求职者是否应聘成功,只需要对变量 s0、s1 赋予不同的值即可。

4.3　while 语句详解

while 语句是一种循环结构语句,使用 while 语句,可以很方便地实现循环的功能。

while 语句的使用格式如下:

```
while 条件:
    代码块
```

可以看到,若满足对应的条件,会进入到 while 循环体中执行对应的代码块,直到不满足对应的条件才退出循环,当然,也可以使用中断语句实现退出循环,这个知识点我们将在 4.5 节具体讲解。

比如,现在我们需要一个程序监测当天的天气是否有雨,若监测到有雨,则提示"下雨了!"并退出监测;若没有监测到有雨,则不做任何提示,默默保持监测状态。

假如现在,我们已经事先知道了一周的天气情况,实际情况中,我们不可能精确地知道未来的天气情况,但实际业务中,我们会设置一个数据库用于存储当天的天气情况,实际上,在本程序中加上一个每天自动从数据库中取出天气状况的代码即可满足实际业务的要求,

又由于此时我们需要一些天气数据,所以事先定义即可,假如我们将这一周的天气情况写入以下列表中:

```
a = ["晴","多云","多云","阴","雨","晴","多云"]
```

接下来我们需要做一个程序实现对应的监控,我们可以输入以下程序:

```
import time
a = ["晴","多云","多云","阴","雨","晴","多云"]
k = True
x = 0
while k:
    thisday = a[x]
    x += 1
    if(thisday == "雨"):
        # 注意:列表默认从 0 开始编号,但是我们正常从 1 开始数数
        # 所以上方 x 自加 1 后刚好为天数
        print("今天是第" + str(x) + "天,下雨了!")
        k = False
    # 实际情况中,下方 1 改为 86400,因为 86400 秒为 1 天,为了方便
    # 测试,此时设置为延时 1 秒
    time.sleep(1)
```

此程序会每隔固定的时间后,自动监测当天是否有雨,若有雨,则进行输出;若无雨,则不提示任何信息,继续默默监视。我们可以看到,在第 5 天的时候会有雨,此时,该程序的输出结果也是吻合的,输出结果如下:

今天是第 5 天,下雨了!

以上的代码为 while 循环语句的一个示例,希望大家可以根据这个代码理解 while 循环的使用。

4.4 for 语句详解

for 语句也是一种循环结构语句,for 语句的常见使用格式如下:

```
for i in range(开始数字,结束数字 + 1):
    i
```

在此,可以看到,for 语句经常会跟 range() 函数结合起来,比如 range() 里面的数字是 (1,5),此时代表 i 依次取 1,2,3,4。我们需要知道,结束的数字一般比 range() 里面的第 2 个参数少 1,即 range() 里面第 2 个参数的值 = 结束数字 + 1。

使用 for 语句可以实现非常强大的功能,在后续的编程中,我们会经常用到 for 语句,比如常规循环的时候需要用到 for 语句,遍历列表、元组、字典的时候也需要用到 for 语句,后续取文件里面数据的时候也可以用到 for 语句,所以,关于 for 语句的运用是非常广的。

比如,如果我们要实现输出乘法口诀表的功能,我们可以通过以下 for 语句来实现:

```
for i in range(0,9):
    for j in range(0,i):
        print(str(i) + " * " + str(j) + " = " + str(i * j), end = " ")
    print()
```

此时的输出结果如下：

```
1 * 0 = 0
2 * 0 = 0 2 * 1 = 2
3 * 0 = 0 3 * 1 = 3 3 * 2 = 6
4 * 0 = 0 4 * 1 = 4 4 * 2 = 8 4 * 3 = 12
5 * 0 = 0 5 * 1 = 5 5 * 2 = 10 5 * 3 = 15 5 * 4 = 20
6 * 0 = 0 6 * 1 = 6 6 * 2 = 12 6 * 3 = 18 6 * 4 = 24 6 * 5 = 30
7 * 0 = 0 7 * 1 = 7 7 * 2 = 14 7 * 3 = 21 7 * 4 = 28 7 * 5 = 35 7 * 6 = 42
8 * 0 = 0 8 * 1 = 8 8 * 2 = 16 8 * 3 = 24 8 * 4 = 32 8 * 5 = 40 8 * 6 = 48 8 * 7 = 56
```

可以看到，我们使用了非常简洁的代码就实现了自动输出乘法口诀表的功能。此程序为一个两层的 for 循环结构，外层的 i 循环控制的是结果中的行，而里层的 j 循环控制的是结果中的每列。print()中，我们通过 end=" "控制了此时通过 print()输出的结尾，即在输出每列的时候不换行。

除此之外，for 循环在遍历元组、列表、字典中的作用由于之前已经详细地介绍过，所以在此就不介绍了，同时，for 循环遍历文件里面的数据的功能我们将在文件的操作这一节中详细地介绍。

4.5　循环的中断

假如有的时候，我们希望中断某个循环的执行，此时，需要使用循环的中断语句，在 Python 中，循环的中断语句主要有 break 与 continue，接下来我们将分别介绍。

4.5.1　break 语句

break 语句是中断语句中的一种，其含义是终止循环的意思，如果执行了 break 语句，对应的循环就会结束。

比如，我们可以输入如下程序：

```
for i in range(0,10):
    if(i == 6):
        break
    print(i)
```

若该程序中没有中断语句 break，该程序则会依次输出数字 0～9，但此时，由于有了中断结构，所以最终输出结果如下：

```
0
1
2
3
```

4
5

可以看到,程序在 6 以后就不输出了,因为当 i 等于 6 的时候,满足 if 语句的条件,所以此时执行了 break,执行了 break 后,会终止其对应的循环,所以此时该循环就中断了,故而最终 6 以后的数字都没有输出。

4.5.2　continue 语句

continue 语句也是一种中断语句,但是 continue 语句与 break 语句不同,continue 语句指的是结束这一次循环,然后继续下一次循环,而 break 语句指的是结束整个循环。

首先,我们应当理解,每个循环都是分次进行的,比如,如下程序中进行了三次循环:

```
for i in range(0,3):
    print(i)
```

这三次循环分别是 i 取 0,i 取 1,i 取 2。

但是,这三次循环统称为一个循环,如果其中出现 break 语句,整个循环都会中断,所以其后续的循环将不再进行,如果出现的是 continue 语句,只会中断当前这一次的循环,继续下一次的循环,而不是中断整个循环。

我们可以通过对比以下程序进行理解:

```
# 待对比程序 1
print("第 1 段程序输出的结果是: ")
for i in range(0,10):
    if(i == 6):
        break
    print(i)
```

```
# 待对比程序 2
print()
print("第 2 段程序输出的结果是: ")
for i in range(0,10):
    if(i == 6):
        continue
    print(i)
```

上面的程序执行结果如下:

第 1 段程序输出的结果是:
0
1
2
3
4
5

第 2 段程序输出的结果是:
0

```
1
2
3
4
5
7
8
9
```

可以看到,此时第 1 段程序使用的是 break 中断循环,所以,当 i 等于 6 时,就停止该循环了,自然就不会说出后续的数字。而此时第 2 段程序使用的是 continue 中断,所以,可以看到,输出结果中,只是没有数字 6,而过了 i 等于 6 这一次循环之后,则会继续正常执行,所以我们会发现,continue 中断的只是某次循环。

在 Python 中,中断语句也会经常用到。比如,一个循环中有 1000 次任务需要执行,如果前 200 次任务已经执行,由于这天有事,所以关闭了该程序,在第二天的时候,需要重新执行该程序,此时,执行过的这些次数希望可以跳过,所以此时可以使用 if() 判断,若当前次数小于或等于 200,使用 continue 中断,此时即可跳过已经执行过的程序,可以避免重复执行的问题。这个过程体现在程序上类似如下:

```
for i in range(0,1000):
    if(i < 200):
        continue
    print(i)
```

执行该程序,我们会发现,该程序会从 200 开始往后输出,即从第 201 次开始运行新任务。

当然,同样还是这 1000 次任务,假如某天执行的时候临时改变主意,希望只执行前 600 次任务就行了,由于是临时改变的主意,所以此时如果不想修改循环中的循环次数上限,可以使用 if() 语句进行判断,当前次数等于 601 的时候,使用 break 中断该任务的进行。该过程可以通过如下类似程序实现:

```
for i in range(0,1000):
    if(i == 600):
        break
    print(i)
```

执行该程序,我们会发现,此程序会在输出 599 之后(即第 600 次),结束运行,可以满足上面我们所描述的需求。

4.6 小结

(1) 选择结构也叫做分支结构,是一种在执行的时候,需要根据条件然后判断选择某一块程序执行的一种结构,选择结构会从众多的分支中选择满足条件的分支执行,当然,如果所有分支都不满足条件,也可以不执行选择结构中的代码,直接跳过执行下面的程序。

(2) 使用 for 语句可以实现非常强大的功能,在后续的编程中,我们会经常用到 for 语句,比如常规循环的时候需要用到 for 语句,遍历列表、元组、字典的时候也需要用到 for 语句,后续取文件里面数据的时候也可以用到 for 语句,所以,关于 for 语句的运用是非常广的。

（3）continue 语句也是一种中断语句,但是 continue 语句与 break 语句不同,continue 语句指的是结束这一次循环,然后继续下一次循环,而 break 语句指的是结束整个循环。

习题 4

逆序输出乘法口诀表,即输出为如下形式:

```
9 * 9 = 81 9 * 8 = 72 9 * 7 = 63 9 * 6 = 54 9 * 5 = 45 9 * 4 = 36 9 * 3 = 27 9 * 2 = 18 9 * 1 = 9
8 * 8 = 64 8 * 7 = 56 8 * 6 = 48 8 * 5 = 40 8 * 4 = 32 8 * 3 = 24 8 * 2 = 16 8 * 1 = 8
7 * 7 = 49 7 * 6 = 42 7 * 5 = 35 7 * 4 = 28 7 * 3 = 21 7 * 2 = 14 7 * 1 = 7
6 * 6 = 36 6 * 5 = 30 6 * 4 = 24 6 * 3 = 18 6 * 2 = 12 6 * 1 = 6
5 * 5 = 25 5 * 4 = 20 5 * 3 = 15 5 * 2 = 10 5 * 1 = 5
4 * 4 = 16 4 * 3 = 12 4 * 2 = 8 4 * 1 = 4
3 * 3 = 9 3 * 2 = 6 3 * 1 = 3
2 * 2 = 4 2 * 1 = 2
1 * 1 = 1
```

参考答案:通过以下程序实现即可,当然,也可以有不同的写法。

```python
for i in range(9,0,-1):
    for j in range(i,0,-1):
        print(str(i) + " * " + str(j) + " = " + str(i * j), end = " ")
    print()
```

第5章

迭代与生成

在后续编程的时候,我们可能还会遇到一种名叫迭代器的容器对象,在本章中,将会为大家介绍迭代器与生成器两种容器对象,事实上,生成器是一种迭代器,在以下内容中,我们将会具体介绍。

5.1　迭代器概述

迭代器有时也称为游标,可以由可迭代对象转化而来,是一种支持以 next()方法依次取出可迭代对象中各元素的一种东西,当取完可迭代对象中的元素的时候,会引发一个停止迭代的异常。

比如,之前我们学习过列表,列表是一种可迭代对象,所以我们可以使用 iter()作用于列表从而转化为一个迭代器。之前我们学习过列表里面元素的遍历方法,我们来复习一下:

```
a = ["Python","PHP","R","Ruby"]
for i in range(0,len(a)):
    print(a[i])
```

比如,如上的程序是遍历列表里面元素的其中一种方法,此时,由于列表是一种可迭代对象,所以,也可以直接使用迭代器访问列表里面的元素,如下所示:

```
>>> a = ["Python","PHP","R","Ruby"]
>>> a2 = iter(a)
>>> next(a2)
'Python'
>>> next(a2)
'PHP'
>>> next(a2)
'R'
>>> next(a2)
'Ruby'
>>> next(a2)
Traceback (most recent call last):
  File "< pyshell＃45 >", line 1, in < module >
    next(a2)
StopIteration
```

可以看到,首先我们使用 iter() 将对应的可迭代对象转为迭代器,然后使用 next() 依次作用于迭代器 a2,此时我们会发现,会依次地输出列表里面的元素,等输出完元素之后,会引发一个停止迭代的异常 StopIteration。在此,读者只需要对迭代器有一个基本的印象即可。所以,使用 iter() 可以将可迭代对象转化为迭代器,然后可以依次取出可迭代对象里面的各个元素数据。

由于迭代器取完元素之后就空了,所以迭代器是一种消耗品。相对来说,迭代器对内存是非常友好的,这样会让内存的压力减小很多。

5.2 迭代器常见使用

一般来说,如果要学会使用迭代器,需要掌握以下几个函数或方法:

```
iter()
next()
__iter__()
```

iter() 是一个可以将可迭代对象转化为迭代器的函数,比如,如果我们希望将一个字符串转化为迭代器,可以通过如下程序进行:

```
>>> it1 = iter("Hello!")
>>> it1
< str_iterator object at 0x0000020B3156D7F0 >
```

可以看到,此时 it1 就成了一个迭代器。所以,如果需要将某个可迭代对象转化为迭代器,此时可以使用 iter() 函数。

next() 是一个可以依次取出迭代器中的各个元素的一个函数,并且取完之后,会引发一个停止迭代的异常。比如,如果我们希望将上面的迭代器 it1 里面的元素依次取出,可以通过如下程序来实现:

```
>>> next(it1)
'H'
>>> next(it1)
'e'
>>> next(it1)
'l'
>>> next(it1)
'l'
>>> next(it1)
'o'
>>> next(it1)
'!'
>>> next(it1)
Traceback (most recent call last):
  File "< pyshell#57 >", line 1, in < module >
    next(it1)
StopIteration
```

可以看到,此时使用 next()函数,会依次将迭代器 it1 里面的元素取出,这时会分别取出这个字符串里面的每个字符。

__iter__()方法是用于返回迭代器本身的方法,比如我们希望返回迭代器 it1 本身,可以通过如下程序来实现:

```
>>> it1.__iter__()
<str_iterator object at 0x0000020B3156D7F0>
```

可以看到,此时程序返回了 it1 这个迭代器对象。

迭代器的常见使用方法不多,我们暂时只需要掌握以上三种使用情况即可。

5.3 可迭代对象

一般来说,可以使用 for 循环遍历的对象都是可迭代对象。需要注意的是,可迭代对象并不是迭代器,但是可迭代对象可以转化为迭代器。

常见的可迭代对象主要有:

- 列表;
- 元组;
- 字符串;
- 字典;
- 文件。

…

可以看到,可迭代对象是非常多的。那么,在编程的时候,我们如何自动去判断一个对象是否为可迭代对象呢?

我们可以使用 collections 下面的 Iterable 中的 isinstance()方法来判断对应的对象是否为可迭代对象,判断格式如下:

```
isinstance(待判断的对象,Iterable)
```

若为可迭代对象,判断结果为 True,若不是可迭代对象,判断结果为 False。

比如,我们可以输入以下程序:

```
>>> from collections import Iterable
>>> isinstance(123, Iterable)
False
>>> isinstance('123', Iterable)
True
>>> isinstance([1,2,3], Iterable)
True
>>> isinstance((1,2,3), Iterable)
True
```

可以看到,123 属于整数,是不可迭代对象,所以其返回结果为 False,而程序中其他的对象,比如字符串、列表、元组等都是可迭代对象,所以其判断结果为 True。如果我们需要在程序中自动判断某个对象是否为可迭代对象,可以使用 isinstance()方法进行判断。

比如,如果我们在一个程序中有 4 个对象,现在这 4 个对象是否可迭代不确定,此时,要求实现以下事情:依次判断一个对象是否可迭代,若不可迭代,直接输出不可迭代,并通过 print()输出该对象的值,若为可迭代对象,自动转为迭代器,并取出其首个元素。

我们可以输入以下程序进行实现:

```
from collections import Iterable
a = "hello"
b = 6789
c = ["abc","def"]
d = {"name":"abc","value":"123"}
allobj = [a,b,c,d]
for i in allobj:
    thisobj = i
    isitera = isinstance(thisobj, Iterable)
    if(isitera == True):
        thisit = iter(thisobj)
        thisvalue = next(thisit)
        print("当前对象可迭代,第一个元素是:" + str(thisvalue))
    else:
        print("当前对象不可迭代,值是: " + str(thisobj))
```

可以看到,在该程序中,我们首先定义了 4 个对象,然后将 4 个对象放到一个列表中,并通过 for 循环依次取出这 4 个对象,for 循环里面,会判断当前对象是否为可迭代对象,若为可迭代对象,则将对应的可迭代对象通过 iter()转化为迭代器,并通过 next()取出该迭代器中的首个元素,若该对象为不可迭代对象,则直接输出其值。

所以,上面程序的输出结果如下:

```
当前对象可迭代,第一个元素是:h
当前对象不可迭代,值是: 6789
当前对象可迭代,第一个元素是:abc
当前对象可迭代,第一个元素是:name
```

可以看到,此时已经完成了上面我们所需要的功能。

5.4　自定义迭代器类

上面我们所学的知识中,将可迭代对象转化为迭代器的 iter()为系统定义好的,我们直接使用即可。

其实,如果我们希望自己实现迭代器的功能,也是可以的。我们可以开发一个自定义的迭代器类,然后在该类中实现迭代器常见的功能方法,比如 next()与_iter_()等,如果我们自己将迭代器的相关功能实现一遍,则可以更加深入地了解迭代器。

比如,我们可以输入以下程序实现一个自定义的迭代器类,关键部分已给出详细注释,当然,如果下面代码中关于面向对象编程部分的内容不太理解,面向对象部分的内容可以暂时了解即可,在第 7 章中,我们会具体地讲解面向对象相关的知识。

```
class CustomIterator():
    # 定义初始化方法__init__(),接收传进来的对象并获取基本信息
    def __init__(self,obj):
        # 获取传进来的对象的长度
        self.x = len(obj)
        self.obj = obj
        # 初始化 value 的值
        self.value = 0
    def next(self):
        """next 方法,用于依次取对象里面的元素"""
        # 定义一个自定义异常类
        class stopIterator(Exception):pass
        if self.x == 0:
            # 若遍历完元素则触发异常
            raise stopIterator
        # 取出当前遍历到的元素,从前往后取
        # 故而下标为 len(self.obj) - self.x
        self.value = self.obj[len(self.obj) - self.x]
        # 取完后 x 自减 1,相当于上面的下标自加 1
        self.x -= 1
        # 返回对应元素的值
        return self.value
    def __iter__(self):
        """定义__iter__()方法,用于返回该迭代器本身"""
        return self
```

此时,我们可以执行以上程序,然后再在 Python Shell 界面中输入以下程序使用该类:

```
>>> a = "Hello"
>>> b = ["苹果","香蕉","雪梨"]
>>> a = CustomIterator(a)
>>> a = "Hello"
>>> b = ["苹果","香蕉","雪梨"]
>>> a_itera = CustomIterator(a)
>>> a_itera.__iter__()
<__main__.CustomIterator object at 0x0000019C865019B0 >
>>> a_itera.next()
'H'
>>> a_itera.next()
'e'
>>> a_itera.next()
'l'
>>> a_itera.next()
'l'
>>> a_itera.next()
'o'
>>> a_itera.next()
Traceback (most recent call last):
  File "< pyshell #84 >", line 1, in < module >
    a_itera.next()
  File "D:/Python35/zidingyidiedaiqi.py", line 15, in next
```

```
    raise stopIterator
CustomIterator.next.< locals >.stopIterator
```

可以看到,上面的程序中,定义了两个可迭代对象 a,b,然后将可迭代对象 a 通过自定义的类 CustomIterator()转化为了迭代器,转化为迭代器之后,通过该迭代器对象下面的 __iter__()方法即可返回该迭代器本身,通过该迭代器对象下面的 next()方法则可以依次取出里面的元素,取完元素之后,则会引发我们自定义的 stopIterator 异常。

同样,我们可以接着上面的程序继续输入以下程序将上面的可迭代对象 b 转成迭代器并使用:

```
>>> b_itera = CustomIterator(b)
>>> b_itera. __iter__()
<__main__.CustomIterator object at 0x0000019C8656F128 >
>>> b_itera.next()
'苹果'
>>> b_itera.next()
'香蕉'
>>> b_itera.next()
'雪梨'
>>> b_itera.next()
Traceback (most recent call last):
  File "< pyshell # 93 >", line 1, in < module >
    b_itera.next()
  File "D:/Python35/zidingyidiedaiqi.py", line 15, in next
    raise stopIterator
CustomIterator.next.< locals >.stopIterator
```

可以看到,此时可迭代对象 b 也能够正常地转化为迭代器,并能够正常地使用。
希望读者可以通过自定义迭代器来更深入地理解迭代器相关的内容。

5.5　生成器概述与工作流程

生成器是迭代器中的一种。
所以,我们可以以使用迭代器的方式去使用生成器,比如 next()方法对生成器仍然有效。
一般来说,构建生成器的方法常见的有两种:
(1) 通过 yield 字段返回实现;
(2) 通过生成器表达式实现。
比如,我们可以使用 yield 字段返回一些值实现构建一个生成器,比如我们可以输入以下程序:

```
#这里定义了一个函数 abc
#虽然没有学过,但了解 abc 是函数即可
def abc():
    yield 9
    yield 7
    yield "MyPython"
```

在上面的程序中,读者可能没有学习过函数的使用,但现在只需要知道 abc 是函数即可,在函数里面,我们使用了 3 次 yield 语句,yield 语句的作用是返回对应的值给函数,这种返回方式函数并不会终止,而是此时返回了对应的数据之后,会将函数的执行状态保存起来,并将函数挂起,此时可以使用 next(函数对象)的方式,来继续接着上面的执行状态执行函数体下面的程序,当再次遇到 yield 的时候,则再次将对应值返回,并将函数的执行状态保存,同时将函数挂起,等待下一次的 next()访问。

比如,我们可以执行以上程序,执行后再在 Python Shell 中输入以下程序:

```
>>> k = abc()
>>> k
< generator object abc at 0x0000028536A87570 >
>>> next(k)
9
>>> next(k)
7
>>> next(k)
'MyPython'
>>> next(k)
Traceback (most recent call last):
  File "< pyshell # 109 >", line 1, in < module >
    next(k)
StopIteration
```

可以发现,此时调用了函数 abc()之后,我们将函数对象赋值给变量 k,此时,k 为一个生成器(generator),然后,我们通过 next()函数可以依次地调用该函数,可以看到,每次调用都会输出 yield 中所返回的值,直到所有的值都访问完为止,当元素都访问完了之后,同样会触发停止迭代的异常(StopIteration),所以说我们可以看到,生成器由于是迭代器的一种,所以其使用起来是类似的,只不过构建的方式不一样。

读者可以尝试思考以下程序的输出结果是什么:

```
def abc():
    i = 0
    i += 5
    yield i
    i += 1
    yield i
    i = 0
    yield i

k = abc()
print(next(k))
print(next(k))
print(next(k))
```

以上程序的输出结果为:

```
5
6
0
```

上面程序中,函数有 3 个 yield,并且每个 yield 之间都有相应的程序段,如果需要分析出以上程序的执行结果,则必须要对生成器的执行过程有一个较好的了解。首先,我们通过 k=abc()得到了一个函数对象 k,然后第一次调用 next(k)的时候,会执行到函数题里面第一个 yield i,此时 i 的值为 5,所以会返回 5,所以当前通过 next(k)取出来的元素为 5,随后,系统会把函数对象 k 的执行状态保存并挂起,在第二次执行 next(k)的时候,则会接着上面的执行状态去执行,所以此时会执行 i+=1,i 就变成了 6,然后在遇到 yield i(总第 2 个)的时候再次将当前的数据返回,并再次保存此时函数对象的执行状态,所以此时通过 next(k)出来的数据为 6,然后,在第三次调用 next(k)的时候,则会接着上面的状态去执行函数里面的内容,所以此时会执行 i=0,i 的值会重置为 0,当再次遇到 yield 的时候,返回对应的结果并保存函数执行状态,所以最后会输出 0。

5.6　生成器表达式

刚才我们已经介绍过,要构建一个生成器常见的有两种方法,除了以 yield 出现在函数中返回对应的值来构造生成器之外,还可以通过生成器表达式构造生成器,在本节中,我们具体会介绍到生成器表达式。

使用生成器表达式构造生成器的具体的格式如下:

生成器名＝(对应元素 for i in 对象)

例如我们可以输入以下语句:

```
>>> a = (i * 2 for i in range(0,3))
>>> a
< generator object < genexpr > at 0x000002AC2ADC76D0 >
>>> next(a)
0
>>> next(a)
2
>>> next(a)
4
>>> next(a)
Traceback (most recent call last):
  File "< pyshell♯128 >", line 1, in < module >
    next(a)
StopIteration
```

我们可以看到,程序中首先通过 a＝(i * 2 for i in range(0,3))创建了一个生成器对象 a,这行代码的含义是:先进行 for 循环,然后会依次得到各 i 值,在每次取出 i 值之后,会通过 i * 2 计算得到生成器里面的元素。然后我们输出了 a,可以发现其为一个生成器对象,随后我们可以通过 next()将其各值取出,取完之后,触发一个 StopIteration 异常。

所以,如果需要通过生成器表达式构建一个生成器,通过如上格式即可方便地构建出对应的生成器。

在此,有一个与此格式写法非常相近的格式需要读者注意:

列表名 = [对应元素 for i in 对象]

这种格式构建出来的是一个列表对象,注意其外层为中括号,而生成器的格式中,外层为小括号,比如可以输入如下程序:

```
>>> a = [i * 2 for i in range(0,3)]
>>> a
[0, 2, 4]
```

我们会发现,通过这种格式构建出来的是一个列表,而不是生成器。

所以,我们需要记住的是,外层如果是(),按照生成器表达式格式构建出来的才是生成器,而如果外层是[],则为列表的构建。

5.7　小结

(1)迭代器有时也称为游标,可以由可迭代对象转化而来,是一种支持以 next()方法依次取出可迭代对象中各元素的一种东西,当取完可迭代对象中的元素的时候,会引发一个停止迭代的异常。

(2)一般来说,可以使用 for 循环遍历的对象都是可迭代对象。需要注意的是,可迭代对象并不是迭代器,但是可迭代对象可以转化为迭代器。

(3)一般来说,构建生成器的方法常见的有两种:①通过 yield 字段返回实现;②通过生成器表达式实现。

习题 5

(1)判断以下程序的输出结果,并简要分析原因。

```
def abc():
    i = 0
    i += 5
    yield i
    i += 1
    yield i
    i = 0
    yield i


k = abc()
m = abc()
print(next(k))
print(next(k))
print(next(m))
print(next(k))
```

参考答案:

这里需要注意的是,生成器 k 与生成器 m 是两个不同的生成器,所以其互不影响,故而

最终输出结果为:

```
5
6
5
0
```

(2)判断以下程序的输出结果:

```
a = ("桥","弯弯流水","人家")
k = ((len(i) + 1) ** 2 for i in a)
for i in range(0,3):
    print(next(k))
```

参考答案:

k 为通过生成器表达式构建出来的生成器,所以调用 next()会依次取出生成器的值,len()为取对应字符串的长度。最终输出结果如下:

```
4
25
9
```

第6章

函数与模块

如果要开发一些功能稍微复杂一点的程序,使用函数或者模块的知识可以让我们的程序代码更加简洁,并且实现起来更加方便。因为,函数会将对应的功能进行封装,在需要使用到这一功能的时候,直接调用对应的函数即可,这样,代码的可读性会更好,并且程序的逻辑也会较清晰,自然开发程序的效率也会越高。在这一章中,将具体介绍函数与模块的相关知识。

6.1 函数概述

所谓函数(Function),可以简单地理解为功能的意思。

一般来说,我们会将特定的功能封装到对应的函数中,这样,在需要用到该功能的时候,就可以直接调用对应的函数来实现,就不需要再重复地写这些功能实现的代码了。

使用函数有如下好处:

(1) 代码的逻辑更加清晰;

(2) 程序的可读性更强;

(3) 程序的开发效率更高;

(4) 提高代码的重复利用率。

可以看出,函数具有的功能是非常多的。接下来,我们具体介绍如何在 Python 中使用函数。

6.2 函数的定义与调用

要想学会如何在 Python 中使用函数,就需要知道如何在 Python 中定义一个函数,并且定义了之后需要学会如何调用对应的函数。

6.2.1 函数的定义

函数是对功能的封装,简单来说就是对对应的代码块进行封装,封装了之后,如果想使用这一段代码块,可以直接调用这个函数,所以,现在的关键问题是,如何将对应的代码块封装成函数,此时就需要掌握函数的定义的知识。

一般来说,定义一个函数的格式如下:

```
def 函数名(参数):
    函数体(在此放置需要封装的代码)
```

可以看到,函数可以通过 def 关键字定义,输入了 def 之后,加上函数名即可定义一个对应名字的函数,此时需要注意的是,函数名后必须加上小括号(),其实,该括号里面一般用于放置参数,当然,这里的参数可以省略。

比如,假如我们希望定义一个名为 hello 的函数,并在该函数中实现一些代码,可以输入以下程序实现:

```
def hello():
    print("hello")
    print("Python!")
```

上面的程序中,我们定义了一个名为 hello 的函数,并且该函数体中,封装了输出"Hello"和"Python"的功能。

可以看到,函数的定义其实并不太难。在定义了该函数之后,可以执行一下该程序会发现,程序没有任何输出,因为在函数中定义的代码,只要不调用该函数,它就不会执行的,因为函数的思想的精髓之一就是将对应的代码块封装,当需要用到的时候可以及时灵活地使用对应的代码块。如果需要执行函数里面(即函数体)的代码,则必须要调用对应的函数才行,而如果要学会函数的调用,需要学习接下来 6.2.2 节的内容。

6.2.2   函数的调用

其实,函数的调用并不难,如果需要调用某一个函数,我们可以按照如下格式进行:

```
函数名(实际参数)
```

可以看到,如果要调用对应的函数,只需要写上对应的函数名(),然后在括号里面写上对应的实际参数即可,当然,如果函数定义的时候没有参数,或者参数已经初始化,则可以省略相关参数。

比如,如果我们需要调用如上的函数,可以通过如下程序进行,完整代码如下:

```
def hello():
    print("hello")
    print("Python!")


hello()
```

此时,我们通过代码中的 hello()调用的函数 hello(),所以此时,函数里面的代码可以得到执行,执行结果如下:

```
hello
Python!
```

可以看到,此时函数里面的输出对应字符的代码已经成功执行。

6.3 函数参数的传递与使用

事实上,如果函数体里面的功能定义好了,但是数据是死的,也就是说,不能进行任何数据交换,此时的函数,是没有什么意义的。函数之所以重要,就是因为其可以实现非常强大的功能,并且可以简化程序的编写,所以,函数体里面的功能可能是固定的,但是数据一般来说是需要可以变化的,这样的函数,在实际的程序编写中才有意义。那么,我们如何才能让数据可以灵活地变化呢? 此时我们可以通过参数进行。在这一节中,我们将会为大家具体介绍函数中参数的使用。

6.3.1 形参与实参

在 Python 的函数中,参数可以分为两种,一种是实际参数,一种是形式参数,实际参数也称为实参,形式参数也称为形参。

一般来说,在函数定义的时候所写的参数大部分情况下都是形参,而在函数调用的时候所写的参数一般为实参。函数定义的时候,此时函数里面的功能自动执行,此时的参数一般是形式上的参数,而在函数调用的时候,是需要让函数里面的代码执行起来的,所以此时一般传过去的参数为实际业务情形中的参数。

一般情况下,形参和实参所在的位置一般为如下格式:

```
def 函数名(形参 1,形参 2, … ):
    函数体代码
函数名(实参 1,实参 2, … )
```

我们不妨思考这样一个问题:之前的章节中,我们学会了判断应聘是否通过的程序,但当时的数据只是一个人员而已,在实际业务中,面试的人往往可能很多,如果我们希望使用上次的这个程序实现对所有应聘人员的数据进行处理,然后将对应的通过的人员名单输出,并给未通过的人员提示不通过的原因。

我们可以通过函数来实现相关的功能,输入以下程序实现,其中关键部分已给出注释:

```
def ispass(s0,s1):
    ＃本程序中使用 s0 代表笔试分数,s1 代表面试分数
    s0 = int(s0)
    s1 = int(s1)
    if(s0 >= 79):
        if(s1)>= 85:
            ＃print("通过")
            ＃此时通过返回值更好,这样可以在函数外判断情况
            return 0
        else:
            ＃print("面试分数不够")
            return 1
    else:
        if(s1)>= 85:
            ＃print("笔试分数不够")
```

```
                    return 2
            else:
                    #print("面试与笔试分数均不够")
                    return 3
#此时有这些人的应聘数据信息,每个元组中存储一个人的信息
#依次为姓名、笔试成绩、面试成绩
man = [("小明","87","79"),("张萌","89","89"),("李军","91","87"),("王华","69","92"),("杜
悦","98","82"),("王军","92","89")]
#定义一个空列表,用于存储通过的人员名单
passall = [ ]
#通过 for 循环依次判断
for i in range(0,len(man)):
    name = man[i][0]
    s0 = man[i][1]
    s1 = man[i][2]
    #调用函数,使用实参
    rst = ispass(s0,s1)
    if(rst == 0):
        print(name + "通过!")
        #将这个人添加到列表 passall 中,便于最后知道所有通过名单
        passall.append(name)
    elif(rst == 1):
        print(name + "面试分数不够")
    elif(rst == 2):
        print(name + "笔试分数不够")
    elif(rst == 3):
        print(name + "面试与笔试分数均不够")
    else:
        print("程序异常执行")
print("通过的所有人员名单列表如下:")
print(passall)
```

可以看到,在这个程序中,我们将上一次的判断应聘是否通过的功能封装在了函数里面,并且在函数定义时设置了两个形式参数 s0、s1 专门用于接收对应的数据,然后,在函数外面,我们通过 for 循环将各人员的数据依次取出,每次取出时,都会调用 ispass 函数判断对应的人员最终的应聘情况,此时在函数里面通过不同的返回值来表示不同的情况,可能返回值这里我们暂时并不知道,我们只需要知道在这里返回值的含义就是将 return 中对应的数据返回给函数本身,所以在调用的时候,如果返回的是 0,就可以知道,这个人员的面试情况是通过,故而此时只需要在调用函数的时候判断函数的值是什么,就可以知道这个人员的面试情况是什么,进而可以进行下一步的代码处理。

该程序的执行结果如下:

```
小明面试分数不够
张萌通过!
李军通过!
王华笔试分数不够
杜悦面试分数不够
王军通过!
通过的所有人员名单列表如下:
['张萌', '李军', '王军']
```

可以看到,此时已经能够将所有的人员的面试情况都详细输出了,并且,最终将面试通过的人都放到了列表 passall 中,此时只需要输出列表 passall 的内容,就可以看到所有面试通过的人员的名单了。

6.3.2 参数的传递

在上面,我们已经为大家介绍了实参和形参的概念与应用,那么,实际参数和形式参数之间的数据是怎么样传递的呢?

本节将为大家介绍参数的传递。

比如,我们可以输入以下程序:

```python
def abc(k):
    print(k)
i = [8,9,"hi",7]
for j in i:
    abc(j)
```

执行该程序,可以得到如下结果:

```
8
9
hi
7
```

那么,在函数 abc() 中,参数是怎么传递的呢?其过程是这样的:首先,在调用 abc(j) 的时候,此时的实际参数是 j,然后会将该实际参数 j 对应的值传递给形式参数 k,所以,此时形式参数 k 就具有了具体的值了,在形式参数具有了具体的值之后,通过 print(k) 输出该具体的值。

可以看到,实参和形参的传递过程如下:

首先,进行函数调用,随后,将对应的实参传递给函数定义时的形参,传递好了之后,形成具体的值,随后在函数定义的程序中执行相关代码。

接下来,请分析一下如下程序:

```python
def abc(a,b):
    print("a 是: " + a)
    print("b 是: " + b)
a = "a"
b = "b"
abc(b,a)
```

此时程序的执行结果如下:

```
a 是: b
b 是: a
```

在这个程序中,函数调用的时候实参是 (b,a),所以此时,会按照参数的位置将对应的参数传递给形参,比如,实参中的第一位参数会传递给形参中的第一位参数,而实参中的第二位参数也会传递给形参中的第二位参数,所以此时实参 b 传递给了形参 a,所以此时形参 a

具有的值即是"b",同样的道理,此时形参 b 具有的值为"a",故而,最终的输出结果是先输出"b",再输出"a"。

同样,我们再来看一段程序:

```
def abc(a,b):
    print("a 是: " + a)
    print("b 是: " + b)
a = "a"
b = "b"
abc(b = b,a = a)
```

我们只改了一个地方,会发现此时的结果为:

```
a 是: a
b 是: b
```

为什么呢?

其实,函数调用的时候,可以指定对应的实参传递给谁,格式如下:

函数名(形参 1 = 实参 1,形参 2 = 实参 2)

指定了之后,此时 abc(b=b,a=a)中,实参 b 将会传递给形参 b,而实参 a 将会传递给形参 a,所以此时,已经指定传递给谁的实参,就不会再按照对应的位置传递过去了,所以此时输出的结果为先输出"a",再输出"b"。

如果读者对以上这两个程序理解起来有点困难,可以自己写一遍代码并多温习几遍,在深入理解了上述的代码之后,关于参数传递这一块的内容就能够掌握了。

6.4 函数返回值

函数在定义的时候,我们可以给函数返回返回值,返回的方式一般有 return 与 yield 两种,以 yield 返回会构建成生成器,这部分的内容在上一章中我们已经具体地介绍过了。所以,在这一章中,将具体介绍使用 return 返回对应的返回值的方式。

使用 return 返回对应的返回值的时候,基本格式如下:

```
def 函数名(参数):
    代码块
    return 对应值
```

此时,如果执行了 return 语句,都会返回对应的值给函数,并且,当返回了对应的值给函数之后,函数就不执行了,即执行了 return 语句之后,函数会结束执行。

比如,可以输入以下程序:

```
def a1():
    print("a1")
def a2():
    print("a2")
    return "This is a2"
def a3():
```

```
    print("a3")
    return "This is a3"
    print("hi!")
```

然后运行该程序,并在 Python Shell 中输入以下程序:

```
>>> k1 = a1()
a1
>>> k1
>>> k2 = a2()
a2
>>> k2
'This is a2'
>>> k3 = a3()
a3
>>> k3
'This is a3'
```

此时,我们可以看到关于返回值使用的相关的情况。

在上面的程序中,首先定义好了三个函数 a1、a2、a3。函数 a1 中没有返回值,函数 a2 中在程序最后有返回值,函数 a3 在使用了 return 语句之后还有代码。

然后,在 Python Shell 中输入上述的程序,可以看到,执行 k1＝a1(),因为此时调用了函数 a1(),所以正常地执行了该函数里面的 print("a1"),所以此时输出"a1",然后可以看到此时已将函数对象赋值给了变量 k1,然后我们尝试着查看 k1 的值,可以看到该函数对象没有任何的值。

随后,我们执行了 k2＝a2(),此时正常地调用了函数 a2(),执行了函数里面对应的输出语句,所以会输出"a2",可以看到,此时已经将该函数对象赋给了变量 k2,然后我们查看 k2 的值,发现此时该函数对象的值为'This is a2',这是由于在该函数里面使用了 return 语句返回了对应的值给该函数本身。

随后,我们再执行 k3＝a3(),此时调用的函数是 a3(),可以看到,当前只输出了"a3",也就是说,return 后面的 print("hi!")语句并没有执行,所以可以看得到,当返回了对应的值给函数之后,函数就不执行了,即执行了 return 语句之后,函数会结束执行。随后我们输出函数对象 k3,此时由于 return 将'This is a3'返回给了该函数,所以可以显示出对应的值。

通过以上的程序与分析,在理解后可以更好地了解返回值的使用。

6.5 变量作用域与变量类型

每个变量都是有作用范围的,一般来说,该变量的作用范围我们可以称为该变量的作用域,有的变量从其出现开始,就会一直到程序的结束才消失,这种变量一般叫做全局变量,有的变量只在某个局部的范围内生效,这种变量一般称为局部变量。

比如,可以输入以下程序:

```
i = 10
def abc():
```

```
        j = i + 2
        print("j:" + str(j))
abc()
print("i:" + str(i))
print("j2:" + str(j))
```

程序的执行结果为：

```
j:12
i:10
Traceback (most recent call last):
  File "D:/Python35/zidingyidiedaiqi.py", line 7, in < module>
    print("j2:" + str(j))
NameError: name 'j' is not defined
```

在上面的程序中，首先 i 为全局变量，在任何地方都生效，所以，在函数 abc()里面，全局变量 i 是可以被访问的，所以此时执行 j＝i＋2 后，j 的值就成了 12，而此时，由于 j 是在函数里面定义的，所以，j 为局部变量，其作用范围是从 j 变量产生时开始，一直到函数末尾结束，所以，j 的作用范围覆盖不了函数外面，所以，在调用 abc()函数之后，首先会输出"j：12"，然后会输出"i：10"，由于 j 的作用范围覆盖不了函数外面的区域，所以在函数外面执行 print ("j2:"＋str(j))的时候会出现变量名字未定义的错误情况。

那么，如何才能让在函数里面定义的变量是全局变量呢？

如果需要在函数里定义的变量为全局变量，可以在函数里面定义变量的时候加上 global 关键字，比如，上面的程序我们修改为如下所示，则不会出现问题：

```
i = 10
def abc():
    global j
    j = i + 2
    print("j:" + str(j))
abc()
print("i:" + str(i))
print("j2:" + str(j))
```

执行了上面的程序之后，输出结果如下所示：

```
j:12
i:10
j2:12
```

可以看到，此时变量 j 是当做全局变量来处理的。
通过以上的程序，希望大家能够理解全局变量与局部变量的相关概念与使用。

6.6　匿名函数

Python 中，允许出现没有名字的函数，即匿名函数。如果需要在 Python 中使用匿名函数，可以通过 lambda 表达式来写。

通过 lamda 表达式来定义匿名函数的格式如下：

lambda 参数 1,参数 2:对应函数体

比如,我们可以通过如下程序创建一个匿名函数：

```
>>> a = lambda x:x + 8
>>> a(3)
11
>>> a(9)
17
```

可以看到,此时对应的函数是没有名字的,其含义是,若输入一个参数,则函数的执行结果为该参数加 8,所以我们输入 a(3)的时候,结果为 11,输入 a(9)的时候,结果为 17。

接下来,可以分析一下以下程序的执行结果是什么：

```
l1 = lambda x,y:[x,len(x) + len(y)]
print(l1("abc","abcd"))
```

该程序的输出结果如下：

```
['abc', 7]
```

上面的程序中,接收了两个参数,然后,返回值为一个列表,列表里面第一个元素为传入的第一个参数,列表里面的第二个元素为传入的这两个参数值的长度之和,而此时长度之和为 3+4=7,所以,最终的输出结果为其所返回的列表['abc', 7]。

可以看到,lambda 表达式的使用是非常方便的,因为此时不需要给函数起一个名字,所以,当要实现一些比较简单的功能片段的时候,可以使用 lambda 表达式创建一个匿名函数来实现。

6.7 模块概述

我们知道,函数相当于功能的封装,关于模块,可以理解为函数的一种进阶,比如,在模块中,可以封装多个函数与其他的 Python 程序。

所以,模块一般是将某一类功能封装在一起的程序包。比如,我们可以将关于网络爬虫相关的功能封装到 urllib 模块中,也可以将一些关于时间处理的功能封装到 time 模块中,等等。

有了模块之后,我们会发现,当要使用某一类功能的时候,只需要导入对应的模块,就能够很轻松地实现相关的功能,并且,可以将常常需要用到的功能封装到一个模块中,以后当需要用到对应的功能的时候,只需要导入我们编写的这个自定义模块即可使用。所以,模块可以让 Python 的可扩展能力更强。

一般来说,模块按来源不同可以分为三种类型：

(1) 系统自带模块；

(2) 第三方模块；

(3) 自定义模块。

关于系统自带模块，即指在安装好 Python 的时候，就已经具有的模块，关于系统自带模块的使用方法我们将在 6.8 节中进行具体的介绍。

所谓第三方模块，即指别人已经开发好的模块，此时，如果对方的模块可以满足我们的需求，就可以下载安装对方的模块，然后在自己的系统中导入该第三方模块就可以使用了。第三方模块可以在 https://pypi.python.org/pypi 中进行查找与选择。

关于自定义模块，指的是我们自己编写的模块。在编写好对应的程序之后，如果这些程序里面有多个函数并且常常会用到，为了方便，完全可以将这些程序整理为一个模块然后安装到系统中，在以后需要使用到这项功能的时候，只需要导入该模块即可进行。关于自定义模块相关的创建与使用，我们将在 6.9 节中进行具体的介绍。

6.8 Python 自带模块

通过上面的学习，我们已经了解了模块的基本概念，接下来详细介绍 Python 的自带模块。

首先我们需要知道，常见的 Python 的自带模块在什么地方。

打开 Python 安装目录，会看到有一个名为 Lib 的目录，如图 6-1 所示。

该名为 Lib 的目录就是 Python 中放置模块的目录，打开该目录，便可以看到非常多的文件夹或文件，这些文件夹或文件就是一些模块文件，如图 6-2 所示。

图 6-1　安装目录下的 Lib 目录　　　图 6-2　Lib 目录下的一些模块文件

如果需要导入某个模块，可以通过如下格式进行：

```
import 模块名
```

导入了对应的模块之后，便可以使用该模块下面相关的方法了。

比如，我们可以导入 time 模块实现延时的功能，如下所示：

```
import time
print("a")
time.sleep(3)
print("b")
```

执行该程序，会发现在输出了"a"之后，会隔三秒钟之后再输出"b"。

可以看到，此时我们首先通过 import 导入了 time 模块，然后调用了该模块下面的 sleep()方法，上面程序中该方法中的参数就代表的是延时的时间，此时单位为秒。

再比如，如果想使用 urllib 模块做网络爬虫，也可以直接导入该模块然后进行程序的编写。例如，我们可以使用该模块做一个爬取百度首页的程序，如下所示：

```
>>> import urllib.request
>>> data = urllib.request.urlopen("http://www.baidu.com").read().decode("utf-8","ignore")
>>> # 以下程序意思是将爬到的数据写入本地文件 baidu.html 中
>>> fh = open("D:/baidu.html","w",encoding="utf-8")
>>> fh.write(data)
101521
>>> fh.close()
```

在上面的程序中，使用了 urllib 模块下 request 模块中的 urlopen() 方法将对应网址中的数据爬了下来，并将爬取的数据赋值给变量 data，随后，相对应的数据写入本地文件 D 盘下的 baidu.html 文件中，关于文件写入的部分，我们只需要知道其意思即可，后面会详细介绍。

此时，可以打开本地文件 D:/baidu.html，其内容类似图 6-3 所示。

```
———><link rel="dns-prefetch" href="//t11.baidu.com"/>
———><link rel="dns-prefetch" href="//t12.baidu.com"/>
———><link rel="dns-prefetch" href="//b1.bdstatic.com"/>

     <title>百度一下，你就知道</title>



<style id="css_index" index="index" type="text/css">html
html{overflow-y:auto}
body{font:12px arial;text-align:;background:#fff}
body,p,form,ul,li{margin:0;padding:0;list-style:none}
body,form,#fm{position:relative}
td{text-align:left}
img{border:0}
a{color:#00c}
a:active{color:#f60}
```

图 6-3　爬取到的数据部分截图

可以看到，此时百度首页网页的代码已经爬到了本地，我们可以使用浏览器打开该文件，即可看到如图 6-4 所示的界面。

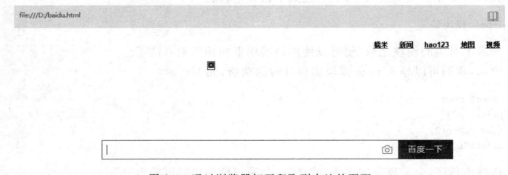

图 6-4　通过浏览器打开爬取到本地的页面

如果想在 Python 中使用系统自带的模块是非常简单的。如果想修改对应模块的源代码，或查看其源代码参考，可以直接在 Lib 目录下找到对应的文件查看源代码或修改即可。

比如，上面的 urllib. request 下的 urlopen 方法可以在 Lib 目录下对应的文件夹中找到。在 Lib 目录下，可以找到一个如图 6-5 所示的名为 urllib 的文件夹。

进入 urllib 目录，可以看到一个名为 request. py 的文件，如图 6-6 所示，该文件即对应 urllib 下的 request 模块。

图 6-5　urllib 文件夹　　　　图 6-6　request 模块对应的文件

如果要修改对应的程序，通过 Python 代码编辑器打开该文件即可，如果我们要修改 urlopen()方法，打开该文件后找到该方法对应的程序段修改即可，如图 6-7 所示。

```python
def urlopen(url, data=None, timeout=socket._GLOBAL_DEFAULT_TIMEOUT,
            *, cafile=None, capath=None, cadefault=False, context=None):
    global _opener
    if cafile or capath or cadefault:
        if context is not None:
            raise ValueError(
                "You can't pass both context and any of cafile, capath, "
                "cadefault"
            )
        if not _have_ssl:
            raise ValueError('SSL support not available')
        context = ssl.create_default_context(ssl.Purpose.SERVER_AUTH,
                                             cafile=cafile,
                                             capath=capath)
        https_handler = HTTPSHandler(context=context)
        opener = build_opener(https_handler)
    elif context:
        https_handler = HTTPSHandler(context=context)
```

图 6-7　urlopen()方法对应的部分代码

当然，如果想学习某些模块的实现方式，也可以使用此方法找到对应的代码块进行学习。

6.9　自定义模块详解

除了使用系统自带模块或使用别人已经开发好的第三方模块之外，我们也可以自己编写一些模块来使用。

比如，最简单的方式就是编写一个 Python 文件，然后将其放到 Python 安装目录下的 Lib 目录下，此时，编写的这个文件就成了一个模块，文件名就是模块名。

比如，我们可以输入以下程序：

```python
print("Hello, I'm a Module")
```

将该程序存储到 Python 安装目录下的 Lib 目录下并命名为 pr. py，此时，该程序就成

了一个简单的自定义模块,此时如果要使用该程序,可以直接通过 import 导入即可,如下所示:

```
>>> import pr
Hello,I'm a Module
```

我们会发现,此时导入了该模块的时候,会自动输出我们预先定义好的内容。

假如有的时候,我们希望编写一些功能稍多的模块,此时也可以编写一个文件夹作为总模块,就像刚才遇到的 urllib 模块一样,文件夹下方还可以有很多小模块。接下来我们将为大家介绍如何做一个以文件夹形式存在的模块。

假如,此时我们需要一个模块实现阶乘的功能,可以进行这个模块的开发,为了让大家学会如何做一个以文件夹形式存在的模块,我们将以做这种文件夹形式的模块为例进行介绍。

首先,我们注意到,Python 安装目录下的 Lib 目录下有一个名为 site-packages 文件夹,如图 6-8 所示。

该文件夹经常用于放一些第三方模块,第三方模块相对于系统模块来说也属于外来模块,所以,我们所做的自定义模块经常也可以放在该文件夹下。

我们可以进入 site-packages 目录,创建一个属于自己的文件夹。比如,我们可以创建一个名为 fac 的文件夹(阶乘英文单词的前几个字母),然后,再进入我们创建的文件夹 fac 中,在该文件夹中首先建立一个名为__pycache__的文件夹。__pycache__文件夹名字固定,主要实现缓存相关的功能,然后再在 fac 的文件夹下建立一个名为__init__. py 的文件。__init__. py 文件的文件名也固定,主要用于进行一些初始化程序的执行。也就是说,此时,目录结构应该如图 6-9 所示。

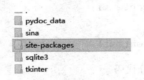

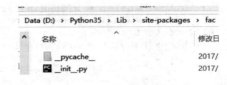

图 6-8　site-packages 文件夹　　　　　　图 6-9　对应的目录结构

然后就可以在该目录下建立所想建立的模块文件了。比如,其实我们可以建立一个名为 dofac. py 的文件,该文件作为处理阶乘的一个模块来使用,建立好了之后,我们可以在该文件下编写阶乘实现的功能。

要实现阶乘,首先需要知道阶乘的计算方式:

(1) 负数没有阶乘;

(2) 0 的阶乘是 1;

(3) 其他的数字的阶乘为所有小于及等于该数的正整数的积。

所以,可以通过如下程序实现阶乘的功能:

```
def calculate(num):
    if(num < 0):
        print("您的输入有误,请重新输入")
    elif(num == 0):
```

```
            # 0 的阶乘为 1
            return 1
      else:
            allvalue = 1
            for i in range(1, num + 1):
                  allvalue = allvalue * i
            return allvalue
```

可以看到，程序中首先定义了一个名为 calculate 的函数，通过调用该函数即可实现求出对应参数的阶乘值，随后通过 if 做了输入数字的情况判断，若为正整数，其阶乘可以通过累乘的方式实现。

然后，我们将这段代码放到刚才创建的 dofac.py 文件中。

此时，对应的自定义模块就做好了，最终的文件及目录结构如图 6-10 所示。

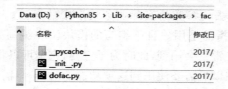

图 6-10　最终文件及目录结构

然后，我们可以输入以下 Python 代码使用我们刚才写好的自定义模块，实现阶乘的计算：

```
>>> import fac.dofac
>>> a = fac.dofac.calculate(10)
>>> print(a)
3628800
>>> b = fac.dofac.calculate(3)
>>> print(b)
6
>>> c = fac.dofac.calculate(0)
>>> print(c)
1
>>> d = fac.dofac.calculate(-9)
您的输入有误，请重新输入
```

可以看到，该模块已经能够成功实现阶乘的计算了。使用的时候，首先导入 fac 下的 dofac 模块，然后直接调用 fac.dofac 模块下的 calculate() 即可实现阶乘的计算，由于此时里面程序定义的函数需要一个参数，所以在此调用 calculate() 的时候也应该在小括号里面给出一个参数值，这个参数值就是我们需要计算其阶乘的对应数字。

在上面的程序中，计算 10 的阶乘可以得到结果 3628800，如果计算 0 的阶乘，其结果为 1，若传进去的参数为一个负数，此时会提示"您的输入有误，请重新输入"，可以看到，这个模块的功能是比较完备的。

如果以后需要计算某个数的阶乘，可以直接导入该自定义的阶乘计算模块，然后调用 calculate() 计算即可。

6.10 小结

（1）事实上，如果函数体里面的功能定义好了，但是数据是死的，也就是说，不能进行任何数据交换，此时的函数，是没有太大意义的。函数之所以重要，就是因为其可以实现非常强大的功能，并且可以简化程序的编写，所以，函数体里面的功能可能是固定的，但是数据一般来说是需要变化的，这样的函数，在实际程序的编写中才有意义。那么如何让数据可以灵活地变化呢？此时可以通过参数实现。

（2）一般来说，在函数定义的时候所写的参数大部分情况下都是形参，而在函数调用的时候所写的参数一般为实参。因为在函数定义的时候，此时函数里面的功能自动地执行，所以此时的参数，一般是形式上的参数，而在函数调用的时候，是需要让函数里面的代码执行起来的，所以此时一般传过去的参数为实际业务情形中的参数。

（3）关于自定义模块，指的是用户自己编写的模块。在编写好对应的程序之后，如果这些程序里面有多个函数并且常常会用到，此时为了方便，完全可以将这些程序整理为一个模块然后安装到系统中，这样，在以后需要使用到这项功能的时候，只需要导入该模块即可进行。

习题 6

（1）判断以下程序的输出结果，并分析为什么。

```
i = 10
def abc():
    i += 1
    print(i)
abc()
```

参考答案：会输出 UnboundLocalError：local variable 'i' referenced before assignment，因为此时在函数里面对同名全局变量 i 进行了修改，此时 Python 会认为 i 是一个局部变量，而此时在函数里，i 并没有事先定义所以此时会出问题，我们可以在函数里使用 global 关键字声明该变量，此时会当做全局变量处理，就不会出错了，修改后的程序如下所示：

```
i = 10
def abc():
    global i
    i += 1
    print(i)
abc()
```

（2）以文件夹的形式写一个自定义模块，实现两个数字加法计算的功能。

参考答案：可参照 6.9 节对应的实例进行，必须掌握对应的创建方法，模块里面的核心代码如下：

```
def sub(a,b):
    return a + b
```

第7章

类与对象

一般来说,软件的基本开发方法可以分为面向过程和面向对象两种。在前面,我们已经为大家介绍过了很多面向过程的编程方法的实例,为了能够让程序更方便地实现强大复杂的功能,我们通常会将对应的程序封装为类,即会使用面向对象的编程方法去进行程序的开发,在本章中,将会为大家具体介绍类与对象相关的知识。

7.1 面向对象编程概述

要学会面向对象编程,首先需要了解面向对象编程的基本概念以及特点,在本节中,为大家具体介绍面向对象编程的基本概念以及面向对象编程和面向过程编程的区别与对比。最后,为大家分析面向对象编程的一些特点,让大家可以更好地理解面向对象编程相关的理论部分的知识。

7.1.1 面向过程编程与面向对象编程

首先,需要说明的是,面向对象编程(OOP)和面向过程编程只是两种不同的编程方法,要实现一个功能,可以选择面向过程的编程方法,也可以选择面向对象的编程方法进行,但是,其方便程度是不一样的。

其次,我们来回顾一下面向过程的编程方法。

比如,如果要去咖啡店喝咖啡,使用面向过程的编程方法,可以按以下过程实现:

去咖啡店→选择对应口味的咖啡→寻找制作咖啡的原料→制作对应口味的咖啡→将咖啡送到餐桌→喝咖啡。

可以看到,如果使用面向过程的编程方法,需要将所涉及的细节尽量都考虑进去,此时,如果项目不大,还不算麻烦,若项目比较大,就会显得非常麻烦。

在此,如果使用面向对象的编程方法去实现复杂的功能,会发现方便很多。

在面向对象的编程方法中,会将一切事物都看成是对象,比如去咖啡店喝咖啡这个需求中,可以将咖啡店看成一个对象,将咖啡看成一个对象。在面向对象中,会将具有某些特点的对象抽象成类,即类具有这些对象中的共性。

比如,假如李明、张晓、王华、张萌等都是几个人的名字,也就是说,他们是四个对象,然后,我们总结出这些对象的共同的特点会发现,他们都是人,故而可以将这些对象抽象为

"人"这个类。我们可以说,这几个对象都是人类,如果需要再创建一个具体的人,按照面向对象的编程思想,可以直接使用"人"这个类实例化出一个对象即可,比如,此时使用"人"这个类实例化出一个名为李军的对象,此时李军就是一个具体的人。

在面向对象中,一切事物都可以看成对象,任何一个对象都是属于某一个类中,我们会发现,类是抽象的,对象是具体的,类是对象的抽象,而对象是类的具体化。

事实上,任何数据都有自己的类别,比如在之前的学习中,我们所学习的 6、7、9 等都属于整数这个类,我们所学习的[7,6,4]、[7,3,52]都属于列表这个类。之前,我们将数、字符串、列表等称为数据类型,实际上就是类。这些类是由系统已经定义好的具有特殊含义的类,而我们在面向对象编程中所学习的类是需要我们自行定义的自定义类,本质上都是一样的。上面所提到的 6、7、9 等都属于整数这个类下面的对象,即具体数据,所以根据这个例子,读者可能会更好地理解类是对象的抽象,对象是类的具体这句话的含义。

刚才去咖啡馆喝咖啡的问题,可以这样使用面向对象的方法进行实现:

去咖啡店→选择对应口味的咖啡类→喝对应口味的咖啡对象

我们会发现,此时只需要关注自己所需要的东西即可,并不需要关注这些东西的实现过程以及如何实现等琐碎的事情。

在一定程度上,可以说面向过程比较注重细节,而面向对象提倡的是从宏观总体上去控制。

在大型项目的开发中,由于涉及的东西非常多,所以,如果学会用面向对象的编程思想去编写对应的程序,实现起来就会方便很多,并且代码也会更加清晰,因为可以将该大项目看成是由多个对象组成的,然后这些对象的具体实现可以安排不同的人去开发,开发之后只需要组装起来即可。

7.1.2　面向对象编程的特点

面向对象编程具有非常多的特点与优势:
(1) 注重从宏观上把握问题,让编程思路更清晰,并且开发效率更高。
(2) 适合开发大型项目。
(3) 利于后续的维护。

如果需要写一些小项目或程序,使用面向过程的编程就足以应对了,但是,如果希望开发一些功能比较复杂的项目,就非常有必要学习面向对象的相关知识了。

7.2　类

刚才我们已经提到了类的概念,已经知道类是对象的抽象,那么,在具体程序中,怎么样创建类呢? 在本节中将为大家具体介绍如何在 Python 中创建类。

7.2.1　类的概念

在面向对象程序开发中,可以将某些东西抽象为类,既然类是对象的抽象,所以在类中,至少可以包含以下信息：

(1) 相关数据；

(2) 相关功能。

比如可以将上面提到的李明、张晓、王华、张萌等几个对象抽象为"人"这个类，此时，该类中会具有一些静态的数据，比如脚、手、身体、头等数据，因为这些数据是上面的对象所共有的，既然要抽象出来，那就应当放在类中。

除此之外，该类里面还应该具有一些可以实现相关动态功能的方法。比如说话的功能、吃饭的功能、听东西的功能、看东西的功能等，因为这些功能同样是上面的对象所共有的，故而要将上面的对象抽象出来，就应当将这些功能也放在类中。

我们可以看到，在将对象抽象为类的时候，需要将对象里面的一些共有的特征都拿出来，而这些共有的特征包括两方面的东西，即相关数据和相关功能，相关数据描述的是对象的静态特征，而相关功能描述的是对象的动态特征，我们把这些静态特征叫做属性，把这些动态特征叫做方法。

在一个类里面，是可以包含属性和方法两种常见的东西的。

7.2.2　类的创建

如果要创建一个类，可以按如下格式进行：

```
class 类名():
    属性
    def 方法名(self,参数):
        方法实现代码块
```

如果我们需要将李明、张晓、王华、张萌等几个对象抽象为"人"这个类，可以通过如下代码实现：

```
class man():
    foot = "脚"
    hand = "手"
    body = "身体"
    head = "头"
    def eat(self):
        print("我能吃饭")
    def see(self):
        print("我能看到东西")
    def listen(self):
        print("我能听到声音")
    def say(self):
        print("我能说话")
```

可以看到，这个代码中定义了一个名为 man 的类，这个类中有 foot、hand、body、head 等属性，同时也有 eat()、see()、listen()、say()等方法。

7.3 对象

如果单单定义了类,是不可以直接使用类的,因为我们不可能使用一个抽象的东西,所以必须要将类实例化成对象之后才能够更好地使用类里面对应的数据和方法,在本节中,将会为大家具体介绍对象相关的知识。

7.3.1 对象的概念

通过上面的学习,我们已经知道,对象是类的具体化,也就是说,我们可以使用对应的类实例化成具体的对象,然后通过该对象调用相关的属性或方法实现相关的功能。

将对应的类实例化成对应的对象格式如下:

对象名 1 = 类名( )
对象名 2 = 类名( )
…

如果要使用对象调用对应的属性和方法,格式如下:

对象名. 属性
对象名.方法名( )

可以看到,我们可以将同一个类实例化成多个对象,并且多个对象之间的数据不会干扰。

7.3.2 对象的创建

接下来我们将通过实例演示如何进行对象的创建。

比如我们可以执行上面所定义的类并在 Python Shell 中输入以下程序:

```
>>> LiMing = man( )
>>> LiMing.head
'头'
>>> LiMing.foot
'脚'
>>> LiMing.eat( )
我能吃饭
>>> LiMing.see( )
我能看到东西
>>> LiMing.foot = "李明的脚"
>>> LiMing.foot
'李明的脚'
>>> ZhangXiao = man( )
>>> ZhangXiao.foot
'脚'
>>> ZhangXiao.body
'身体'
>>> ZhangXiao.listen( )
```

我能听到声音
```
>>> ZhangXiao.foot = "张晓的脚"
>>> ZhangXiao.foot
'张晓的脚'
>>> LiMing.foot
'李明的脚'
```

可以看到，首先我们创建了 LiMing(李明)这个对象，然后可以通过 LiMing.head 以及 LiMing.foot 访问李明的头和脚等属性，同时也可以通过 LiMing.eat()与 LiMing.see()等调用李明吃东西和看东西的功能，然后我们再通过 LiMing.foot＝"李明的脚"改变了李明这个对象中 foot 对应的属性的值，接着可以看到李明下面的 foot 属性的值就发生改变了。

随后，我们创建了 ZhangXiao(张晓)这个对象，然后可以看到张晓这个对象的 foot 属性的值仍为"脚"而不是"李明的脚"，所以，我们会发现，这两个对象之间的数据是互不影响的，随后，仍然可以通过 ZhangXiao.body、ZhangXiao.listen()来调用张晓这个对象相关的属性与方法。然后，我们使用 ZhangXiao.foot＝"张晓的脚"更改了张晓的 foot 属性的值，我们会发现此时对象李明的 foot 属性的值也不会受到影响。

同一个类创建出来的对象之间的数据是互不影响的，正是因为这样，我们在做项目的时候，才可以放心地创建并使用对象。当前所使用的这个对象，即使更改其数据出现了问题，也不会让项目的其他用到该类的地方出现问题。

我们不妨再在 Python Shell 中输入以下程序：

```
>>> man.foot = "升级版脚"
>>> man.foot
'升级版脚'
>>> ZhangXiao.foot
'张晓的脚'
>>> LiMing.foot
'李明的脚'
>>> ZhangMeng = man()
>>> ZhangMeng.foot
'升级版脚'
```

此时可以看到，我们在程序中通过 man.foot＝"升级版脚"对整个类的 foot 属性的值进行了更改，然后可以看到 ZhangXiao.foot、LiMing.foot 仍然没有变化，原因是更改类的对应数据，为了保持数据的稳定性，不会对原有已创建的对象的数据进行更改，此时，只会对使用该类创建的新的对象中的相关数据进行更改。我们会发现，在使用 ZhangMeng＝man()创建的新对象 ZhangMeng(张萌)中，foot 属性的值已经发生了更改，成为了'升级版脚'。

7.4　构造方法与析构方法

构造方法和析构方法使用到的地方还是挺多的，在本节中，将会为大家具体介绍构造方法与析构方法相关的知识。

7.4.1 构造方法详解

所谓构造的意思,我们可以简单地理解为对象创建的意思。

构造方法即是在对象创建的时候自动触发执行的方法的意思。

比如,如果需要在创建对象的时候执行一些初始化的操作,此时,可以在对应的类中写一个构造方法,然后在该构造方法中写上一些需要初始化执行的程序即可,这样,在使用该类创建一个对象的时候,就会自动执行构造方法里面所需要执行的程序。

定义构造方法的格式如下:

```
class 类名():
    属性
    def __init__(self,参数):
        初始化程序块
    def 方法名(self,参数):
        方法实现代码块
```

我们可以看到,可以使用 def __init__(self,参数)定义一个构造方法,比如,我们可以输入以下程序:

```
class man():
    foot = "脚"
    hand = "手"
    body = "身体"
    head = "头"
    def __init__(self):
        print("我自动执行了!")
    def eat(self):
        print("我能吃饭")
    def see(self):
        print("我能看到东西")
    def listen(self):
        print("我能听到声音")
    def say(self):
        print("我能说话")
```

此时,当使用该类创建一个对象的时候,可以发现会自动触发构造方法下面的程序,如下所示:

```
>>> LiMing = man()
我自动执行了!
```

可以看到,创建对象的时候就会自动触发执行构造方法里面的内容,如果需要进行一些初始化操作,完全可以使用构造方法来实现。

同时,如果我们需要让类接收对应的参数,实现可以变化地处理一些问题,我们经常还会将对应的参数写在构造方法中,这样,在实例化类的时候,可以在括号里面就可以添加相关的参数了。

比如,如果我们希望上面的"人"这个类 man 中,可以对不同的对象进行不同的处理,比

如不同的对象输出不同的名字、身高、性别等信息,可以输入以下程序实现:

```python
class man():
    foot = "脚"
    hand = "手"
    body = "身体"
    head = "头"
    def __init__(self,name,sex,height):
        print("自动初始化了你的数据")
        self.name = name
        self.sex = sex
        self.height = height
    def eat(self):
        print(self.name + "可以吃饭,哈哈!")
    def see(self):
        print(self.name + "能看到东西")
    def listen(self):
        print(self.name + "我能听到声音")
    def say(self):
        print("我的身高是: " + str(self.height) + ",我的性别是: " + self.sex)
```

可以看到,此时我们在构造方法中 self,后面加上了 3 个参数 name,sex,height,将分别接收对象的姓名、性别以及身高。随后,我们在该构造方法中初始化了这三个参数,初始化的格式为:

```
self.属性名 1 = 接收的参数变量 1
Self.属性名 2 = 接收的参数变量 2
…
```

此时,我们将接收到的三个参数分别赋值给了属性 name、sex 与 height。

随后,在方法中我们就可以使用这些属性了。

比如在上面的程序中,eat()方法、see()方法、listen()方法中我们都在其前面添加上了 name 属性,注意,此时引用对应的属性,需要在属性名前加上 self.,即通过以下格式引用:

```
self.属性名
```

然后,在最后的 say()方法中,我们将输出该对象的身高信息和性别信息,由于此时身高信息可能传进去的是数字,如果进行字符串连接则需要将其强行通过 str()转化为字符串格式,方能使用。

完成了该类的定义之后,我们可以执行该类,并在 Python Shell 中输入以下程序:

```python
>>> LiMing = man("李明","男",180)
自动初始化了你的数据
>>> LiMing.say()
我的身高是: 180,我的性别是: 男
>>> LiMing.eat()
李明可以吃饭,哈哈!
>>> LiMing.name
'李明'
>>> LiMing.sex
```

```
'男'
>>> LiMing.see()
李明能看到东西
>>> ZhangMeng = man("张萌","女",153)
自动初始化了你的数据
>>> ZhangMeng.name
'张萌'
>>> ZhangMeng.say()
我的身高是：153,我的性别是：女
>>> ZhangMeng.eat()
张萌可以吃饭,哈哈!
>>> LiMing.eat()
李明可以吃饭,哈哈!
```

值得注意的是,在实例化类的时候()里面所添加的参数会传递到构造方法中对应的参数的位置上,而不会传递到定义类的时候()里面的位置,如我们在定义 man 类的时候,刚开始的程序是:

```
class man():
```

而我们实例化类的时候使用的是 man("李明","男",180)类似的语句,此时的参数并不会传递到上面 class man():对应的位置中,而是会传递到该类下面的构造方法所接收的对应的参数中,比如此时 man("李明","男",180)里面的参数会传递给定义类时构造方法 def __init__(self,name,sex,height)中对应的参数中。

所以上面的程序中,首先通过 LiMing＝man("李明","男",180)将对象 LiMing 中对应的参数初始化好,然后在执行 LiMing.say()的时候,可以个性化地输出"我的身高是：180,我的性别是：男",同样调用 LiMing.eat()、LiMing.name、LiMing.sex、LiMing.see()等也可以实现个性化的输出。

当使用该类创建另一个对象 ZhangMeng 的时候,也会将传过去的参数("张萌","女",153)进行初始化,然后,在调用 ZhangMeng.name、ZhangMeng.say()、ZhangMeng.eat()的时候,也会实现个性化地输出张萌这个对象的具体信息。

可以看到,此时对象与对象之间的数据仍然是不会影响的,比如执行 ZhangMeng.eat()会输出"张萌可以吃饭,哈哈!",执行 LiMing.eat()会输出"李明可以吃饭,哈哈!"等。

7.4.2　析构方法详解

所谓析构,与构造的过程相反,也就是说,析构这个过程可以简单地将其理解为对象销毁的时候。

析构方法指的就是当想销毁的时候会自动触发执行的方法。

如果需要在程序的最后处理一些事情,比如在后面我们会学习到的数据库相关的操作中,如果需要在该对象销毁的时候,断掉对应数据库的连接,此时可以将关闭连接的语句写在析构方法中,这样,在对象销毁时该语句会自动执行。

定义析构方法的格式如下:

```
class 类名():
    属性
    def __del__(self,参数):
        析构程序块
    def 方法名(self,参数):
        方法实现代码块
```

比如我们可以输入以下程序：

```
class man():
    foot = "脚"
    hand = "手"
    body = "身体"
    head = "头"
    def __init__(self,name,sex,height):
        print("自动初始化了你的数据")
        self.name = name
        self.sex = sex
        self.height = height
    def __del__(self):
        print("我是析构方法,我执行了!")
    def eat(self):
        print(self.name + "可以吃饭,哈哈!")
    def see(self):
        print(self.name + "能看到东西")
    def listen(self):
        print(self.name + "我能听到声音")
    def say(self):
        print("我的身高是: " + str(self.height) + ",我的性别是: " + self.sex)
```

在该程序中,我们定义了一个析构方法__del__(),该析构方法里面的内容会在对象销毁的时候自动触发执行。

我们可以在运行了该类之后,依次在 Python Shell 中执行以下程序：

```
>>> LiMing = man("李明","男",180)
自动初始化了你的数据
>>> LiMing.say()
我的身高是: 180,我的性别是: 男
>>> ZhangMeng = man("张萌","女",153)
自动初始化了你的数据
>>> ZhangMeng.say()
我的身高是: 153,我的性别是: 女
```

此时,我们依次创建了两个对象,此时没有任何问题,因为在这里创建的对象没有销毁的,故而析构方法暂时不会调用,接着可以输入以下程序：

```
>>> LiMing = man("李明","男",180)
自动初始化了你的数据
我是析构方法,我执行了!
```

可以发现,此时析构方法已经被调用了,为什么呢?

因为此时,我们执行了该语句相当于重新创建一个对象 LiMing,而之前就存在有 LiMing 这个对象,由于进行了初始化之后,原对象 LiMing 会销毁,所以会调用其析构方法,故而会输出"我是析构方法,我执行了!"。

我们为大家讲解了构造方法与析构方法的使用,析构方法主要是在对象销毁的时候会触发执行,所以我们经常可以使用其做一些扫尾工作。

7.5　小结

(1) 需要说明的是,面向对象编程(OOP)和面向过程编程只是两种不同的编程方法,要实现一个功能,可以选择面向过程的编程方法,也可以选择面向对象的编程方法进行,但是,其方便程度是不一样的。

(2) 在大型项目的开发中,由于涉及的东西非常多,所以,此时如果学会用面向对象的编程思想去编写对应的程序,那么实现起来就会方便很多,并且代码也会更加清晰,因为可以将该大项目看成是由多个对象组成的,然后这些对象的具体实现,可以安排不同的人去开发,开发之后只需要组装起来即可。

(3) 面向对象编程具有非常多的特点与优势,常见的有如下特点与优势:注重从宏观上把握问题,让编程思路更清晰,并且开发效率更高、适合开发大型项目、利于后续的维护。

(4) 在将对象抽象为类的时候,需要将对象里面的一些共有的特征都拿出来,而这些共有的特征包括两方面的内容,即相关数据和相关功能,相关数据描述的是对象的静态特征,而相关功能描述的是对象的动态特征,我们把这些静态特征叫做属性,把这些动态特征叫做方法。

(5) 同一个类创建出来的对象之间的数据是互不影响的,正是因为这样,我们在做项目的时候,才可以放心地创建并使用对象,因为当前所使用的这个对象,即使更改其数据出现了问题,也不会让项目的其他用到该类的地方出现问题。

(6) 如果需要在创建对象的时候执行一些初始化的操作,此时,可以在对应的类中写一个构造方法,然后在该构造方法中写上一些需要初始化执行的程序即可,这样,在使用该类创建一个对象的时候,就会自动执行构造方法里面所需要执行的程序。

(7) 所谓析构,与构造的过程相反,也就是说,析构这个过程可以简单地将其理解为对象销毁的时候。自然,析构方法指的就是当想销毁的时候会自动触发执行的方法。由于析构方法主要是在对象销毁的时候会触发执行,所以我们经常可以使用其做一些扫尾工作。

习题 7

假如现在我们需要给学校里面的学生创建一个类,学生具有如下属性:
① 姓名;
② 年龄;
③ 年级;
④ 性别;

⑤ 成绩。

可以实现如下功能：

① 能够说出自己的姓名、年龄、性别和所在的年级。

② 统计出成绩中分数最高的那门课的分数。

参考答案：

参考代码如下：

```
class student():
    def __init__(self,name,age,grade,sex,score):
        print("自动初始化了你的数据")
        self.name = name
        self.age = age
        self.grade = grade
        self.sex = sex
        self.score = score
    def say(self):
        print("我的名字是: " + self.name + ",年龄是: " + self.age + ",性别为: " + self.sex + ",所
在年级是: " + self.grade)
    def getscore(self):
        c = 0
        x = 0
        for i in range(0,len(self.score)):
            if(self.score[i] >= c):
                c = self.score[i]
                x = i + 1
        print("成绩最好的那门课是第" + str(x) + "门课,分数为: " + str(c))
```

然后，我们可以输入以下程序：

```
>>> s1 = student("李科","18","4","男",[67,89,23,18,78])
自动初始化了你的数据
>>> s1.say()
我的名字是: 李科,年龄是: 18,性别为: 男,所在年级是: 4
>>> s1.getscore()
成绩最好的那门课是第 2 门课,分数为: 89
```

可以看到，对应的功能是可以实现的，同样，使用该类创建其他的学生对象，同样也具有这些功能。

第8章 继承

面向对象有一个非常大的好处,就是可以实现代码的重用,而如果要实现代码的重用,我们可以通过继承来实现。在本章中,我们将为大家具体讲解继承的相关知识。

8.1 子类与父类

如果有两个类 A、B,如果 A 中所有的属性和方法,在 B 中都含有,此时可以理解为 B 继承于 A。此时,可以把 A 称为父类(基类),把 B 称为子类,父类有时也叫做基类。

此时,需要注意的是,继承并不等于 A、B 两个类相等,若 B 继承于 A,则在 B 中会具有 A 的所有属性和方法,同时,在 B 中,也可以拥有自己额外的属性或方法。

其实,我们可以通过现实生活中的例子简单地理解子类与父类。

比如,现在有一生物 A,其繁衍了后代 B,假如此时不考虑遗传学中的变异因素,假设此时 A 生物的所有特征都传递给了后代 B,当然此时 B 可以存在着自己的一些特征或发展,所以,通常会把生物 A 叫做父亲(父母),把生物 B 叫做儿子,如果把生物 A 抽象为类 A,把生物 B 抽象为类 B,此时,就可以说类 A 为父类,类 B 为子类,类 B 继承于类 A。

可以看到,其实子类和父类的概念不难理解,在后面当我们结合程序编写的时候相信大家可以更好地理解子类与父类相关的知识。

8.2 单继承

所谓单继承,即指的是父类只有一个的一种继承方式。

如果要实现单继承,我们可以通过如下格式实现:

```
class 类 A:
    属性
    def 方法 a(self,参数):
        代码块 a
class 类 B(类 A):
    属性
    def 方法 b(self,参数):
        代码块 b
```

此时，类 B 继承了类 A。可以看到，在定义类 B 的时候，其后面有一个括号，括号里面为类 A，也就是说，如果要实现继承，只需要在定义子类的时候，其类的参数里面加上要继承的父类即可。并且，在子类里面可以加上自己的新的方法，比如上面格式中的方法 b()，就是子类 B 中特有的方法。

比如，我们可以输入以下程序：

```
class A():
    name = "class A"
    def say(self):
        print("hello!")
class B(A):
    def sayb(self):
        print("I am class B!")
```

可以看到，此时我们定义了两个类 A、B，然后类 B 继承于类 A，可以在 Python Shell 中输入以下程序：

```
>>> a1 = A()
>>> a1.name
'class A'
>>> a1.say()
hello!
>>> b1 = B()
>>> b1.say()
hello!
>>> b1.name
'class A'
>>> b1.sayb()
I am class B!
```

可以看到，我们使用类 A 实例化了一个对象 a1，使用类 B 实例化了一个对象 b1，a1 这个对象中，属性 name 与方法 say() 均能正常使用。在对象 b1 中，我们同样调用了 say() 方法，可以看到，也是能够使用的。我们并没有在类 B 中定义一个名为 say() 的方法，此方法是从类 A 中继承下来的，然后我们也可以看到，调用 b1.name 也可以输出 'class A'，所以，我们会发现该 name 属性，也是从类 A 中继承过来的，当子类继承了父类之后，子类便具有了父类所有的特点了，包括所有的属性和方法。随后我们输入了 b1.sayb()，可以看到 sayb() 方法也是可以正常使用的，sayb() 方法是在类 B 中定义的一个新的方法，当子类继承了父类之后，在子类中仍然可以具有自己的发展。

总结来说有两点：①当子类继承了父类之后，子类便具有了父类所有的特点，包括所有的属性和方法。②当子类继承了父类之后，在子类中，仍然可以具有自己的发展。

同样，我们再输入以下程序：

```
class A():
    name = "class A"
    joy = "跑步"
    def say(self):
        print("hello!")
class B(A):
```

```
    name = "class B"
    def say(self):
        print("hi!")
    def sayb(self):
        print("I am class B!")
```

此时,同样定义了两个类 A 与 B,同样让类 B 继承了类 A,此处不同的是,我们在子类 B 中定义了与父类 A 中同样名字的属性和方法,我们在 Python Shell 中可以输入以下程序:

```
>>> a1 = A()
>>> a1.say()
hello!
>>> a1.name
'class A'
>>> a1.joy
'跑步'
>>> b1 = B()
>>> b1.joy
'跑步'
>>> b1.name
'class B'
>>> b1.say()
hi!
>>> b1.sayb()
I am class B!
```

此时,我们通过类 A 创建了一个对象 a1,通过类 B 创建了一个对象 b1,然后我们通过调用 a1.say()、a1.name、a1.joy 等属性和方法,会发现是能够正常运行的。随后,我们调用对象 b1 中的 joy,此处的 joy 属性在类 B 中并没有自定义,此时输出的是继承过来的值,即"跑步"。我们调用 b1.name 会发现,此时 name 属性的值成了'class B',显然不是继承过来的数据,因为此时我们在子类 B 中定义了一个同名属性 name,所以会把继承过来的同名属性替换掉。同样,我们调用了 b1.say()会发现,此时对应的方法也不是继承过来的方法了,同样是因为在子类中定义了与父类中 say()同名的方法,所以在子类中该方法就会使用新定义的这个同名方法。

我们会发现这样一个规律:在继承时,如果子类中出现了与父类同名的方法或属性,在子类中就会将从父类中继承过来的同名属性或方法替换掉,在子类中则会以该子类中新定义的同名属性或方法为准,而其他不同名的属性或方法在子类中的使用不受影响,并且,在父类中使用原同名方法,也不会受子类的影响,比如上面的程序中,虽然调用 b1.say()会输出"hi!",但是在调用 a1.say()的时候仍然会输出"hello!",所以,在子类中新定义的同名方法或属性,只能影响对应的同名方法或属性在子类中的使用,而不能影响对应的同名方法或属性在父类中的使用。

8.3　多继承

我们已经学习了单继承的概念与使用,那么,多继承又是什么呢?
所谓多继承,指的是父类不止一个(2 个或 2 个以上)的一种继承方式。

多继承的使用格式如下：

```
class 类 A:
    属性
    def 方法 a(self,参数):
        代码块 a
class 类 B():
    属性
    def 方法 b(self,参数):
        代码块 b
class 类 C(类 A,类 B):
    属性
    def 方法 c(self,参数):
        代码块 c
```

在上面的格式中，类 C 同时继承了类 A 与类 B，此时类 C 为子类，类 A 与类 B 都是父类。

例如，我们可以用以下程序实现多继承：

```
class A():
    name = "class A"
    joy = "跑步"
    def say(self):
        print("I can say!")
class B():
    name = "class B"
    def write(self):
        print("I can write!")
class C(B,A):
    name = "class C"
    def run(self):
        print("I can run!")
```

在此程序中，类 C 同时继承了类 A 与类 B，所以此时，类 C 为子类，而类 A 与类 B 均为父类，此时，类 C 具有类 A 和类 B 所有的特点，比如我们可以在 Python Shell 中输入以下程序进行调试分析。

```
>>> a1 = A()
>>> a1.name
'class A'
>>> a1.say()
I can say!
>>> b1 = B()
>>> b1.name
'class B'
>>> b1.write()
I can write!
>>> c1 = C()
>>> c1.name
'class C'
>>> c1.joy
```

```
'跑步'
>>> c1.say()
I can say!
>>> c1.write()
I can write!
>>> c1.run()
I can run!
```

在上面的程序中,我们分别通过类 A、类 B 实例化生成了对应的对象 a1、b1。可以看到对象 a1 与对象 b1 中相关的属性和方法均能正常地使用。然后我们通过类 C 实例化生成了对象 c1,此时,取 c1 中的同名属性 name,会发现此时的值为'class C'。在多继承中,如果子类出现了与在父类中一样的同名属性或同名方法,则会覆盖掉继承过来的同名属性或方法,以在子类中定义的同名属性或方法为准,其他属性或方法不受影响。可以看到,c1.say()、c1.write()等继承过来的方法仍能正常使用,并且在类 C 中新定义的方法 run()也能正常使用。

多继承的使用方式很多时候与单继承都是类似的,不同的地方在于多继承会拥有多个父类,而单继承只有一个父类。

在多继承中,如果父类之中出现了同名的属性或方法,在子类中又将如何继承呢?

我们可以输入以下程序:

```
class A():
  name = "class A"
  joy = "跑步"
  def say(self):
    print("I can say!")
class B():
  name = "class B"
  def write(self):
    print("I can write!")
class C():
  name = "class C"
  def say(self):
    print("I can sayC!")
class D(A,B):
  pass
class E(B,A):
  pass
class F(B,A,C):
  pass
```

在该程序中,我们定义了 A、B、C、D、E、F 等 6 个类,其中,类 D 继承了类 A 与 B,类 E 继承了类 B 与 A(与类 D 继承的顺序不同),类 F 继承了类 B、A、C。

可以在 Python Shell 中输入以下程序进行调试分析:

```
>>> d1 = D()
>>> d1.name
'class A'
>>> d1.say()
```

```
I can say!
>>> d1.write()
I can write!
>>> e1 = E()
>>> e1.name
'class B'
>>> e1.say()
I can say!
>>> e1.write()
I can write!
>>> f1 = F()
>>> f1.name
'class B'
>>> f1.say()
I can say!
>>> f1.write()
I can write!
```

此时,我们首先实例化了类 D 为对象 d1,类 D 继承于类 A、B。然后调用 d1.name,发现此时出现的是'class A',此时父类 A 与父类 B 中出现了同名的属性 name,而此时子类 D 中继承了父类 A 中的同名属性 name,然后我们调用 d1.say()与 d1.write()两个父类中不重名的方法,发现此时可以正常使用。

随后,我们使用类 E 实例化了一个对象 e1,此时类 E 同样继承了类 B、A,类 E 与类 D 所继承的父类是一样的,只不过继承顺序不一样。我们调用父类 A 与父类 B 中重名的属性 name,此时却输出了'class B',而其他的父类中彼此不重名的属性与方法则可以正常使用,比如调用 e1.say()与 e1.write()可以正常输出。

如果父类中出现了彼此重名的属性或方法,则子类中到底继承哪个父类中的对应重名属性或方法,与子类继承父类的继承顺序有关,会优先使用继承时写在前面的父类的重名属性或方法,而其他父类中彼此不重名的属性或方法则可以正常使用。比如,上面的子类 D,继承时写法为 D(A,B),若出现冲突的情况,其优先选择类 A 中对应的属性或方法继承,而上面中的子类 E,继承时写法为 E(B,A),此时父类 B 写于父类 A 的前面,所以,若出现冲突的情况,其优先选择类 B 中对应的属性或方法继承,故而调用 e1.name 时,会输出'class B'。

随后,接下来我们实例化了类 F 为对象 f1,此时子类 F 继承于父类 B、A、C,写法为 F(B,A,C),所以当执行 f1.name 时,父类里面出现了重复的属性名,所以此时优先选择写在前面的类 B 继承,所以,最终会输出'class B'。当执行 f1.say()时,父类 A 与父类 C 也出现了同名方法 say(),所以此时优先选择写在前面的父类 A 继承对应的 say()方法,所以最终会输出"I can say!",而其他在父类中没有出现重名的属性或方法则可以正常使用。

这个规律我们重复一下:如果父类中出现了彼此重名的属性或方法,则子类中到底继承哪个父类中的对应重名属性或方法,与子类继承父类的继承顺序有关,会优先使用继承时写在前面的父类的重名属性或方法,而其他父类中彼此不重名的属性或方法则可以正常使用。

8.4 小结

（1）如果有两个类 A、B,如果 A 中所有的属性和方法在 B 中都含有,此时可以理解为 B 继承于 A。此时,可以把 A 称为父类（基类）,把 B 称为子类,父类有时也叫做基类。

（2）所谓单继承,指的是父类只有一个的一种继承方式。

（3）当子类继承了父类之后,子类便具有了父类所有的特点,包括所有的属性和方法。当子类继承了父类之后,在子类中,仍然可以具有自己的发展。

（4）在继承时,如果子类中出现了与父类同名的方法或属性,在子类中就会将从父类中继承过来的同名属性或方法替换掉,在子类中则会以该子类中新定义的同名属性或方法为准,而其他不同名的属性或方法在子类中的使用不受影响,并且,在父类中使用原同名方法,也不会受子类的影响。

（5）所谓的多继承,指的是父类不止一个（2 个或 2 个以上）的一种继承方式。

（6）如果父类中出现了彼此重名的属性或方法,则子类中到底继承哪个父类中的对应重名属性或方法,与子类继承父类的继承顺序有关,会优先使用继承时写在前面的父类的重名属性或方法,而其他父类中彼此不重名的属性或方法则可以正常使用。

习题 8

定义三个类,分别为学校成员类,学生类、老师类,让学生类与老师类都继承于成员类,并且各类需要具有的属性和方法如下,并且其中所涉及的属性值需要可以自定义更改,即需要通过构造方法传递参数：

学校成员类：
-- 属性：
　　姓名
　　年龄
-- 方法：
　　报告自己的姓名、年龄等基本信息

学生类：
-- 属性：
　　学号
　　班级
　　成绩
-- 方法：
　　对父类中报告基本信息的方法进行重写,除了报告自己的基本信息以外,还需要报告自己的成绩

老师类：
-- 属性：
　　所教课程
　　工资
-- 方法：
　　报告自己的工资（不对父类中的报告基本信息的方法进行重写）

参考答案：参考实现的程序如下：

```python
class Person():
    def __init__(self,name,age):
        self.name = name
        self.age = age
    def say(self):
        print("我的姓名是:" + self.name + ",我的年龄是: " + self.age)
class Students(Person):
    def __init__(self,name,age,no,myclass,achievement):
        self.name = name
        self.age = age
        self.no = no
        self.myclass = myclass
        self.achievement = achievement
    def say(self):
        print("我的姓名是:" + self.name + ",我的年龄是: " + self.age)
        print("我的学号是:" + self.no + ",我的班级是: " + self.myclass + "我的成绩是: " +
str(self.achievement))
class Teacher(Person):
    def __init__(self,name,age,lesson,wages):
        self.name = name
        self.age = age
        self.lesson = lesson
        self.wages = wages
    def saywages(self):
        print("我的工资是:" + self.wages)
```

相关的使用方法可以在 Python Shell 中输入如下所示的程序运行与调试：

```
>>> p1 = Person("李君","29")
>>> p1.say()
我的姓名是:李君,我的年龄是: 29
>>> p1.name
'李君'
>>> p1.age
'29'
>>> s1 = Students("张庞","23","201700120912","计算机 1 班",[98,87,92,93])
>>> s1.say()
我的姓名是:张庞,我的年龄是: 23
我的学号是:201700120912,我的班级是: 计算机 1 班我的成绩是: [98, 87, 92, 93]
>>> t1 = Teacher("王老师","32","计算机原理","8000")
>>> t1.say()
我的姓名是:王老师,我的年龄是: 32
>>> t1.saywages()
我的工资是:8000
>>> t1.wages
'8000'
>>> t1.age
'32'
>>> t1.lesson
'计算机原理'
```

第9章 正则表达式

使用正则表达式可以很方便地进行数据的筛选,在本章中,会详细介绍正则表达式的使用与实例。

9.1 正则表达式概述

正则表达式也叫做规则表达式,通常用来查找或筛选满足某种规则(模式)的数据,所以,使用正则表达式,可以让计算机代替人力去批量地查找或筛选数据,这样,不仅提高了数据筛选的效率,还可以大大减轻人力的负担。

比如,如果需要在大量的数据中将电话号码信息筛选出来,此时我们可以写一个电话号码对应的正则表达式,然后直接在源数据中进行匹配即可完成从大量杂乱的数据中将电话号码信息找出来。

在 Python 中,如果要使用正则表达式,可以使用 re 模块。比如,在 Python 中输入以下代码就导入了正则表达式 re 模块:

```
>>> import re
```

在此,笔者整理了 Python 中正则表达式相关的符号,如表 9-1 所示。

表 9-1　正则表达式相关符号与含义

符　号	含　义
\n	匹配一个换行符
\t	匹配一个制表符
\w	匹配任意一个字母、数字或下画线
\W	匹配除字母、数字和下画线以外的任意一个字符
\d	匹配任意一个十进制数
\D	匹配除十进制数以外的任意一个其他字符
\s	匹配任意一个空白字符
\S	匹配除空白字符以外的任意一个其他字符
.	匹配除换行符以外的任意字符
^	匹配字符串的开始位置
$	匹配字符串的结束位置
*	匹配 0 次、1 次或多次前面的原子

符　号	含　义
?	匹配 0 次或 1 次前面的原子
+	匹配 1 次或多次前面的原子
{n}	前面的原子恰好出现 n 次
{n,}	前面的原子至少出现 n 次
{n,m}	前面的原子至少出现 n 次，至多出现 m 次
|	模式选择符或
( )	模式单元
I	匹配时忽略大小写
M	多行匹配
L	做本地化识别匹配
U	根据 Unicode 字符及解析字符
S	让匹配包括换行符，即用了该模式修正后，匹配就可以匹配任意的字符了

　　对于表 9-1，在此读者只需要有一个大概印象即可，因为在本章后面的小节中会具体介绍到，同时此表可以供我们以后复习的时候用到，可以快速地复习 Python 中正则表达式相关的内容。

9.2　原子

　　原子是正则表达式里面最基本的单位。

　　每个正则表达式中都会至少包含一个原子，常见的原子有以下几种类型：

- 普通字符作为原子；
- 非打印字符作为原子；
- 通用字符作为原子；
- 原子表。

　　接下来我们将分别进行介绍。

　　首先为大家介绍普通字符作为原子的情况，比如，现在具有信息"taoyunjiaoyu"，我们希望将该信息中的"yun"部分提取出来，此时便可以写一个正则表达式，如下所示：

"yun"

　　该正则表达式是由普通原子组成的，其可以通过正则表达式函数匹配与该表达式吻合的信息。

　　如果要使用正则表达式筛选相关的信息，是需要通过正则表达式函数实现的。因为正则表达式，仅仅只是表达式，是没有任何功能的，所以此时我们需要通过相关的函数实现对应的功能。

　　在此，可以使用正则表达式 search()实现对应信息的匹配与查找，search()函数的使用格式如下：

```
Import re
Re.search(正则表达式,源字符串)
```

所以,如果我们需要将信息"taoyunjiaoyu"中的"yun"部分提取出来,可以通过如下代码来实现:

```
import re
string = "taoyunjiaoyu"
#普通字符作为原子
pat = "yun"
#正则表达式函数
rst = re.search(pat,string)
print(rst)
```

此时,执行该程序,输出结果如下:

```
<_sre.SRE_Match object; span = (3, 6), match = 'yun'>
```

可以看到,结果中 match 部分的内容为 yun,所以,此时已经通过正则表达式将对应的信息匹配出来了。

接下来介绍非打印字符作为原子的情况。

常见的非打印字符主要有如下两种:

- \n 换行符。
- \t 制表符。

比如,如果需要将某一段信息中的换行符匹配出来,可以直接使用正则表达式"\n"实现,如可以输入以下程序:

```
#非打印字符作为原子
#\n 换行符   \t 制表符
import re
string1 = '''taoyunjiaoyubaidu'''
string2 = '''taoyunjia
oyubaidu'''
pat = "\n"
rst1 = re.search(pat,string1)
rst2 = re.search(pat,string2)
print("1:" + str(rst1))
print("2:" + str(rst2))
```

该程序的输出结果如下:

```
1:None
2:<_sre.SRE_Match object; span = (9, 10), match = '\n'>
```

可以看到,此时第一行输出并没有实现信息的匹配,所以输出 None,而第二行输出则匹配了对应的信息。

因为第一行输出所查找的源字符串为'"taoyunjiaoyubaidu"',此时源字符串中并没有换行符存在,故而要在此匹配一个换行符,显然是找不到的。而第二行输出,所查找的源字符串为:

```
'''taoyunjia
oyubaidu'''
```

显然，该字符串中含有换行符，故而通过正则表达式"\n"可以匹配出对应的换行符出来，所以输出的结果中 match 里面匹配了'\n'。

接下来介绍通用字符作为原子的情况。

所谓的通用字符，指的是可以匹配一系列某种特定形式元素的字符，常见的通用字符主要有（这些表达式符号与对应的含义都需要记住）：

- \w 字母、数字、下画线。
- \W 除字母、数字、下画线。
- \d 十进制数字。
- \D 除十进制数字。
- \s 空白字符。
- \S 除空白字符。

比如，可以输入并分析以下程序：

```
import re
#通用字符作为原子
string = '''taoyunji8 7362387aoyubaidu'''
pat = "\w\d\s\d\d"
rst = re.search(pat,string)
print(rst)
```

可以看到，当前程序的输出结果为：

```
<_sre.SRE_Match object; span = (7, 12), match = 'i8 73'>
```

此时，将"i8 73"匹配出来了，为什么呢？

可以看到，此时的正则表达式为 pat＝"\w\d\s\d\d"，其含义为匹配一个这种格式的数据：

首先，我们需要的数据的第一个元素是字母（\w）形式，然后接下来的一个元素是数字（\d）形式，再接下来的一个元素是空白（\s），随后，再接下来的两个元素是两个数字（\d\d）的形式，所以，此时我们需要在源字符串'''taoyunji8 7362387aoyubaidu'''中寻找是否有满足这种格式的数据，若有，则返回该数据，若没有，则输出 None，可以看到，此时源字符串中的"i8 73"正好满足刚才的这种格式，所以会被检索出来，当然这个检索的过程是由我们的计算机实现的，我们只需要设置好所需要的对应的数据的规则即可。

所以，学会了可以作为原子的通用字符之后，可以很方便地筛选出数据中的字母、非字母、数字、非数字、空白、非空白、非特殊字符（即字母、数字、下画线）、特殊字符（即字母、数字、下画线）等形式的数据出来。

接下来为大家介绍原子表相关的内容。

所谓原子表，指的是由一系列原子所组成的一个集合，在该集合中，所有的原子处于平等地位，在匹配时，会从原子表中只选择出一个原子进行匹配，如果在原子表里面的最前方加上^符号，则代表匹配除了这些原子以外的其他元素。

比如，我们可以输入以下程序并分析，相关重难点部分已给出注释：

```
import re
string = '''taoyunji87362387aoyubaidu'''
#"tao[xyz]un"中会从原子表[xyz]中选择出一个原子进行匹配
#系统会发现 y 可以匹配到数据,所以可以从原子表中取出 y 进行匹配
pat1 = "tao[xyz]un"
#"tao[abc]un"中会尝试从[abc]中选择出一个原子进行匹配
#但是最终会发现都匹配不上,所以找不出数据
pat2 = "tao[abc]un"
#"tao[^abc]"会尝试从除了 a、b、c 以外的元素中找出数据进行匹配
#此时找到 y 匹配成功
pat3 = "tao[^abc]un"
rst1 = re.search(pat1,string)
rst2 = re.search(pat2,string)
rst3 = re.search(pat3,string)
print(rst1)
print(rst2)
print(rst3)
```

此时,程序的输出结果如下:

```
<_sre.SRE_Match object; span = (0, 6), match = 'taoyun'>
None
<_sre.SRE_Match object; span = (0, 6), match = 'taoyun'>
```

正则表达式 pat1 = "tao[xyz]un"可以匹配到数据,因为源字符串中有满足该格式的数据。同样正则表达式 pat3 = "tao[^abc]un"也可以匹配到相关的数据,而正则表达式 pat2 = "tao[abc]un"由于源字符串中没有相关数据满足其格式,故而找不到数据。

9.3 元字符

所谓元字符,指的是一些具有特殊含义的符号,通过这些符号可以匹配出满足对应含义的元素。

常见的元字符及其含义有:

- . 除换行外任意一个字符。
- ^ 开始位置。
- $ 结束位置。
- * 0\1\多次。
- ? 0\1 次。
- + 1\多次。
- {n} 恰好 n 次。
- {n,} 至少 n 次。
- {n,m} 至少 n,至多 m 次。
- | 模式选择符或。
- () 模式单元。

可以匹配除换行符以外的任意一个字符。

比如我们可以输入以下程序：

```
import re
#元字符.
string = "what's the time?"
pat1 = "t.e"
pat2 = "t..e"
rst1 = re.search(pat1,string)
rst2 = re.search(pat2,string)
#通过 group 可以取出匹配出来的数据
print("rst1:" + rst1.group())
print("rst2:" + rst2.group())
```

可以看到，此时的输出结果为：

```
rst1:the
rst2:time
```

上面的程序中，正则表达式"t.e"可以匹配出源字符串中 t 与 e 中间有一个元素的数据，所以此时可以匹配出数据"the"，而正则表达式"t..e"可以匹配出 t 与 e 中间有两个元素的数据，所以此时可以匹配出"time"。

元字符^主要代表开始匹配，也就是说，如果正则表达式中出现了该元字符，那么就需要数据必须出现在源字符串的开始。

比如我们可以输入以下程序：

```
import re
#元字符^
string = "what's the time?"
pat1 = "^t.e"
pat2 = "^w..t"
rst1 = re.search(pat1,string)
rst2 = re.search(pat2,string)
#通过 group 可以取出匹配出来的数据
print("rst1:" + str(rst1))
print("rst2:" + str(rst2.group()))
```

可以看到，此时程序的输出结果如下：

```
rst1:None
rst2:what
```

上面的程序中，正则表达式 pat1 没有匹配出数据，而正则表达式 pat2 已经成功匹配了数据"what"。因为正则表达式 pat1 中，要求该正则表达式必须从源字符串的开始匹配数据，而源字符串的开始并没有满足 t.e 格式的数据，所以此时返回 None，而正则表达式 pat2 中，也是需要从源字符串的开始匹配，此时，源字符串的开始刚好有满足 w..t 格式的数据，即 what，所以，此时可以匹配成功，并将匹配到的数据返回，最后输出。

元字符 $ 为结束匹配符。

我们可以输入以下程序：

```
import re
# 元字符 $
string = "what's the time?"
pat1 = "t..e$"
pat2 = "t..e.$"
rst1 = re.search(pat1,string)
rst2 = re.search(pat2,string)
# 通过 group 可以取出匹配出来的数据
print("rst1:" + str(rst1))
print("rst2:" + str(rst2.group()))
```

此时该程序的执行结果为：

```
rst1:None
rst2:time?
```

可以看到，正则表达式 pat1 没有匹配出对应的数据，而正则表达式 pat2 匹配出了数据"time?"，因为正则表达式 pat1＝"t..e$"中，有元字符 $，所以此时是需要结束位置进行匹配的，也就是说，根据该正则表达式，只有源字符串最末位的元素为 e 的时候，才有可能匹配成功，此时，源字符串最末位的元素为"?"，所以此时，正则表达式 pat1 是肯定匹配不出数据的，正则表达式 pat2＝"t..e.$"中，同样用了元字符 $，所以此时，仍然需要结束位置进行匹配，此正则表达式中，结束位置为"."可以匹配任意的除换行符以外的元素，所以此时匹配了"?"这个元素，然后"?"之前刚好是 time，刚好满足对应的正则表达式 pat2，所以此时可以成功返回数据"time?"。

元字符 * 可以匹配 * 之前的元素出现 0 次、1 次或多次的情况。

比如可以输入以下程序：

```
import re
# 元字符 *
string = "what's the time?"
pat1 = "t.*e"
pat2 = "s.*e"
rst1 = re.search(pat1,string)
rst2 = re.search(pat2,string)
# 通过 group 可以取出匹配出来的数据
print("rst1:" + str(rst1.group()))
print("rst2:" + str(rst2.group()))
```

该程序的执行结果为：

```
rst1:t's the time
rst2:s the time
```

可以看到，此时两个正则表达式都匹配出了数据。正则表达式 pat1＝"t.*e"中，只要出现了 t 并开始匹配，然后中间是任意个数的 .，即中间的除换行符以外的所有字符，都是满足要求的，然后，到最后遇到的那次 e 才停止匹配，所以此时匹配出来的字符串是"t's the time"，而正则表达式 pat2＝"s.*e"中，只要出现了 s 便开始匹配，一直到最后出现的那次 e 才停止，同样 s 与 e 中间可以是任意多个的任意除换行符以外的字符，所以最终匹配出来的结果为"the time"，可以看到，这种匹配方式是尽量多地去匹配源字符串中的元素，这种尽量多地去匹配源字符串中的元素的匹配方式叫做贪婪模式，在下一节中，我们将会具体介绍。

元字符"?"的含义是可以匹配"?"之前的元素出现 0 次、1 次的情况。

我们可以输入以下程序：

```
import re
#元字符?
string = "what's the time?"
pat1 = "t. ?e"
pat2 = "s. ?e"
rst1 = re. search(pat1,string)
rst2 = re. search(pat2,string)
#通过 group 可以取出匹配出来的数据
print("rst1:" + str(rst1.group()))
print("rst2:" + str(rst2))
```

此时程序的执行结果为：

```
rst1:the
rst2:None
```

可以看到，此时 pat1＝"t.？e"成功匹配出了字符串"the"，因为此时 t 与 e 中间出现了一个元素，满足"."出现 0 次或 1 次的规则，所以可以匹配出来。而正则表达式 pat2＝"s.？e"中，s 与 e 之间，元字符"."仅出现 0 次或 1 次时在源字符串中并不能找到对应的部分与之匹配，故而返回 None。

元字符＋可以匹配＋之前的元素出现 1 次或多次的情况。

比如我们可以输入以下程序：

```
import re
#元字符 +
string = "what's the time?"
pat1 = "t. + e"
pat2 = "wh. + a"
rst1 = re. search(pat1,string)
rst2 = re. search(pat2,string)
#通过 group 可以取出匹配出来的数据
print("rst1:" + str(rst1.group()))
print("rst2:" + str(rst2))
```

该程序输出如下结果：

```
rst1:t's the time
rst2:None
```

可以看到，此时正则表达式 pat1＝"t. +e"可以匹配出满足格式的数据"t's the time"，而正则表达式 pat2＝"wh. +a"匹配不出相应的数据出来。因为元字符"＋"可以匹配出现一次或多次的情况，所以正则表达式 pat1 匹配出来的数据"t's the time"中，满足元字符"＋"之前的"."出现多次的情况，而在正则表达式 pat2＝"wh. +a"中，由于源字符串中 wha 中间属于"."出现 0 次的情况，而元字符＋不包含出现零次的情况，故而无法匹配。

元字符{n}可以匹配其前面的原子恰好出现 n 次的情况。

比如我们可以输入以下程序：

```python
import re
#元字符{n}
string = "what's the time?"
pat1 = "t.{2}e"
pat2 = "t.{3}e"
rst1 = re.search(pat1,string)
rst2 = re.search(pat2,string)
#通过 group 可以取出匹配出来的数据
print("rst1:" + str(rst1.group()))
print("rst2:" + str(rst2))
```

该程序的输出结果如下：

```
rst1:time
rst2:None
```

此时可以看到,正则表达式"t.{2}e"匹配出了结果 time,因为此时"time"中 t 与 e 中间的"."刚好出现 2 次,满足该正则表达式所描述的规律,故而能够匹配出来。而对于正则表达式 pat2="t.{3}e"来说,源字符串中,没有出现 t 与 e 中间恰好有 3 个元素的数据,故此时无法匹配出数据。

元字符{n,}的含义是其前面的原子至少出现 n 次的情况。

我们可以输入以下程序：

```python
import re
#元字符{n,}
string = "what's the time?"
pat1 = "t.{2,}e"
pat2 = "t.{3,}e"
rst1 = re.search(pat1,string)
rst2 = re.search(pat2,string)
#通过 group 可以取出匹配出来的数据
print("rst1:" + str(rst1.group()))
print("rst2:" + str(rst2.group()))
```

该程序的执行结果如下：

```
rst1:t's the time
rst2:t's the time
```

可以看到,此时正则表达式 pat1 与 pat2 均匹配出来的数据。对于正则表达式 pat1="t.{2,}e"来说,需要 t 与 e 中间至少出现 2 个元素,可以看到,此时在源字符串中满足条件的数据是非常多的,但由于默认是贪婪模式,所以会尽可能多地去匹配,最终匹配到"the time",对于正则表达式 pat2="t.{3,}e"来说,需要 t 与 e 之间至少出现 3 个元素,同样,此时在源字符串中满足条件的数据也是非常多的,按照贪婪原则,最终匹配出来数据"rst2:t's the time"。

元字符{n,m}的含义是其前面的原子至少出现 n 次,至多出现 m 次。

我们可以输入以下程序：

```
import re
#元字符{n,m}
string = "what's the time?"
pat1 = "t.{3,4}e"
pat2 = "t.{2,5}e"
rst1 = re.search(pat1,string)
rst2 = re.search(pat2,string)
#通过 group 可以取出匹配出来的数据
print("rst1:" + str(rst1))
print("rst2:" + str(rst2.group()))
```

该程序的输出结果为：

```
rst1:None
rst2:t's the
```

此时会发现，正则表达式 pat1＝"t.{3,4}e"没有匹配出数据，因为源字符串中没有 t 与 e 之间有 3 或 4 个元素的数据部分，所以匹配不出来。而对于 pat2＝"t.{2,5}e"来说，源字符串中的"t's the"数据部分则满足其要求，t 与 e 之间有 5 个元素，属于 2～5 个元素的范畴，所以可以匹配出来对应的数据。

元字符|的含义为模式选择符或，如果出现该元字符，会选择该元字符左边或右边的一个模式来判断。

我们可以输入以下程序：

```
import re
#元字符|
string = "what's the time?"
pat1 = "t.{3,4}e|t.{13,15}e"
pat2 = "wh..t|t.e"
rst1 = re.search(pat1,string)
rst2 = re.search(pat2,string)
#通过 group 可以取出匹配出来的数据
print("rst1:" + str(rst1))
print("rst2:" + str(rst2.group()))
```

此时，程序的输出结果如下：

```
rst1:None
rst2:the
```

此时正则表达式 pat1＝"t.{3,4}e|t.{13,15}e"没有匹配出任何结果，因为"t.{3,4}e"与"t.{13,15}e"这两个正则表达式都没有符合条件的结果，所以此时无法返回对应的数据。而对于正则表达式 pat2＝"wh..t|t.e"来说，此时也一样，只需要有满足"wh..t"与"t.e"中的任何一个正则表达式即可，此时源字符串中没有数据满足正则表达式"wh..t"，但是有数据满足正则表达式"t.e"，故而将满足正则表达式"t.e"的数据取出，即 the。

接下来为大家介绍元字符()，该元字符的含义为模式单元符，关于其使用方法，读者只需要记住：要取什么数据，就用元字符()括起来即可。

比如我们可以输入以下程序：

```
import re
#元字符()
string = "what's the time?"
pat1 = "t(.)e"
pat2 = "t(.*)e"
#注意,下面我们使用了还没学到的正则表达式函数,暂时只需理解其意思,
#意思是在源字符串中寻找所有满足正则表达式的数据
rst1 = re.compile(pat1).findall(string)
rst2 = re.compile(pat2).findall(string)
print(rst1)
print(rst2)
```

该程序的执行结果如下：

```
['h']
["'s the tim"]
```

可以看到,两个正则表达式都返回了相应的数据,对于正则表达式 pat1＝"t(.)e"来说,其可以匹配到数据 the,刚才已经介绍过,()为模式单元符,其作用就是返回()括起来的对应数据,此时,括起来的部分不包括 t 与 e,所以此时会返回 the 中的 h。

对于正则表达式 pat2＝"t(.*)e"来说,此时可以匹配数据 t's the time,而模式单元符()括起来的数据为.*,所以会返回数据"'s the tim"。

9.4 贪婪模式与懒惰模式

一般情况下,匹配都是按照贪婪模式进行匹配的。所谓贪婪模式,简单来说,就是尽量多地匹配。

比如,我们再来分析一下上面提到过的一个程序：

```
import re
#贪婪模式
string = "what's the time?"
pat1 = "h.*t"
rst1 = re.search(pat1,string)
#通过 group 可以取出匹配出来的数据
print("rst1:" + str(rst1.group()))
```

执行该程序,会输出：

```
rst1:hat's the t
```

此时会发现,满足该模式的字符串有"hat""hat's t""hat's the t""he t",而此时输出的结果中是上面从前往后匹配的结果最长的那个字符串"hat's the t",所以,默认情况下,使用正则表达式匹配对应的数据会尽量多的匹配,这种模式即是我们提到的贪婪模式。

一般来说贪婪模式获取的数据是最全的,但是也是最不精确的。

比如,有的时候我们希望获取较精确的数据,此时就需要尽量少的匹配,如果需要尽量

少的匹配,此时可以使用懒惰模式进行,懒惰模式与贪婪模式刚好相反。

如果要使用懒惰模式匹配,通常会使用"?"符号进行,比如,如下表达式即表示以懒惰模式进行匹配:

```
"h. * ?t"
"h. * ?e"
```

可以看到,如果要使用懒惰模式,我们只需要在对应的元字符后面加上"?"即可。

比如,我们可以输入以下程序:

```
import re
#贪婪模式与懒惰模式
string = "what's the time?"
pat1 = "h. * t"
pat2 = "h. * ?t"
pat3 = "h. * ?e"
rst1 = re.search(pat1,string)
rst2 = re.search(pat2,string)
rst3 = re.search(pat3,string)
#通过 group 可以取出匹配出来的数据
print("rst1:" + str(rst1.group()))
print("rst2:" + str(rst2.group()))
print("rst3:" + str(rst3.group()))
```

以上程序输出如下结果:

```
rst1:hat's the t
rst2:hat
rst3:hat's the
```

在上面的程序中,pat1 使用的是贪婪模式,而 pat2 与 pat3 使用的是懒惰模式,可以看到,使用懒惰模式匹配出来的数据精准很多。

所以,一般情况下,如果我们要尽量获取全的数据,可以使用默认的贪婪模式,如果要获取精准的数据,经常会使用懒惰模式。

9.5 模式修正符

模式修正符起的是一个模式修正的作用,它可以在不改变正则表达式的情况下,让正则表达式所代表的含义发生改变,进而影响匹配结果的改变。

常见的模式修正符有:

* I 匹配时忽略大小写。
* M 多行匹配。
* L 本地化识别匹配。
* U unicode。
* S S让"."匹配包括换行符。

在此,会为大家以模式修正符 I 与模式修正符 S 为例进行具体介绍,因为这两个模式修正符相对来说用得会更多,其他的模式修正符我们可以在用到的时候再更深入地了解,不同的模式修正符的使用方法是类似的,只不过含义有所不同。

模式修正符 I 的意思是让模式匹配的时候忽略大小写。

比如,我们可以输入以下程序:

```
import re
#模式修正符 I
string = "Why are you want to learn Python?"
pat1 = "p. * ?n"
rst1 = re.search(pat1,string)
rst2 = re.search(pat1,string,re.I)

#通过 group 可以取出匹配出来的数据
print("rst1:" + str(rst1))
print("rst2:" + str(rst2.group()))
```

该程序的输出结果如下所示:

```
rst1:None
rst2:Python
```

此时,我们使用的正则表达式是一样的,但是在没有加模式修正符的情况下,通过 rst1 = re.search(pat1,string)匹配不出任何信息,因为此时小写的"p"无法跟大写的"P"匹配(默认是区分大小写的),如果我们希望它匹配的时候不区分大小写,此时可以加上模式修正符 I 即可,使用方法即为在对应的正则表达式函数中新增一个参数,该参数为 re.I。所以,使用了模式修正符之后,就能够匹配出"Python"了。

通常的情况下,元字符. 是无法匹配多行数据的,但有的时候,我们希望"."可以匹配多行的数据,此时就可以在匹配的时候使用 re.S 模式修正符来实现。

比如,我们可以输入以下程序:

```
import re
#模式修正符 S
string = """Why are you want
to learn Python?"""
pat1 = "a. * ?l"
rst1 = re.search(pat1,string)
rst2 = re.search(pat1,string,re.S)

#通过 group 可以取出匹配出来的数据
print("rst1:" + str(rst1))
print("rst2:" + str(rst2.group()))
```

该程序的执行结果如下:

```
rst1:None
rst2:are you want
to l
```

可以看到,在没有模式修正符的情况下,由于元字符. 无法匹配多行数据,所以:

```
rst1 = re.search(pat1,string)
```

这一行代码返回的结果为 None,即没有匹配的数据。

使用了模式修正符之后,rst2＝re.search(pat1,string,re.S)就可以匹配出对应的多行数据:

```
are you want
to l
```

如果我们希望在不改变正则表达式的情况下,而改变正则表达式的含义或者说匹配结果,此时可以使用对应的模式修正符进行。

9.6 正则表达式函数

正则表达式只是一种规则,是静态的,所以其本身是不具有功能的。所以我们要匹配数据的时候,需要使用正则表达式函数实现对应的匹配的功能。

上面的程序中我们已经详细介绍了 search()函数如何使用,所以在此就不再叙述了,接下来具体介绍其他的正则表达式函数。

首先介绍 match()函数,match()函数与 search()函数的使用方式很像,但是不同的是,match()函数是从待匹配字符串的首个字符开始匹配的,而 search()函数则可以从待匹配字符的任意位置开始匹配。

我们可以输入以下程序:

```
import re
# macth()与 search()
string = """Why are you want to learn Python?"""
pat1 = "W. * ?t"
pat2 = "a. * ?e"
rst1 = re.match(pat1,string)
rst2 = re.search(pat1,string)
rst3 = re.match(pat2,string)
rst4 = re.search(pat2,string)
# 通过 group 可以取出匹配出来的数据
print("rst1:" + str(rst1.group()))
print("rst2:" + str(rst2.group()))
print("rst3:" + str(rst3))
print("rst4:" + str(rst4.group()))
```

上面的程序输出的结果如下:

```
rst1:Why are you want
rst2:Why are you want
rst3:None
rst4:are
```

在上面的程序中,可以对比一下 macth()函数与 search()函数的相关使用与区别,我们会发现,pat1 中,由于都可以从待匹配字符串中的首字符"W"开始匹配,所以均可以匹配出结果"Why are you want"。

　　而正则表达式 pat2＝"a. ＊？ e"中，该表达式从待匹配字符串中的首字符"W"开始匹配，匹配不出结果，而在其他地方匹配得出结果"are"，由于 match()函数必须从待匹配字符串中的首字符开始匹配，所以 rst3＝re. match(pat2,string)返回 None，没有匹配出结果，而 rst4＝re. search(pat2,string)可以匹配出结果"are"。

　　如果使用 macth()函数与 search()函数进行匹配，即使待匹配字符串中有很多满足条件的数据，此时也会只选择其中一条数据取出，那么，如果我们希望将满足条件的数据都取出来，那么应该怎么办呢？

　　如果我们希望将满足条件的数据都匹配出来，可以使用全局匹配函数。

　　全局匹配函数常见的使用格式如下：

```
re.compile(正则表达式).findall(待匹配数据)
```

　　比如，可以输入以下程序：

```
import re
# 全局匹配函数
string = "PythonPhonwinkpainmapncd"
pat1 = "p. * ?n"
rst1 = re. search(pat1,string,re. I)
rst2 = re. compile(pat1,re. I). findall(string)
print("rst1:" + str(rst1.group()))
print("rst2:" + str(rst2))
```

　　该程序的输出结果如下：

```
rst1:Python
rst2:['Python', 'Phon', 'pain', 'pn']
```

　　可以看到，使用 search()函数只能匹配出满足条件的结果，而使用全局匹配函数：re. compile(正则表达式). findall(待匹配数据)则可以匹配出所有的满足条件的结果。

　　后续我们会发现全局匹配函数用得相对来说是非常多的，所以希望读者牢固掌握有关知识。

9.7　小结

　　(1) 正则表达式也叫做规则表达式，通常用来查找或筛选满足某种规则(模式)的数据，所以，使用正则表达式，可以让计算机代替人力去批量地查找或筛选数据，这样不仅提高了数据筛选的效率，还可以大大减轻人力的负担。

　　(2) 常见的原子有以下几种类型：普通字符作为原子、非打印字符作为原子、通用字符作为原子、原子表。

　　(3) 所谓元字符，指的是一些具有特殊含义的符号，通过这些符号可以匹配出满足对应含义的元素来。

　　(4) 一般情况下，如果我们要尽量获取全的数据，可以使用默认的贪婪模式，如果要获取精准的数据，经常会使用懒惰模式。

（5）模式修正符起的是一个模式修正的作用，它可以在不改变正则表达式的情况下，让正则表达式所代表的含义发生改变，进而影响匹配结果的改变。

习题 9

写一个正则表达式，要求该正则表达式可以匹配出下面所有的电话号码："座机：021-90989012 地址：上海市浦东新区上海 ∗∗ 公司，座机：0773-7892091 地址：桂林 ∗∗ 公司，座机：0351-7892093 公司地址…"然后使用正则表达式函数实现提取上面信息中所有电话号码的功能。

参考答案：

正则表达式可以写为："\d{4}-\d{7}|\d{3}-\d{8}"

相关的程序实现如下：

```
import re
#习题 9
string = "座机：021-90989012 地址：上海市浦东新区上海 ∗∗ 公司，座机：0773-7892091 地址：桂林 ∗∗ 公司，座机：0351-7892093 公司地址…"
pat1 = "\d{4}-\d{7}|\d{3}-\d{8}"
rst1 = re.compile(pat1).findall(string)
print("结果为：")
print(rst1)
```

程序的输出结果如下：

结果为：

```
['021-90989012', '0773-7892091', '0351-7892093']
```

可以看到，此时已将上面的电话号码全部匹配出来了。

第10章 数据库操作实践

在实际项目中，我们经常会将数据存储到数据库中，这样对于后续的数据检索与数据处理是非常方便的。在本章中，我们为大家介绍如何使用 Python 对常见的数据库进行操作。

10.1 数据库操作概述

数据库是一种专门用于存储数据的仓库。

我们可以将项目中用到的数据都存储到数据库中，在需要用到数据的时候，直接从数据库中查找并取出相关数据即可，如果在项目运行时数据发生了更改，也可以直接将数据库里面的数据更改为对应的值，即实现数据库的更新。

常用的数据库有很多，比如 MySQL、SQLite、Redis、Oracle、MongoDB 等都是非常常见的数据库，在本章中，我们会以操作 MySQL、SQLite 这两种数据库为例进行介绍，关于如何使用 Python 操作其他数据库，基本的思路与方式也大同小异。

一般来说，数据库的常见操作包括增、删、查、改等。

所谓增，指的是将新数据添加到数据库中，也就是外部数据进入数据库内部的过程，所以，如果希望将某一个数据存储到数据库中，可以使用数据库的增操作。

所谓删，指的是将数据库里面的某个数据进行删除，删除之后，该数据在数据库中就不存在了，如果希望将数据库中的某一个数据删除，可以使用数据库操作中的删操作进行。

所谓查，指的是从数据库中将满足条件的数据检索出来，检索出来之后，就可以看到当前数据库中满足查询条件的数据有哪些。

所谓改，指的是在数据库中对相关的数据进行更改，所以，如果希望更新一些数据，可以使用数据库的改操作。

数据库主要是保存数据的地方，如果希望使用 Python 代码去操作数据库，就要通过对应的模块或接口进行，比如，如果想使用 Python 操作 MySQL 数据库，在 Python 3.x 中，可以使用 PyMySQL 这个模块进行，再比如，如果想使用 Python 操作 SQLite3 数据库，可以直接使用 SQLite3 模块进行。有了相关的模块或接口之后，就可以通过编写 Python 程序去操作相关的数据库了。

10.2 MySQL 数据库与 SQL 语句基础

考虑到有些读者没有 MySQL 数据库以及 SQL 语言的基础,在此,为大家补充一下这方面的知识,如果读者已经有了这方面的基础,可以跳过本节直接进入 10.3 节的学习。

10.2.1 MySQL 数据库服务器的安装

如果要使用 MySQL 数据库,必须要有一个 MySQL 数据库服务器。

一般来说,在实际项目中,如果使用的是远程服务器,我们在远程服务器中就会部署一个 MySQL 服务器,此时可以通过网络连接使用。

为了让读者学习起来更方便,我们建议读者在自己的计算机中安装一个 MySQL 服务器,安装好了之后,只需要开启该服务器,就可以连接使用 MySQL 数据库了。

如果要在计算机中安装一个 MySQL 服务器,通常有以下两种方案:

(1) 直接从官网下载 MySQL 服务器进行安装。

(2) 下载一个含有 MySQL 服务器的集成软件进行安装。

比如,读者可以直接访问 MySQL 官网的 MySQL 数据库下载页面(https://www.mysql.com/downloads/),然后直接选择对应版本的 MySQL 下载并安装到自己的计算机上即可。

当然,一般来说,集成软件的配置相对来说会更方便一些,所以,在此,我们也建议初学者可以使用一些含有 MySQL 服务器的集成软件来安装 MySQL 数据库。

比如可以使用 phpStudy 这款集成软件在计算机中搭建好 MySQL 服务器环境,当然这款软件中具有 Apache、PHP、MySQL 等,因为其是一款集成工具,此时,Apache 与 PHP 可能读者暂时都用不到,我们只用它的 MySQL 服务器即可,并且配置也非常简单。

首先从 phpStudy 官网(http://www.phpstudy.net/)下载 phpStudy。

下载之后,解压下载的文件即可出现如图 10-1 所示的目录。

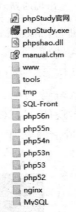

图 10-1 phpStudy 文件夹目录示例

可以看到,这里会有一个名为 phpStudy.exe 的文件,只需要双击它就可以打开并运行 phpStudy,而图 10-1 中的文件夹 MySQL 即为 MySQL 服务器相关的目录,可以看到,此时其已经自动集成到了软件 phpStudy 中了。

双击打开 phpStudy.exe 文件,可以看到如图 10-2 所示的界面。

在图 10-2 所示的界面中可以看到,此时的 MySQL 服务器为停止状态,我们可以单击图 10-2 中的"重启"按钮(当然也可以单击"启动"按钮),便可以启动 MySQL 服务器了,启动了服务器之后,会出现如图 10-3 所示的界面。

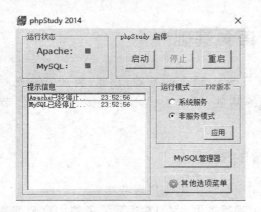

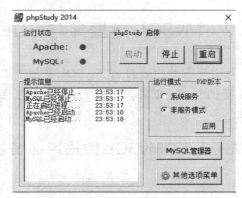

图 10-2　打开 phpStudy.exe 后出现的界面　　　　图 10-3　启动了 MySQL 服务器

　　然后我们可以直接连接 MySQL 服务器的命令行，使用 SQL 语句来操作 MySQL 数据库，可以单击图 10-3 中的"其他选项菜单"按钮，然后便会出现如图 10-4 所示的界面，可以看到，此时会出现 MySQL 工具选项。

图 10-4　单击"其他选项"菜单后出现的界面

　　可以选择 MySQL 工具，进而选择并单击其下的如图 10-4 中的"MySQL 命令行"选项。随后便会出现一个 MySQL 命令行的界面。

　　需要提前说明的是，使用 phpStudy 软件搭建的 MySQL 服务器默认的信息如下所示：

　　主机地址：127.0.0.1

主机名：localhost

默认端口：3306

默认账号：root

默认密码：root

　　在出现的 MySQL 命令行中连接界面时，可以输入默认密码 root 直接登录，会出现如图 10-5 所示的界面。

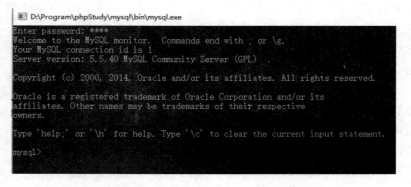

图 10-5　MySQL 命令行连接成功后的界面

　　在此界面中，我们就可以使用 SQL 语句来操作 MySQL 数据库服务器了。

　　比如，可以输入以下语句来查看当前 MySQL 服务器中所具有的数据库有哪些：

```
show databases;
```

输入了该语句并按 Enter 键之后,出现如下所示的信息:

```
mysql > show databases;
+--------------------+
| Database           |
+--------------------+
| information_schema |
| abc                |
| bbs                |
| cbbs               |
| dangdang           |
| dd                 |
| edu                |
| email              |
| hexun              |
| kj_meal_mall       |
| mybbs              |
| mycms              |
......
| thinkbbs           |
| tk                 |
| ultrax             |
| weibbs             |
| weisuen            |
| weiwei             |
+--------------------+
32 rows in set (0.23 sec)
```

可以发现,在笔者的 MySQL 服务器系统中目前有 32 个数据库(32 rows in set),当然,读者的数据库服务器如果是刚创建的,可能不会有这么多数据库。

此外,如果想在 CMD 命令行中可以更方便地使用 MySQL 数据库,还需要将 MySQL 数据库所在目录地址添加到环境变量中。

比如,可以打开 phpStudy 目录下的 MySQL 目录,随后再进入 MySQL 目录下的 bin 目录,可以看到如图 10-6 所示的文件。

图 10-6　MySQL 的 bin 目录下的对应文件

在这些文件中,我们会发现有一个文件名为"mysql.exe",这个文件就是 MySQL 的可执行文件,如果想在命令行界面中使用 MySQL 数据库,可以直接调用该文件连接对应的数据库,以便进行后续的操作。为了让读者在命令行界面中输入"mysql"便可以调用该文件(更方便使用),我们需要告诉系统"mysql.exe"文件所在的目录是什么,所以需要将"mysql.exe"文件所在的目录添加到环境变量中的 PATH 变量中。这也就是我们为什么要将该目录添加到环境变量中的原因。

比如,我们现在将 phpStudy 放到了 D 盘下的 Program 文件夹中,所以对应的"mysql.exe"文件所在的目录为"D:\Program\phpStudy\MySQL\bin\",所以,首先我们打开环境变量编辑界面,如图 10-7 所示,先选中 PATH,然后单击"编辑"按钮。

图 10-7　编辑 PATH 环境变量

随后会出现如图 10-8 所示的界面,在该界面中,我们可以单击"新建"按钮,然后将计算机中 phpStudy 软件包下对应的"mysql.exe"文件所在的目录添加为环境变量,比如,因为笔者计算机中"mysql.exe"文件所在的目录为"D:\Program\phpStudy\MySQL\bin\",所以,我们可以在图 10-8 所示界面中看到,我们在环境变量中添加上了"D:\Program\phpStudy\MySQL\bin\"这一行环境变量,随后,单击"确定"按钮即可。

图 10-8　将"mysql.exe"文件所在目录添加到环境变量中

在编辑好了环境变量之后,在命令行界面中,输入"mysql"就可以调用对应的文件"mysql.exe"了,比如,我们打开了 CMD 命令行,然后输入了以下命令:

```
C:\Users\me>mysql
```

按了 Enter 键之后,出现的结果为:

```
ERROR 1045 (28000): Access denied for user 'ODBC'@'localhost' (using password: NO)
```

可以看到,此时虽然连接失败,但是是成功调用"mysql. exe"的,至于如何才能连接成功,是有相关方法的,在本章后面的小节中会讲解到,在此,大家需要先把 MySQL 的相关环境配置好。如果读者的环境变量没有配置好,输入了上述命令之后,会出现如下提示结果:

'mysql'不是内部或外部命令,也不是可运行的程序或批处理文件。

如果出现了该提示,则需要根据上面的步骤仔细检查一下环境变量配置的过程,以发现哪个环节出了问题,并加以改正。

到这里,我们的 MySQL 服务器环境已经搭建成功了,以后如果想使用 MySQL 服务器,只需要在 phpStudy 中开启 MySQL 服务器即可。

10.2.2　SQL 语句基础

在搭建好 MySQL 数据库服务器之后,就可以使用 MySQL 数据库了。

一般来说,我们会使用 SQL 语句对 MySQL 数据库进行操作,所以,我们还应当学会一些基本的 SQL 语句。

通过 SQL 语句操作 MySQL 数据库主要分为数据库操作与数据表操作两方面。

数据库的操作常见的主要有:

(1) 创建用户;

(2) 创建数据库;

(3) 删除数据库。

数据表的操作常见的主要有:

(1) 创建数据表;

(2) 在数据表中插入数据;

(3) 修改数据表;

(4) 修改数据表中的数据;

(5) 删除数据表;

(6) 删除数据表中的数据;

(7) 在数据表中查询数据。

接下来,我们将介绍如何使用 SQL 语句对 MySQL 数据库进行上述的操作。

1. 数据库的连接

首先介绍如何连接 MySQL 数据库,连接的方法主要有两种:

(1) 通过 phpStudy 下的 MySQL 工具中的 MySQL 命令行进行连接。

(2) 在 CMD 命令行中直接通过命令连接。

第一种连接方法在上面的图 10-4 对应的环节中已经提到,在此就不过多叙述了,如果需要使用这种方式连接,直接按上面提到的相关操作步骤进行即可。

接下来具体介绍第二种连接方法。

首先打开 CMD 命令行,然后按如下格式输入命令:

mysql - h 主机地址或主机名 - u 用户名 - p 密码

可以看到,该命令会调用"mysql.exe"可执行文件,然后通过相关参数进行连接,-h 参数的意思是 host,即代表要连接的主机,所以需要在其后加上要连接的主机地址或主机名,-u 参数的意思是 user,即代表要进行登录的用户名,所以需要在该参数后加上对应的登录用户名,-p 参数的意思是 password,即代表要进行登录的密码,所以需要在按了 Enter 键之后出现的界面中输入对应的密码。

因为 MySQL 服务器默认的地址是 127.0.0.1,默认的主机名为 localhost,默认的用户名为 root,默认密码为 root,所以可以通过以下命令连接 MySQL:

C:\Users\me > mysql - h 127.0.0.1 - u root - p

输入上述命令后可以按 Enter 键,按了 Enter 键之后,需要在提示的界面中输入默认密码 root,如下所示:

```
Enter password: ****
Welcome to the MySQL monitor. Commands end with ; or \g.
Your MySQL connection id is 5
Server version: 5.5.40 MySQL Community Server (GPL)

Copyright (c) 2000, 2014, Oracle and/or its affiliates. All rights reserved.

Oracle is a registered trademark of Oracle Corporation and/or its
affiliates. Other names may be trademarks of their respective
owners.

Type 'help;' or '\h' for help. Type '\c' to clear the current input statement.


mysql >
```

可以看到,此时已经成功连接 MySQL 数据库。

当然,也可以将-h 参数后的默认主机地址换成默认主机名,如下所示:

```
C:\Users\me > mysql - h localhost - u root - p
Enter password: ****
Welcome to the MySQL monitor. Commands end with ; or \g.
Your MySQL connection id is 6
Server version: 5.5.40 MySQL Community Server (GPL)

Copyright (c) 2000, 2014, Oracle and/or its affiliates. All rights reserved.

Oracle is a registered trademark of Oracle Corporation and/or its
affiliates. Other names may be trademarks of their respective
owners.

Type 'help;' or '\h' for help. Type '\c' to clear the current input statement.


mysql >
```

可以看到,此时也是可以成功连接的。

连接好了之后,就可以在 mysql>后面输入对应的 SQL 语句进行数据库的操作了,如果想退出 MySQL 连接状态,可以输入 exit 命令进行,如下所示:

```
mysql > exit
Bye

C:\Users\me >
```

可以看到,在我们输入了"exit"并按了 Enter 键之后,提示了"Bye",随后便退出了 MySQL 连接状态,重新进入了 CMD 命令行模式。

2. 用户的创建

接下来为大家介绍如何创建 MySQL 用户。

在 MySQL 中创建用户的 SQL 语句格式如下:

```
grant 可进行的操作权限 on 数据库.数据表 to 用户名@授权登录的主机名 identified by "密码";
```

比如,我们可以创建一个名为 weiwei 的用户用于管理数据库 ultrax 中的所有表,可进行的操作有查询、写入等,授权登录的主机为本地服务器,密码为 weijc7789,此时,可以通过以下代码实现:

```
mysql > grant select, insert on ultrax. * to weiwei@localhost identified by "weijc7789";
Query OK, 0 rows affected (0.00 sec)
```

可以看到,下面的代码执行后会输出 Query OK,即可以成功执行。上面的代码中,select 与 insert 代表该用户可以执行查询与插入数据的权限,ultrax. * 代表该用户可操作的数据库为 ultrax,可操作的数据表为数据库 ultrax 下所有的表, * 为所有的意思。

所以,此时可以通过用户名 weiwei 密码 weijc7789 登录 MySQL 数据库服务器去操作 ultrax 数据库下所有的表。

一般来说,对应的权限除了 select 与 insert 以外,常见的与数据操作相关的权限还有很多,如表 10-1 所示。

表 10-1 常见与数据操作相关的操作权限与含义

操 作 权 限	含 义
select	查询,即在数据库中查询检索相关的数据
insert	插入,即插入相关的数据到对应的数据库中
delete	删除,即在数据库中删除相应的数据
update	修改,即对数据库中的数据进行相应的修改
file	文件操作,即在 MySQL 数据库上读写文件

除了给用户赋予如表 10-1 中给出的与数据操作相关的权限之外,也可以给用户赋予更高的权限,比如允许用户改变数据库结构或管理整个数据库的权限等。

常见的,给用户赋予改变数据库结构的常见权限主要有 create、alter、drop,对应含义如表 10-2 所示。注意,这些操作指的是对表结构的操作,比如对数据库或数据表的操作,而不是对数据库里面数据的操作,这一点与表 10-1 中相关操作的含义是不一样的。

表 10-2　给用户赋予改变数据库结构的常见权限

操 作 权 限	含 义
create	创建,即创建数据库或者数据表
alter	修改,即修改数据库或者数据表
delete	删除,即删除数据库或者数据表

前面已经讲到,这些操作权限中还有一类是管理整个数据库的权限,比如 grant 等权限就属于这一类权限。

如果想让新建的用户拥有所有权限,可以直接将权限部分写成 all 即可,比如我们可以输入以下代码:

```
mysql > grant all on ultrax. * to weiwei2@localhost identified by "weijc7789";
Query OK, 0 rows affected (0.05 sec)
```

上面的代码中,我们创建了一个名为 weiwei2,密码为 weijc7789 的用户,该用户可以操作数据库 ultrax 下的所有表,并且具有所有权限。

3. 创建数据库

接下来介绍如何在 MySQL 数据库服务器中创建数据库。

在一个 MySQL 数据库服务器中,是可以具备多个数据库的。我们可以在 MySQL 数据库服务器上通过以下格式创建一个数据库:

create database 数据库名;

比如,如果想在 MySQL 数据库服务器下创建一个名为 mydb 的数据库,可以输入如下 SQL 语句:

```
mysql > create database mydb;
Query OK, 1 row affected (0.00 sec)
```

执行了上面的语句之后,可以通过"show databases;"语句查看当前 MySQL 服务器中所具有的数据库,可以发现此时刚刚创建的数据库 mydb 就已经存在了,如下所示。

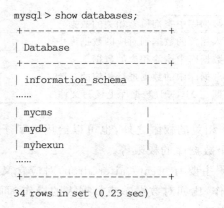

```
mysql > show databases;
+--------------------+
| Database           |
+--------------------+
| information_schema |
......
| mycms              |
| mydb               |
| myhexun            |
......
+--------------------+
34 rows in set (0.23 sec)
```

由于笔者的 MySQL 数据库服务器中数据库太多,所以上面的省略号处省略了部分数据库。

4. 删除数据库

假如服务器中的某个数据库不想要了,可以删除该数据库,接下来介绍如何通过 SQL 语句对数据库进行删除的操作。

如果希望删除某个数据库,可以通过以下格式的 SQL 语句实现:

格式 1: drop database 数据库名;
格式 2: drop database if exists 数据库名;

格式 1 中,意思是直接删除某个数据库,如果对应数据库存在,使用该语句不会出现任何问题,会将该删除的数据库删除掉,但是如果对应的数据库不存在,则会出错。

格式 2 则很好地解决了这个问题,格式 2 中的语句的意思是如果对应的数据库存在,则删除,如果对应的数据库不存在,则不进行删除操作。也就是说,不管对应的数据库是否存在,使用格式 2 中对应的语句执行都不会出现问题,可以正常执行。

比如,现在想删除上面刚创建好的数据库 mydb,可以通过以下语句实现:

```
mysql > drop database mydb;
Query OK, 0 rows affected (0.08 sec)
```

可以看到,此时可以成功执行,当执行了该语句之后,数据库 mydb 就从 MySQL 数据库服务器中消失了,现在 mydb 已经被删除了。

如果再执行一遍上面的语句,就会出现问题,如下所示:

```
mysql > drop database mydb;
ERROR 1008 (HY000): Can't drop database 'mydb'; database doesn't exist
```

可以看到,只是出现了错误提示。因为现在数据库 mydb 已经不存在了,上面的语句是要删除该数据库,也就是要删除一个不存在的数据库,所以是会出问题的。

一般来说,如果不能够确定想要删除的数据库是否存在,可以使用上面的格式 2 中对应的 SQL 语句去实现,比如,如果使用下面的语句,就不会出现问题:

```
mysql > drop database if exists mydb;
Query OK, 0 rows affected, 1 warning (0.00 sec)
```

可以看到,此时虽然 mydb 已经不存在了,但我们进行了 if exists 判断,如果 mydb 数据库存在,则会删除它,如果不存在,则不进行任何操作,所以此时不会出现错误提示,所以,当想要删除某个数据库,又不确定该数据库是否存在的时候,为了避免出现错误提示,可以使用上面格式 2 中的语句进行。

5. 创建数据表

前面我们已经介绍了常见的对 MySQL 数据库进行操作与管理的 SQL 语句的使用,接下来介绍一些常见的对 MySQL 数据表进行操作的 SQL 语句。

首先介绍如何使用 SQL 语句创建数据表。

一般来说，一个 MySQL 数据库服务器中可以有多个数据库，一个数据库中可以有多张表，我们一般会把事物的信息存储在各个表中，比如，如果要存储一个学生的相关信息，假如现在需要存储学生的姓名、学号、身高、班级、性别等信息，可以通过以下的数据表进行存储，如表 10-3 所示。

表 10-3　存储学生的数据表结构示例

姓名	学号	身高	班级	性别
小明	2147483647	170	软件 1 班	男
小芳	2147483699	153	软件 2 班	女

我们把上面表中的每列叫做属性(在计算机中一般叫做字段,其实与属性是一个意思),比如姓名是一个属性(字段),学号也是一个字段,身高、班级、性别等分别都是字段。同时我们把上面表中的每行叫做每一个记录,一般来说,每个记录表示一条数据,这条数据中存储着某个个体的相关属性特征。比如小明这条数据中,存储着小明的姓名、学号、身高、班级、性别等字段。

如果想通过 SQL 语句在 MySQL 数据库中创建一个数据表,可以通过以下格式的 SQL 语句实现:

create table 表名(字段 1 数据类型(长度) 属性 索引,字段 2(长度) 数据类型 属性 索引,…,字段 n (长度) 数据类型 属性 索引);

上面的格式中,属性和索引这两项是可选的,也就是可有可无的,注意,这里格式里面的属性与字段的含义是完全不同的,这里属性与索引这两项主要是让字段可以具有一些特殊的意义。

比如,如果想创建一个名为 student1 的表来存储上面表 10-3 中对应的数据,可以通过以下语句来实现:

```
mysql > create database person;
Query OK, 1 row affected (0.00 sec)
mysql > use person;
Database changed
mysql > create table student1(name varchar(32),no int(32),height int(32),class varchar(32),
sex varchar(32));
Query OK, 0 rows affected (0.06 sec)
```

可以看到,上面的语句中,我们首先创建了一个名为 person 的数据库,然后通过"use 数据库名"格式的 SQL 语句选定了该数据库,随后便在该数据库下通过 create 语句创建了一个名为 student1 的数据表。在上面 create 的语句中,name、no、height、class、sex 都是字段名,分别用于存储姓名、学号、身高、班级、性别等信息,varchar 代表字段类型,意思是可变长度的字符串型,varchar(32)里面的 32 代表存储的大小,int 也是代表字段类型,意思是整型,即该字段存储整数类型的数据。

除了上面用到的 varchar、int 等数据类型之外,在 MySQL 中常见的数据类型如表 10-4 所示。

表 10-4 MySQL 中常见的数据类型

数据类型	含 义
int	整型,即代表存储的数据类型为整数类型
tinyint	微整型,即代表存储的数据类型为非常小的整数,比 int 的范围要小
smallint	小整型,即代表存储的数据类型为比较小的整数,比 int 的范围小,比 tinyint 的范围大
mediumint	中整型,即代表存储的数据类型为中等大小的整数,比 int 范围要小些,比 smallinit 范围大些
bigint	大整型,即代表存储的数据类型为大整数,范围比 int 要大
float	浮点型(单精度),即代表存储的数据类型为单精度的小数
double	浮点型(双精度),即代表存储的数据类型为双精度的小数
char	字符串型(定长),即代表存储的数据类型为字符串型,但是是定长存储的
varchar	字符串型(可变长),即代表存储的数据类型为字符串型,但是是以可变长的方式存储的
text	文本类型,与 varchar 类似,都是用于存储文本信息的,区别是,如果文本信息较少,一般选择 varchar 类型,若文本信息较多,一般选择 text 类型,比如,一篇文章的标题、简介、作者信息可以使用 varchar 类型存储,如果要存储该文章的内容,一般选择 text 类型进行存储
longtext	长文本类型,同样用于存储文本信息,但比 text 范围要大

了解了这些常见的类型之后,在创建数据表时就可以根据对应的需求来决定使用哪些数据类型了。

但是我们会发现,字段里面仅仅有上面提到的这些是远远不够的。

比如,如果我们希望在插入数据的时候,某一个字段自动填充为某个数据,或者希望某一个字段里面不允许出现重复的数据,如果要达到这些要求,还应当掌握属性与索引等相关的知识。

比如,现在希望创建一个名为 student2 的表来存储上面表 10-3 中对应的数据,并且此时希望如果没有给定学号,则自动将学号填充为"10000",同时希望学生的姓名不允许重复,此外,还希望给每个学生编一个 id,并且当插入数据的时候该 id 会自动增加变化,同时该 id 不能重复,此时可以通过以下语句实现:

```
mysql > create table student2(id int(32) auto_increment primary key,name varchar(32) unique,no
int(32) default "10000",height int(32),class varchar(32),sex varchar(32));
Query OK, 0 rows affected (0.07 sec)
```

上面语句中,auto_increment 与 default 为相关的属性,primary key 与 unique 为相关的索引。

auto_increment 的意思为自动增长,即每次往里插入数据时都会自动加 1,比如第一次插入数据 id 为 1,第二次插入数据 id 自动变为 2,以此类推。

default 的意思是为对应的字段设置一个默认值,即插入数据时如果没有给定 no(学号)对应的值,这条数据里面 no 字段的值会自动填充为"10000"。

primary key 意思为主键索引,每个表中最多只能有一个主键索引,并且将某个字段设置为主键索引后,该字段里面的数据不允许重复,比如,我们将字段 id 设置为了主键索引,此时所有学生的 id 就不能重复了。

unique 意思为唯一索引,当我们将某个字段设置为唯一索引后,该字段里面的数据也不允许重复,但是,在一个表中,可以将多个字段都同时指定为唯一索引,比如,我们将 name

字段指定为唯一索引后,该表中所有学生的姓名就不能重复了。

所以,可以看到,如果想让某些字段具有一些特殊的含义或功能,可以为该字段设置相应的属性或索引,当然,属性或索引并不是创建表语句里面所必需的,根据需求而决定是否使用以及使用哪些属性或索引。

除了上面语句中出现的这些属性和索引之外,常见的还有一些属性和索引,接下来将分别介绍。

常见的字段属性如表 10-5 所示。

表 10-5　MySQL 里面常见的字段属性

字段属性	含义
auto_increment	自动增长,将某个字段设置为自动增长后,每插入一条记录,该字段对应的值就会自动加 1
default	设置默认值,为某个字段设置了 default 属性后,如果插入数据时,没有指定该字段的数据,该字段对应的数据则会填充为默认值
null	设置默认为空,为某个字段设置了 null 属性后,如果插入数据时,没有指定该字段的数据,该字段对应的数据则会填充为 null(空)
not null	设置默认为非空,为某个字段设置了 not null 属性后,插入数据时,必须为该字段添加相应的值,否则无法插入,即该字段对应的数据不能为空
zerofill	自动用 0 补齐,只能作用于数字类型相关的字段,比如字段 k 的数据类型设置为 int (5),插入数据时该字段对应的数据为 19,则最终插入的结果为 00019,也就是在其前面不足的位数部分自动填充为 0
unsigned	将字段限制为无符号数,只能作用于数字类型相关的字段,若将对应的字段指定为 unsigned 之后,该字段对应的数据就不能为负数了

上面介绍了 MySQL 中常见的字段属性,接下来介绍 MySQL 中常见的索引,如表 10-6 所示。

表 10-6　MySQL 中常见的索引

索引	含义
primary key	主键索引,每个表中最多只能有一个主键索引,并且将某个字段设置为主键索引后,该字段里面的数据不允许重复
unique	唯一索引,将某个字段设置为唯一索引后,该字段里面的数据也不允许重复,但是,在一个表中,可以将多个字段都同时指定为唯一索引
index	常规索引,主要用于优化数据库性能

至此,我们介绍了如何在某个数据库中创建对应的数据表,读者在掌握上面提到的相关格式后,还应当掌握上面提到的字段属性与常用索引的含义与使用。

6. 在数据表中插入数据

如果想在数据表中插入相关的数据,我们可以使用以下格式的 SQL 语句进行:

```
insert into 表名(字段名 1,字段名 2,…,字段名 n) values(字段值 1,字段值 2,…,字段值 n);
```

比如,如果想将下面这一行数据插入刚刚创建的数据表 student2 中,我们可以使用下面的 SQL 语句实现。

小明	2147483647	170	软件 1 班	男

对应的 SQL 语句如下所示：

```
mysql > insert into student2(name,no,height,class,sex) values("小明","2147483647","170","软
件 1 班","男");
Query OK, 1 row affected, 1 warning (0.00 sec)
```

此时，相关数据已经写入到表 student2 中了，可以通过以下语句查看到数据表 student2 中的数据：

```
mysql > select * from student2;
+----+------+------------+--------+----------+------+
| id | name | no         | height | class    | sex  |
+----+------+------------+--------+----------+------+
| 1  | 小明 | 2147483647 | 170    | 软件 1 班 | 男   |
+----+------+------------+--------+----------+------+
1 row in set (0.00 sec)
```

可以看到，此时表中已经有了刚刚所写的那一条数据，当然，此时读者只需要简单了解这一条 select 查询语句即可，在后面我们会具体介绍查询语句的使用。

如果想插入下面这一条数据：

小芳	留空	153	软件 2 班	女

可以看到，我们需要将第二个字段（学号）留空，此时可以通过以下 SQL 语句实现：

```
mysql > insert into student2(name,height,class,sex) values("小芳","153","软件 2 班","女");
Query OK, 1 row affected (0.00 sec)
```

此时我们只需要将需要留空的字段去掉即可，可以同样使用下面的 select 语句来查看当前表中所具有的数据：

```
mysql > select * from student2;
+----+------+------------+--------+----------+------+
| id | name | no         | height | class    | sex  |
+----+------+------------+--------+----------+------+
| 1  | 小明 | 2147483647 | 170    | 软件 1 班 | 男   |
| 2  | 小芳 |      10000 | 153    | 软件 2 班 | 女   |
+----+------+------------+--------+----------+------+
2 rows in set (0.00 sec)
```

现在已经将小芳这条数据也插入进表 student2 中了，留空的 no 字段填充为了默认值"10000"，并且 id 也自动加了 1，成为了 2。

7. 修改数据表

在创建的数据表之后，如果想对数据表进行修改，也是可以的，但一般我们为了保持数

据存储结构的稳定性,不建议大家频繁地去修改数据表的结构。

如果想修改数据表,可以使用以下格式的 SQL 语句进行:

alter table 表名 相应的修改操作;

比如,如果希望给上面的表 student2 新增一个名为 age 的字段,表示学生的年龄,可以使用以下 SQL 语句来实现:

```
mysql> alter table student2 add age int(32);
Query OK, 2 rows affected (0.06 sec)
Records: 2 Duplicates: 0 Warnings: 0
mysql> select * from student2;
+----+------+------------+--------+---------+------+------+
| id | name | no         | height | class   | sex  | age  |
+----+------+------------+--------+---------+------+------+
| 1  | 小明 | 2147483647 | 170    | 软件 1 班 | 男   | NULL |
| 2  | 小芳 |      10000 | 153    | 软件 2 班 | 女   | NULL |
+----+------+------------+--------+---------+------+------+
2 rows in set (0.02 sec)
```

可以看到,此时通过 add 操作成功增加了 age 字段。

数据表修改的操作除了 add 之外,还有一些常见的操作,表 10-7 总结了这些常见的与数据表修改相关的操作。

表 10-7　修改数据表常见的操作与使用格式及对应含义

操作	使用格式	含义
add	alter table 表名 add 字段名 字段类型 属性 索引	新增字段,即在某个表中新增某个字段
drop	alter table 表名 drop 字段名	删除字段,即从某个表中删除某个字段,如 alter table student2 drop age;表示从 student2 表中删除 age 字段
rename	alter table 表名 rename 新表名	重命名数据表,如 alter table student2 rename student3;表示将表 student2 重命名为 student3
change	alter table 表名 change 字段名 新字段名 新类型 新属性 新索引	更改列名以及列的类型或属性、索引等,比如 alter table student3 change sex sex char(32) default "男";表示将 student3 表中的 sex 字段的类型更改为 char,并且设置该字段默认值为"男"。注意,此时不更改该字段名,所以新字段名与旧字段名一样,所以 sex 出现两次
modify	alter table 表名 modify 字段名 新类型 新属性 新索引	更改列的类型或属性、索引等,比如 alter table student3 modify sex varchar(32);表示将表 student3 中的 sex 字段类型修改为 varchar,注意,modify 不能修改字段名

表 10-7 中的使用格式读者需要清晰记住,在实际使用时如果记得不清晰则很容易出现问题。表中所给的使用例子也可以在 MySQL 服务器中自行尝试一遍,以便能够更清晰地理解这些操作以及能够更灵活地使用。

8. 修改数据表中的数据

如果希望修改数据表中的某条记录(数据),可以使用以下格式的 SQL 语句进行:

```
update 表名 set 字段名 = 字段值 where 修改条件;
```

上面格式中的 where 表示修改的条件,即表示修改哪一条数据(因为在数据表中可能有很多条数据,而我们也许只是想修改某一条或者某几条数据,所以有时需要指定修改条件,当然,如果想将所有的数据都进行修改,也可以省略 where 语句部分)。

假如,现在表 student3 中的数据如下所示:

```
mysql > select * from student3;
+----+------+------------+--------+---------+------+
| id | name | no         | height | class   | sex  |
+----+------+------------+--------+---------+------+
| 1  | 小明  | 2147483647 | 170    | 软件 1 班 | 男   |
| 2  | 小芳  |      10000 | 153    | 软件 2 班 | 女   |
+----+------+------------+--------+---------+------+
2 rows in set (0.00 sec)
```

如果现在想将 id 为 2 的这条记录(即小芳同学)中的性别 sex 字段的值修改为"男",可以通过以下 SQL 语句实现:

```
mysql > update student3 set sex = "男" where id = 2;
Query OK, 1 row affected (0.00 sec)
Rows matched: 1 Changed: 1 Warnings: 0

mysql > select * from student3;
+----+------+------------+--------+---------+------+
| id | name | no         | height | class   | sex  |
+----+------+------------+--------+---------+------+
| 1  | 小明  | 2147483647 | 170    | 软件 1 班 | 男   |
| 2  | 小芳  |      10000 | 153    | 软件 2 班 | 男   |
+----+------+------------+--------+---------+------+
2 rows in set (0.00 sec)
```

可以看到,此时已经完成了修改,id 为 2 对应的这条数据 sex 的值已经成了"男"。

其实,where 语句中,只要能表示修改条件即可,所以,也可以通过其他的字段数据来定位修改哪条记录,比如刚才是通过 id 这个字段来定位 id 为 2 的这条数据的,比如现在想修改"小明"同学这条记录中的数据,也可以通过 name 字段来实现,如我们可以通过以下 SQL 语句实现将小明同学的身高 height 修改为 175:

```
mysql > update student3 set height = "175" where name = '小明';
Query OK, 1 row affected (0.00 sec)
Rows matched: 1 Changed: 1 Warnings: 0

mysql > select * from student3;
+----+------+------------+--------+---------+------+
| id | name | no         | height | class   | sex  |
+----+------+------------+--------+---------+------+
| 1  | 小明  | 2147483647 | 175    | 软件 1 班 | 男   |
| 2  | 小芳  |      10000 | 153    | 软件 2 班 | 男   |
+----+------+------------+--------+---------+------+
2 rows in set (0.00 sec)
```

可以看到,此时小明的身高已经由 170 修改为了 175,现在 where 语句中的修改条件是通过 name 这个字段中对应的数据进行定位的。

那么,如果不给定 where 修改条件又会怎样呢?

我们不妨输入以下 SQL 语句:

```
mysql > update student3 set sex = "女";
Query OK, 2 rows affected (0.00 sec)
Rows matched: 2 Changed: 2 Warnings: 0

mysql > select * from student3;
+----+-------+------------+--------+---------+------+
| id | name  | no         | height | class   | sex  |
+----+-------+------------+--------+---------+------+
|  1 | 小明  | 2147483647 |    175 | 软件 1 班 | 女   |
|  2 | 小芳  |      10000 |    153 | 软件 2 班 | 女   |
+----+-------+------------+--------+---------+------+
2 rows in set (0.00 sec)
```

可以看到,在没有 where 语句的情况下,无法定位到修改某一条或者某一些满足条件的数据记录,所以此时会将表中所有的记录对应的要修改的地方进行修改,如上面的性别 sex 字段全部改成了"女"。

也可以使用以下的 SQL 语句实现对所有记录进行修改:

```
mysql > update student3 set sex = "男" where 1 = 1;
Query OK, 2 rows affected (0.00 sec)
Rows matched: 2 Changed: 2 Warnings: 0

mysql > select * from student3;
+----+-------+------------+--------+---------+------+
| id | name  | no         | height | class   | sex  |
+----+-------+------------+--------+---------+------+
|  1 | 小明  | 2147483647 |    175 | 软件 1 班 | 男   |
|  2 | 小芳  |      10000 |    153 | 软件 2 班 | 男   |
+----+-------+------------+--------+---------+------+
2 rows in set (0.00 sec)
```

可以看到,此时将所有记录中的 sex 字段的值修改为了"男",上面的 SQL 语句是有 where 条件筛选的,但此时的条件是 1=1,即一个恒成立的表达式,所以也就意味着现在所有的记录都满足条件,故而可以对所有的记录进行修改。

9. 删除数据表

如果不想要某个表了,我们可以删除对应的数据表,如果要删除某个数据表,可以通过以下格式的 SQL 语句实现:

```
格式 1: drop table 表名;
格式 2: drop table if exists 表名;
```

使用格式 1 和格式 2 都能删除某个表,当对应的表存在时,使用格式 1 和格式 2 进行删除对应的表不会出现问题，但是，如果当某个表不存在时，使用格式 1 进行，会提示出错，而使用格式 2 进行，则不会出错，因为格式 2 的意思是当某个表存在时，删除该表，如果某个表不存在，则不进行任何操作。

比如，如果想删除一个表，但是又不确定这一个表是否存在，此时建议使用格式 2 进行，假如此刻不知道 s1 这个表是否存在，但又想实现如果存在则删除它的功能，不妨输入以下 SQL 语句对比一下：

```
mysql > drop table s1;
ERROR 1051 (42S02): Unknown table 's1'
mysql > drop table if exists s1;
Query OK, 0 rows affected, 1 warning (0.00 sec)
```

可以看到，drop table s1;使用的是格式 1，由于此时表 s1 实际上不存在，所以执行该语句时提示了出错信息。而 drop table if exists s1;使用的是格式 2，即使此时表 s1 实际上不存在，执行该语句也没有提示任何出错信息，是成功执行的。

假如，当前数据库中有以下的数据表：

```
mysql > show tables;
+------------------+
| Tables_in_person |
+------------------+
| student1         |
| student3         |
+------------------+
2 rows in set (0.00 sec)
```

如果现在我们想删除上面的数据表 student1，可以输入以下 SQL 语句进行：

```
mysql > drop table student1;
Query OK, 0 rows affected (0.00 sec)

mysql > show tables;
+------------------+
| Tables_in_person |
+------------------+
| student3         |
+------------------+
1 row in set (0.00 sec)
```

可以看到，执行了数据表删除语句之后，表 student1 就被删除掉了，当然上面的数据表删除语句也可以换成 drop table if exists student1;也可以实现同样的功能。

如果一个表中有数据，也可以使用上述的表删除语句实现删除某个表，如果删除了某个有数据的表，那么该表中的数据也会随之被全部删除。

比如，可以输入以下 SQL 语句进行尝试：

```
mysql > create table student2(id int(32) auto_increment primary key, name varchar(32), height
int(32));
Query OK, 0 rows affected (0.06 sec)
```

```
mysql> insert into student2(name,height) values("张三","190"),("李四","173");
Query OK, 2 rows affected (0.00 sec)
Records: 2  Duplicates: 0  Warnings: 0

mysql> select * from student2;
+----+------+--------+
| id | name | height |
+----+------+--------+
|  1 | 张三 |    190 |
|  2 | 李四 |    173 |
+----+------+--------+
2 rows in set (0.00 sec)

mysql> drop table if exists student2;
Query OK, 0 rows affected (0.00 sec)

mysql> show tables;
+------------------+
| Tables_in_person |
+------------------+
| student3         |
+------------------+
1 row in set (0.00 sec)
```

上面的 SQL 语句中,先创建了一个表 student2,然后向该表中插入两条数据,随即使用 drop table if exists student2;删除了该表,当删除了该表后,该数据表 student2 中刚才插入的数据也随之被删除了。

10. 删除数据表中的数据

如果不想要数据表中的某条记录了,我们可以删除数据表中对应的记录(数据),如果想删除数据表中对应的数据,可以使用以下格式的 SQL 语句实现:

```
delete from 表名 where 删除条件;
```

与修改数据表中的数据类似,上面的 where 语句的作用主要也是对要删除的数据进行定位,代表会删除那些满足条件的记录。

我们先来查看一下当前数据表 student3 中现在所具有的数据,可以输入以下 SQL 语句:

```
mysql> select * from student3;
+----+------+------------+--------+----------+------+
| id | name | no         | height | class    | sex  |
+----+------+------------+--------+----------+------+
|  1 | 小明 | 2147483647 |    175 | 软件 1 班 | 男   |
|  2 | 小芳 |      10000 |    153 | 软件 2 班 | 男   |
+----+------+------------+--------+----------+------+
2 rows in set (0.00 sec)
```

可以看到此时表 student3 中的数据量并不是太多,为了便于操作,我们先向表中插入一些数据，如下所示：

```
mysql > insert into student3(name,no,height,class,sex) values("张兰","100048","172","软件 1
班","女"),("李雪菲","100049","152","软件 1 班","女"),("李磊","100050","185","软件 2
班","男"),("张越","100051","163","软件 1 班","女"),("王思凯","100052","180","软件 2
班","男"),("古丽丽","100053","158","软件 1 班","女"),("白城","100054","165","软件 1
班","男");
Query OK, 7 rows affected (0.00 sec)
Records: 7 Duplicates: 0 Warnings: 0

mysql > select * from student3;
+----+--------+------------+--------+---------+------+
| id | name   | no         | height | class   | sex  |
+----+--------+------------+--------+---------+------+
| 1  | 小明   | 2147483647 |  175   | 软件 1 班 | 男   |
| 2  | 小芳   |      10000 |  153   | 软件 2 班 | 男   |
| 3  | 张兰   |     100048 |  172   | 软件 1 班 | 女   |
| 4  | 李雪菲 |     100049 |  152   | 软件 1 班 | 女   |
| 5  | 李磊   |     100050 |  185   | 软件 2 班 | 男   |
| 6  | 张越   |     100051 |  163   | 软件 1 班 | 女   |
| 7  | 王思凯 |     100052 |  180   | 软件 2 班 | 男   |
| 8  | 古丽丽 |     100053 |  158   | 软件 1 班 | 女   |
| 9  | 白城   |     100054 |  165   | 软件 1 班 | 男   |
+----+--------+------------+--------+---------+------+
9 rows in set (0.00 sec)
```

可以看到，上面我们插入了 7 条数据，现在一共 9 条数据了。

如果我们想删除上面数据中 id 大于 6 并且小于 9 的数据，可以通过以下 SQL 语句实现：

```
mysql > delete from student3 where id > 6 and id < 9;
Query OK, 2 rows affected (0.00 sec)

mysql > select * from student3;
+----+--------+------------+--------+---------+------+
| id | name   | no         | height | class   | sex  |
+----+--------+------------+--------+---------+------+
| 1  | 小明   | 2147483647 |  175   | 软件 1 班 | 男   |
| 2  | 小芳   |      10000 |  153   | 软件 2 班 | 男   |
| 3  | 张兰   |     100048 |  172   | 软件 1 班 | 女   |
| 4  | 李雪菲 |     100049 |  152   | 软件 1 班 | 女   |
| 5  | 李磊   |     100050 |  185   | 软件 2 班 | 男   |
| 6  | 张越   |     100051 |  163   | 软件 1 班 | 女   |
| 9  | 白城   |     100054 |  165   | 软件 1 班 | 男   |
+----+--------+------------+--------+---------+------+
7 rows in set (0.00 sec)
```

可以看到，现在已经将满足条件的 id 为 7 以及 id 为 8 的数据都删除了，上面的 SQL 语句中，要同时满足大于 6 小于 9 这两个条件，所以这两个条件之间通过 and（且）连接，表示需要同时满足。

11．在数据表中查询数据

如果想在数据表中查找出自己所需要的数据，那么可以进行数据表里面数据的查询操作。

一般来说，如果要实现数据表中的数据查询，可以通过以下格式的 SQL 语句来实现：

select 要查询的字段名 from 表名 where 查询条件;

上面语句中"要查询的字段名"部分，如果要查询全部字段，可以通过 * 代替，如果要查询某些字段，字段与字段之间通过逗号(,)隔开，同样，上面的 where 语句部分主要对数据进行筛选，即只查询出满足条件的数据，如果要查询所有的数据，可以将 where 语句部分省略即可，如通过 select * from 表名;格式的语句查询出来的数据就是对应表中所有的数据。

一般来说，数据查询的难点在于查询条件的控制，接下来我们将通过几个小例子，分别介绍数据表中数据查询的常见使用。

例 10-1 查询表 student3 中所有人的名字。

```
mysql > select name from student3;
+--------+
| name   |
+--------+
| 白城   |
| 李磊   |
| 李雪菲 |
| 小芳   |
| 小明   |
| 张兰   |
| 张越   |
+--------+
7 rows in set (0.00 sec)
```

可以看到，此时要查询所有的数据，所以不需要 where 语句进行筛选，而只需要查询所有的名字，所以此时只需要展示 name 字段即可。

例 10-2 查询所有男生的姓名和身高。

```
mysql > select name,height from student3 where sex = '男';
+------+--------+
| name | height |
+------+--------+
| 小明 |    175 |
| 小芳 |    153 |
| 李磊 |    185 |
| 白城 |    165 |
+------+--------+
4 rows in set (0.00 sec)
```

可以看到，此时要查询所有的男生的数据，所以可以通过 sex='男'进行筛选，又因为要展现姓名与身高，所以需要 select name,height,name 与 height 两个字段之间通过英文逗号隔开。

例 10-3　查询所有男生的姓名和身高,只显示默认排在最前面的两位(记录)。

```
mysql > select name,height from student3 where sex = '男' limit 2;
+------+--------+
| name | height |
+------+--------+
| 小明 |    175 |
| 小芳 |    153 |
+------+--------+
2 rows in set (0.00 sec)
```

上面的语句中,在最后加上了 limit 语句控制显示的条数,实际上,limit2 等价于 limit 0,2,表示从第 0 条数据开始,共取 2 条数据,即 limit n,m 表示从第 n 条数据开始,共取 m 条数据(当然,若待取数据量不足 m 条,则取到数据库中最后一条记录结束)。

比如,如果我们想查询所有学生的所有信息,并从第 2 条数据开始取,共取 5 条数据,我们可以输入以下 SQL 语句实现:

```
mysql > select * from student3 limit 2,5;
+----+--------+--------+--------+---------+------+
| id | name   | no     | height | class   | sex  |
+----+--------+--------+--------+---------+------+
|  3 | 张兰   | 100048 |    172 | 软件 1 班 | 女   |
|  4 | 李雪菲 | 100049 |    152 | 软件 1 班 | 女   |
|  5 | 李磊   | 100050 |    185 | 软件 2 班 | 男   |
|  6 | 张越   | 100051 |    163 | 软件 1 班 | 女   |
|  9 | 白城   | 100054 |    165 | 软件 1 班 | 男   |
+----+--------+--------+--------+---------+------+
5 rows in set (0.00 sec)
```

例 10-4　将所有的女生信息查找出来,并且展示的时候给这些字段名起一个别名(name-姓名,no-学号,height-身高,sex-性别):

```
mysql > select id,name as '姓名',no as '学号',height as '身高',class,sex as '性别' from student3
where sex = '女';
+----+--------+--------+------+---------+------+
| id | 姓名   | 学号   | 身高 | class   | 性别 |
+----+--------+--------+------+---------+------+
|  3 | 张兰   | 100048 |  172 | 软件 1 班 | 女   |
|  4 | 李雪菲 | 100049 |  152 | 软件 1 班 | 女   |
|  6 | 张越   | 100051 |  163 | 软件 1 班 | 女   |
+----+--------+--------+------+---------+------+
3 rows in set (0.00 sec)
```

可以看到,如果我们要在展示的时候给某个字段取一个别名,我们可以在写 select 语句的时候,在对应字段后通过"字段名 as 别名"的方式给对应字段指定别名。

例 10-5　在例子 10-4 中,身高的单位是厘米(cm),假如我们现在需要将例 10-4 中的身高转为毫米展示,请实现对应 SQL 代码。

```
mysql > select id,name as '姓名',no as '学号',height * 10 as '身高',class,sex as '性别' from
student3 where sex = '女';
```

```
+----+--------+--------+------+---------+------+
| id | 姓名    | 学号    | 身高 | class   | 性别 |
+----+--------+--------+------+---------+------+
| 3  | 张兰    | 100048 | 1720 | 软件1班 | 女   |
| 4  | 李雪菲  | 100049 | 1520 | 软件1班 | 女   |
| 6  | 张越    | 100051 | 1630 | 软件1班 | 女   |
+----+--------+--------+------+---------+------+
3 rows in set (0.00 sec)
```

可以看到,此时我们在 height 字段后通过乘以 10 就可以将厘米转化为毫米了,由此也可以看到,如果对应的数据在展示的时候需要进行计算,可以直接在 select 语句中对应的字段位置计算即可。

例 10-6 将所有身高处于 160～170 的学生查找出来。

```
mysql> select * from student3 where height between 160 and 170;
+----+------+--------+--------+---------+------+
| id | name | no     | height | class   | sex  |
+----+------+--------+--------+---------+------+
| 6  | 张越 | 100051 | 163    | 软件1班 | 女   |
| 9  | 白城 | 100054 | 165    | 软件1班 | 男   |
+----+------+--------+--------+---------+------+
2 rows in set (0.00 sec)
```

上面的代码中,如果要查询某一个范围之内的数据,我们可以通过"select * from 表名 where 字段名 between x and y"格式的 SQL 语句进行即可,里面的 x 和 y 代表要查询的范围。

例 10-7 将所有的性别查出来,并且不允许重复。

我们知道,如果按照我们上面所学的方法进行查询所有的性别,会出现以下结果:

```
mysql> select sex from student3;
+------+
| sex  |
+------+
| 男   |
| 男   |
| 女   |
| 女   |
| 男   |
| 女   |
| 男   |
+------+
7 rows in set (0.00 sec)
```

可以看到此时是有重复的数据的,如果希望查询出来的数据没有重复的,可以通过加上 distinct 去重,使用格式如下:

select distinct 字段1,字段2 from 表名 where 查询条件;

可以看到,我们只需要将 distinct 加到字段的前面的位置即可实现去重。

所以,如果要查出所有的性别,并且不允许重复,可以通过以下 SQL 语句实现:

```
mysql > select distinct sex from student3;
+------+
| sex |
+------+
| 男   |
| 女   |
+------+
2 rows in set (0.00 sec)
```

可以看到，现在查询出来的数据就没有重复的了。

例 10-8　将所有姓张的同学查询出来。

```
mysql > select * from student3 where name like '张 %';
+----+------+--------+--------+---------+------+
| id | name | no     | height | class   | sex  |
+----+------+--------+--------+---------+------+
| 3  | 张兰 | 100048 | 172    | 软件 1 班 | 女   |
| 6  | 张越 | 100051 | 163    | 软件 1 班 | 女   |
+----+------+--------+--------+---------+------+
2 rows in set (0.00 sec)
```

可以看到，上面已经将所有姓张的同学查询出来了，这种查询方式我们叫做模糊查询，模糊查询中，与我们之前学习过的正则表达式思路有点相近，可以用一些符号来匹配某些情况，常见的主要有：

- _ 可以匹配一个任意字符。
- % 可以匹配 0 个或多个任意字符。

比如，我们要查询所有姓张的同学，第一个字符是确定的，后面的字符是什么不确定，同样后面字符的长度也不确定，所以可以使用%去匹配。

比如，如果我们想查询所有姓李并且名字为三个字的同学，可以通过以下的 SQL 语句实现：

```
mysql > select * from student3 where name like '李__';
+----+--------+--------+--------+---------+------+
| id | name   | no     | height | class   | sex  |
+----+--------+--------+--------+---------+------+
| 4  | 李雪菲 | 100049 | 152    | 软件 1 班 | 女   |
+----+--------+--------+--------+---------+------+
1 row in set (0.00 sec)
```

上面的语句中，"李"后面我们通过两个下画线，即__进行匹配，所以，此时"李"后面必须有且只有两个字才能匹配出来，即可以找出姓李，并且姓名一共为三个字的同学。

上面我们介绍了关于 MySQL 的使用以及 SQL 语言的基础，除此之外，其实 MySQL 与 SQL 语言还有很多使用方法与技巧，当然，在本门课程的学习中，到这里，大家在熟练掌握上面的基础知识的情况下，就基本已经够用了。如果有机会，建议读者可以系统学习一下 MySQL 数据库以及 SQL 语言，因为在很多编程语言中，比如除了 Python 之外，其他的诸如 PHP、Java 等语言也常常与 MySQL 数据库结合使用，所以，如果熟练地掌握 MySQL，对于我们来说，将是一件非常有利的事情。

10.3 Python 操作 MySQL 数据库实践

我们知道,数据库是一个存储数据的地方,在进行 Python 程序的开发时,我们常常需要将数据存储起来,很多时候会存储到数据库中,由于 MySQL 比较普及并且使用起来比较方便,所以,我们经常会将数据存储到 MySQL 数据库中。由于这些数据的存储我们需要让程序自动完成,故而我们需要学习如何使用 Python 去操作 MySQL 数据库,在本节中,我们会具体讲解这个问题。

10.3.1 数据库的连接

如果要使用 Python 操作 MySQL 数据库,首先需要在 Python 程序里面连接对应的 MySQL 数据库。

在 Python 2. x 中,通常使用 MySQL db 模块操作 MySQL 数据库,在 Python 3. x 中,通常使用 PyMySQL 模块操作 MySQL 数据库。

由于我们使用的是 Python 3. x 版本,所以,我们将会使用 PyMySQL 模块操作 MySQL 数据库。

因为 PyMySQL 模块属于第三方模块,所以默认的情况下 PyMySQL 在 Python 中是没有安装的,我们需要手动安装一下。

读者可以通过在线安装或者离线安装中的任何一种方式进行 PyMySQL 的安装,如果读者的网络访问国外网站速度非常快,也可以直接在 CMD 命令行界面下输入以下命令:

```
>pip install pymysql
```

当然,如果读者的网络访问国外的站点网速不好,那么经常会出现诸如 time out 之类的错误提示,这个时候,可以将镜像源改为国内镜像源,或者直接使用离线安装的方式进行,在此我们推荐使用离线安装的方式进行,并以此为例进行介绍。

首先可以在浏览器中打开如下网址:

https://pypi. python. org/pypi/pymysql/

打开了之后,出现的界面如图 10-9 所示。

File	Type	Py Version	Uploaded on	Size
PyMySQL-0.7.10-py2.py3-none-any.whl (md5)	Python Wheel	py2.py3	2017-02-14	76KB
PyMySQL-0.7.10.tar.gz (md5)	Source		2017-02-14	69KB

图 10-9　离线安装 PyMySQL

我们可以在如图 10-9 所示的页面中选择 PyMySQL-0. 7. 10-py2. py3-none-any. whl (md5),单击即可下载,下载下来之后,在 CMD 命令行界面中通过"cd"命令进入该文件所在的目录,然后通过"pip install 文件全名"即可成功安装 PyMySQL,比如现在我们将文件放在了 D 盘下的 tmp 目录中,可以通过以下 CMD 命令实现 PyMySQL 的安装:

```
C:\Users\me>d:
```

```
D:\>cd tmp
```

```
D:\tmp > pip install PyMySQL - 0.7.10 - py2.py3 - none - any.whl
Processing d:\tmp\pymysql - 0.7.10 - py2.py3 - none - any.whl
Installing collected packages: PyMySQL
   Found existing installation: PyMySQL 0.7.9
      Uninstalling PyMySQL - 0.7.9:
         Successfully uninstalled PyMySQL - 0.7.9
Successfully installed PyMySQL - 0.7.10
```

安装好之后,就可以在自己的计算机上使用 PyMySQL 模块了。

首先,可以打开 Python 编辑器(如 IDLE),在 IDLE 中的 Python Shell 模式下输入以下代码尝试导入 PyMySQL 模块:

```
>>> import pymysql
```

如果可以成功导入,说明该模块已经安装成功,如果导入时出现错误,说明该模块还没有安装成功,若还没有安装成功,还需要仔细地检查一下上面的安装步骤,看一下是哪个环节出了问题,以便改正。

那么,导入了该模块之后,又该如何连接 MySQL 数据库呢?

导入了 pymysql 之后,可以使用以下格式的 Python 代码进行 MySQL 数据库的连接:

```
pymysql.connect(host = 主机名或主机地址,user = 账号,passwd = 密码,db = 数据库名)
```

比如,现在我们的 MySQL 服务器地址为 127.0.0.1,账号为 root,密码为 root,如果想连接数据库 person,可以通过以下 Python 代码实现:

```
>>> import pymysql
>>> conn = pymysql.connect(host = "127.0.0.1",user = "root",passwd = "root",db = "person")
```

上面的 conn 为连接状态,我们可以继续输入以下代码就可以查看到 conn 对象:

```
>>> conn
< pymysql.connections.Connection object at 0x000002539ABD6198 >
```

可以看到,conn 为 pymysql 下面的一个数据库连接对象。

如果不想在连接 MySQL 数据库服务器的时候指定连接对应的数据库,只希望能够连接到 MySQL 数据库服务器,我们可以将上面代码中的"db＝数据库名"去掉即可,即通过以下格式来实现:

```
pymysql.connect(host = 主机名或主机地址,user = 账号,passwd = 密码)
```

比如,如果想在我们的计算机上使用 Python 代码连接 MySQL 数据库服务器,而不选择对应的具体数据库操作,可以通过以下代码来实现:

```
conn2 = pymysql.connect(host = "127.0.0.1",user = "root",passwd = "root")
```

此时,我们会连接到 MySQL 数据库服务器,但没有选择其中的某一个具体的数据库,相当于没有执行"use 数据库"这条 SQL 语句。自此,我们已经实现了使用 Python 代码连接 MySQL 数据库了。

10.3.2 使用 Python 执行 SQL 语句

显然,只通过 Python 代码实现数据库的连接是不够的,在连接之后,我们还希望能够使用 Python 代码对数据库进行操作,那么这就需要使用 Python 代码去实现 SQL 语句的执行了。

一般来说,我们常见的操作有以下两种类型:

(1) 没有结果集返回的操作,比如插入数据、创建表、创建数据库、删除表、删除数据库等诸如此类的操作;

(2) 有结果集返回的操作,比如进行查询这一类的操作等。

如果需要执行没有结果集返回的操作,即上面的第(1)类操作,我们一般在连接数据库之后,常见的可以通过以下两种格式的代码进行实现:

格式 1:

```
变量 1 = 数据库连接
变量 1.query(需要执行的 SQL 语句)
```

格式 2:

```
变量 1 = 数据库连接
变量 2 = 变量 1.cursor()
变量 2.execute(需要执行的 SQL 语句)
```

比如,如果我们希望创建一个名为 pydb1 的数据库,可以通过以下 Python 代码实现:

```
import pymysql
conn = pymysql.connect(host = "127.0.0.1", user = "root", passwd = "root")
sql1 = "create database pydb1"
conn.query(sql1)
```

执行了上面的代码之后,就成功创建了对应的数据库 pydb1 了,此时可以在 MySQL 命令行界面中查看现有的数据库,便可以查看到 pydb1。

同样,要实现上面创建数据库的操作,我们还可以使用下面这种格式的 Python 代码进行,如我们通过下面的 Python 代码可以创建一个名为 pydb2 的数据库:

```
import pymysql
conn = pymysql.connect(host = "127.0.0.1", user = "root", passwd = "root")
sql1 = "create database pydb2"
cur = conn.cursor()
cur.execute(sql1)
```

执行完上面的 Python 代码之后,也可以在 MySQL 命令行界面中查看一下现有的数据库,同样也会发现此时新增了 pydb2 这个新数据库。

同样,我们也可以使用上面两种格式的代码去实现其他无须查看返回结果的操作。

比如,我们现在想在数据库 pydb1 下创建一个名为 Article 的表,该表主要用于存储文章基本信息,包括文章 id、文章标题、文章作者、文章点击数等,我们可以通过以下 Python 代码实现对应的操作:

```
import pymysql
conn = pymysql.connect(host = "127.0.0.1",user = "root",passwd = "root",db = "pydb1")
sql1 = "create table Article(id int(32) auto_increment primary key,title varchar(64),author
varchar(32),click int(32))"
cur = conn.cursor()
cur.execute(sql1)
```

执行完上面的代码之后,数据库 pydb1 下就创建了对应结构的 Article 表了。

如果想在上面的表中插入一条数据,数据内容为:

标题:时光易浅,半夏微凉
作者:小明
点击数:992

我们可以通过以下 Python 代码实现:

```
import pymysql
conn = pymysql.connect(host = "127.0.0.1",user = "root",passwd = "root",db = "pydb1")
sql1 = "insert into Article(title,author,click) values('时光易浅,半夏微凉','小明','992')"
conn.query(sql1)
```

但是,此时如果是第一次插入数据,之前没有修改过 pymysql 模块的源码,我们可能会遇到以下的编码问题,比如会出现类似如下的提示:

```
Traceback (most recent call last):
  File "D:/Python35/daima.py", line 4, in <module>
    conn.query(sql1)
  File "D:\Python35\lib\site-packages\pymysql\connections.py", line 850, in query
    sql = sql.encode(self.encoding, 'surrogateescape')
UnicodeEncodeError: 'latin-1' codec can't encode characters in position 48-56: ordinal not in
range(256)
```

此时应该怎么办呢?

其实较好的解决方法就是直接修改 pymysql 的源码,指定相关的编码,可以看到上面提示中有"File "D:\Python35\lib\site-packages\pymysql\connections.py", line 850, in query"这样一行,我们可以通过此处知道要修改哪个文件,比如这里显然需要修改"D:\Python35\lib\site-packages\pymysql\connections.py"这个文件。

打开该文件,可以通过 Ctrl+F 组合键查找"charset=''"这样的代码段,我们大约会在500多行的地方发现如图 10-10 所示的代码。

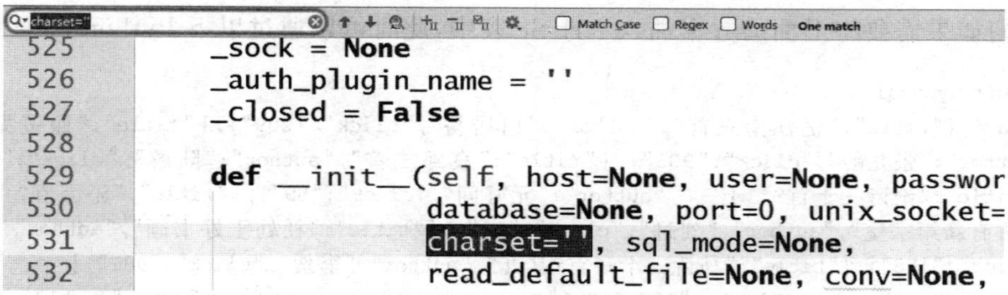

图 10-10 找到编码设置的相关代码段

找到之后,只需要在 charset＝"里面设置好对应的编码即可,比如我们可以将编码设置为 utf8(注意不是 utf-8),设置好之后,如图 10-11 所示。

```
def __init__(self, host=None, user=None, password="",
             database=None, port=0, unix_socket=None,
             charset='utf8', sql_mode=None,
             read_default_file=None, conv=None, use_un
             client_flag=0, cursorclass=Cursor, init_c
```

图 10-11 修改 pymysql 模块的源代码

然后只需要保存修改好的文件即可,随后我们再次执行以下 Python 代码:

```
import pymysql
conn = pymysql.connect(host = "127.0.0.1",user = "root",passwd = "root",db = "pydb1")
sql1 = "insert into Article(title,author,click) values('时光易浅,半夏微凉','小明','992')"
conn.query(sql1)
```

我们会发现代码可以正常执行,因为默认情况下,pymysql 模块中初始化方法(__init__)下的编码设置的部分是留空的,此时可以加上我们常用的 utf8 编码,这样在以后插入数据的时候,即使涉及中文数据,也能够正常地插入了。

在执行了上面的 Python 代码之后,我们可以在 MySQL 命令行界面中输入以下 SQL语句:

```
mysql > select * from Article;
+----+--------------------+--------+-------+
| id | title              | author | click |
+----+--------------------+--------+-------+
| 1  | 时光易浅,半夏微凉   | 小明   |  992  |
+----+--------------------+--------+-------+
1 row in set (0.00 sec)
```

此时可以看到我们刚才插入的数据已经进入数据库的 Article 表中了。

当然,我们也可以使用 for 循环批量地插入数据,比如,现在有这些数据,我们把所有数据存储在了一个列表中,每个记录都通过一个字典存储:

```
[{"title":"忆江南三首","author":"白居易","click":"209"},{"title":"照镜见白发",
"author":"张九龄","click":"903"},{"title":"哀郢二首","author":"陆游","click":"1928"},
{"title":"论诗三十首?二十三","author":"元好问","click":"59"},{"title":"沁园春?卢蒲江席
上时有新第宗室","author":"刘过","click":"89"},{"title":"杜处士好书画","author":"苏
轼","click":"198"},{"title":"马诗二十三首?其九","author":"李贺","click":"981"}]
```

我们如果需要将上面的数据插入 Article 表中,此时可以通过以下 Python 代码实现:

```
import pymysql
data = [{"title":"忆江南三首","author":"白居易","click":"209"},{"title":"照镜见白发",
"author":"张九龄","click":"903"},{"title":"哀郢二首","author":"陆游","click":"1928"},
{"title":"论诗三十首?二十三","author":"元好问","click":"59"},{"title":"沁园春?卢蒲江席
上时有新第宗室","author":"刘过","click":"89"},{"title":"杜处士好书画","author":"苏轼",
"click":"198"},{"title":"马诗二十三首?其九","author":"李贺","click":"981"}]
conn = pymysql.connect(host = "127.0.0.1",user = "root",passwd = "root",db = "pydb1")
cur = conn.cursor()
```

```
#通过 for 循环遍历 data 中的数据,一条条地插入
for i in range(0,len(data)):
    #得到当前这条数据
    thisdata = data[i]
    title = thisdata["title"]
    author = thisdata["author"]
    click = thisdata["click"]
    sql = "insert into Article(title,author,click) values('" + title + "','" + author + "','" +
click + "')"
    cur.execute(sql)
```

插入之后,我们可以在 MySQL 命令行中查看当前表中的数据,如下所示:

```
mysql > select * from Article;
+----+----------------------------------+--------+-------+
| id | title                            | author | click |
+----+----------------------------------+--------+-------+
| 1 | 时光易浅,半夏微凉                    | 小明    |  992  |
| 2 | 忆江南三首                          | 白居易   |  209  |
| 3 | 照镜见白发                          | 张九龄   |  903  |
| 4 | 哀郢二首                            | 陆游    | 1928  |
| 5 | 论诗三十首 · 二十三                  | 元好问   |   59  |
| 6 | 沁园春 · 卢蒲江席上时有新第宗室        | 刘过    |   89  |
| 7 | 杜处士好书画                        | 苏轼    |  198  |
| 8 | 马诗二十三首 · 其九                  | 李贺    |  981  |
+----+----------------------------------+--------+-------+
8 rows in set (0.00 sec)
```

可以发现,相关数据均已插入进数据表中了。

如果想删除某个数据库或数据表,由于这种类型的操作也是不需要查看返回结果集的,所以也可以使用上面格式的 Python 代码来实现,比如,如果现在想删除 pydb2 这个数据库,可以通过以下 Python 代码来实现:

```
import pymysql
conn = pymysql.connect(host = "127.0.0.1",user = "root",passwd = "root",db = "pydb1")
sql1 = "drop database if exists pydb2"
conn.query(sql1)
```

在执行了上面的 Python 代码之后,我们会发现数据库 pydb2 已经成功被删除了。

接下来介绍如何使用 Python 代码实现有结果集返回的操作,即上面的第(2)类操作,如查询操作等。

如果要实现这一类操作,通常情况下,可以按照如下格式的 Python 代码进行:

```
变量 1 = 数据库连接
变量 2 = 变量 1.cursor()
变量 2.execute(需要执行的 SQL 语句)
for 变量 3 in 变量 2:
    变量 3[0]    #代表取当前记录中的第 0 个字段的值
    变量 3[1]    #代表取当前记录中的第 1 个字段的值
    变量 3[2]    #代表取当前记录中的第 2 个字段的值
```

… …

变量 1.close()

上面格式中的 cursor()代表游标的意思,也就是说上面的变量 2 为游标对象,通过游标对象下的 execute()方法执行对应的语句,执行之后可以通过 for 循环将游标对象中的数据依次遍历出来,数据库操作执行完之后,我们一般会关闭数据库,做到有始有终,所以可以通过上面"变量 1. close()"中的 close()方法实现数据库连接的关闭。

比如,如果我们要查询数据库 person 下的表 student3 中的所有数据,我们可以通过以下 Python 代码进行:

```python
import pymysql
conn = pymysql.connect(host = "127.0.0.1",user = "root",passwd = "root",db = "person")
sql1 = "select * from student3"
cur = conn.cursor()
cur.execute(sql1)
for value in cur:
    print(value)
conn.close()
```

此时,出现的结果如下:

```
(1, '小明', 2147483647, 175, '软件 1 班', '男')
(2, '小芳', 10000, 153, '软件 2 班', '男')
(3, '张兰', 100048, 172, '软件 1 班', '女')
(4, '李雪菲', 100049, 152, '软件 1 班', '女')
(5, '李磊', 100050, 185, '软件 2 班', '男')
(6, '张越', 100051, 163, '软件 1 班', '女')
(9, '白城', 100054, 165, '软件 1 班', '男')
```

可以看到,通过 for 循环遍历时,对应的记录是通过元组的形式展示的,所以如果想取相关记录中某个字段的内容,可以通过取下标进行。

比如,如果想输出所有学生的姓名与学号,可以通过以下 Python 代码来实现:

```python
import pymysql
conn = pymysql.connect(host = "127.0.0.1",user = "root",passwd = "root",db = "person")
sql1 = "select * from student3"
cur = conn.cursor()
cur.execute(sql1)
for value in cur:
    print("姓名:" + value[1] + ",学号:" + str(value[2]))
conn.close()
```

执行上面的代码后,会出现如下结果:

```
姓名:小明,学号:2147483647
姓名:小芳,学号:10000
姓名:张兰,学号:100048
姓名:李雪菲,学号:100049
姓名:李磊,学号:100050
姓名:张越,学号:100051
姓名:白城,学号:100054
```

同样,如果想查询出所有男生的姓名和身高,只需要变化 SQL 语句与输出语句即可,如下所示:

```
import pymysql
conn = pymysql.connect(host = "127.0.0.1",user = "root",passwd = "root",db = "person")
sql1 = "select * from student3 where sex = '男'"
cur = conn.cursor()
cur.execute(sql1)
for value in cur:
    print("姓名:" + value[1] + ",身高:" + str(value[3]))
conn.close()
```

执行了上面的语句之后,便可以输出所有男生的姓名和身高,结果如下所示:

```
姓名:小明,身高:175
姓名:小芳,身高:153
姓名:李磊,身高:185
姓名:白城,身高:165
```

通过上面的学习,我们已经掌握了如何通过 Python 代码去实践操作 MySQL 数据库,实际上,MySQL 数据库的使用是非常灵活的,但不管怎么灵活,都离不开这些基础的 SQL 语句与基本的格式,所以大家需要将上面出现的代码与例子在理解的基础上,熟练地记住并掌握,这样能够更灵活、快速地写出对应的代码实现各种各样的需求,所谓熟能生巧,也正是这个道理。

10.4 Python 操作 SQLite3 数据库实践

除了 MySQL 数据库之外,在 Python 中常常会需要使用到的数据库还有 SQLite,常用的版本是 SQLite3,所以在本节中,我们会为大家介绍如何通过 Python 去操作 SQLite。

在 Python 3 中,如果要操作 SQLite 数据库,可以使用 SQLite3 模块,该模块是 Python 中自带的,所以不需要额外去安装。

接下来分别通过 SQLite 的连接、SQLite 数据表的创建、SQLite 数据的插入、SQLite 数据的查询、SQLite 数据的修改、SQLite 数据表中数据的删除等方面的知识来介绍。

1. SQLite 的连接

如果想使用 Python 代码去连接 SQLite 数据库,可以通过如下格式的 Python 代码进行:

```
import SQLite3
变量 1 = SQLite3.connect('数据库文件地址.db')
```

在 SQLite 中,我们通常会将对应的数据存储在某个文件中,所以在 connect()方法里面需要给出对应的文件路径,该路径可以是相对路径,也可以是绝对路径,上面的.db 为文件的后缀名。

如果希望通过 Python 代码将对应的 SQLite 数据库数据存储在 D 盘下的 tmp 文件夹中,并将数据库名起名为 mysqlite1,我们可以通过下面的 Python 代码来实现:

```
import SQLite3
conn = SQLite3.connect('D:/tmp/mysqlite1.db')
```

在执行了上面的代码后,我们可以在对应的目录下看到如图 10-12 所示的数据库文件。

2. SQLite 数据表的创建

接下来介绍如何在 SQLite 数据库中建立数据表,建表语句与上面所学过的 MySQL 的建表语句类似。

我们可以使用如下格式的 Python 代码实现 SQLite 数据表的创建:

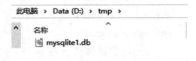

图 10-12　新创建的名为 mysqlite1 的数据库文件

```
变量 1 = 数据库连接
变量 1.execute(对应的建表操作语句)
变量 1.close()
```

比如如果我们希望在 SQLite 中同样创建一个名为 Article 的表用于存储文章基本信息,包括文章标题、文章作者、文章点击数等,可以通过以下 Python 代码去实现表的创建:

```
import SQLite3
conn = SQLite3.connect('D:/tmp/mysqlite1.db')
SQLite1 = "create table Article(title varchar(64),author varchar(32),click int(32))"
conn.execute(SQLite1)
conn.close()
```

执行了上面的操作之后,对应的文章表 Article 就建立起来了。

3. SQLite 数据的插入

如果想在 SQLite 数据表中插入数据,可以使用 insert 语句进行,相关的格式与上面学过的 MySQL 中相关的操作格式类似,如下所示:

insert into 表名(字段 1,字段 2,…,字段 n) values(数据 1,数据 2,…,数据 n)

如果想通过 Python 代码实现 SQLite 中数据的插入,可以通过如下格式的 Python 代码来实现:

```
变量 1 = 数据库连接
变量 1.execute(对应的插入操作语句)
变量 1.commit()
变量 1.close()
```

比如,现在希望将以下两条数据插入表 Article 中:

数据 1: {"title":"忆江南三首","author":"白居易","click":"209"}
数据 2: {"title":"照镜见白发","author":"张九龄","click":"903"}

可以通过以下 Python 代码实现:

```
import SQLite3
conn = SQLite3.connect('D:/tmp/mysqlite1.db')
data1 = {"title":"忆江南三首","author":"白居易","click":"209"}
data2 = {"title":"照镜见白发","author":"张九龄","click":"903"}
SQLite1 = 'insert into Article(title,author,click) values("' + data1["title"] + '","' + data1
["author"] + '","' + data1["click"] + '")'
SQLite2 = 'insert into Article(title,author,click) values("' + data2["title"] + '","' + data2
["author"] + '","' + data2["click"] + '")'
conn.execute(SQLite1)
conn.execute(SQLite2)
conn.commit()
conn.close()
```

执行完上面的代码后,相关的数据就已经插入到 SQLite 数据表中了。

4. SQLite 数据的查询

如果希望在 SQLite 中查询数据,可以使用 select 语句。

如果希望通过 Python 代码来实现 SQLite 中数据的查询,可以通过如下格式的 Python
代码来实现:

```
变量 1 = 数据库连接
变量 2 = 变量 1.execute(对应的查询操作语句)
for 变量 3 in 变量 2:
    变量 3[0]      #代表取当前记录中的第 0 个字段的值
    变量 3[1]      #代表取当前记录中的第 1 个字段的值
    变量 3[2]      #代表取当前记录中的第 2 个字段的值
    …
变量 1.close()
```

比如,想查看现在数据库 mysqlite1.db 下 Article 表中的所有数据,我们可以通过如下
Python 代码来实现:

```
import SQLite3
conn = SQLite3.connect('D:/tmp/mysqlite1.db')
SQLite1 = "select * from Article"
cursor = conn.execute(SQLite1)
for value in cursor:
    print("文章标题:" + value[0])
    print("文章作者:" + value[1])
    print("文章点击数:" + str(value[2]))
    print(" ------------- ") #数据分隔线
conn.close()
```

执行了上面的语句之后,输出的结果如下:

```
文章标题:忆江南三首
文章作者:白居易
文章点击数:209
```

```
--------------
文章标题:照镜见白发
文章作者:张九龄
文章点击数:903
--------------
```

可以看到,此时相关的数据已经查询出来了。

如果我们希望只查询文章的标题和文章的点击数信息,可以通过如下 Python 代码来实现:

```
import SQLite3
conn = SQLite3.connect('D:/tmp/mysqlite1.db')
SQLite1 = "select title,click from Article"
cursor = conn.execute(SQLite1)
for value in cursor:
    print("文章标题:" + value[0])
    print("点击数:" + str(value[1]))
    print(" ------------- ") #数据分隔线
conn.close()
```

可以看到,如果只需要查询某字段,我们可以在 select 时给出指定的字段 title、click 即可,需要注意的是,在使用 for 循环遍历数据的时候,由于查询出来的数据只有 2 列,所以下标分别为 0、1,而不是 0、2,即并不是通过原字段的顺序取下标的,而是通过查询出来的字段(列)取下标的。

执行了上面的代码后,可以成功出现下面的查询结果:

```
文章标题:忆江南三首
点击数:209
--------------
文章标题:照镜见白发
点击数:903
--------------
```

可见,当前只显示文章标题和点击数。

5. SQLite 数据的修改

如果要修改 SQLite 数据库表中的数据,可以使用 update 语句,使用的格式如下:

update 数据表 set 字段名 = 新字段值 where 修改条件

如果我们希望通过 Python 代码来实现 SQLite 数据的修改,可以通过如下格式的 Python 代码进行:

变量 1 = 数据库连接
变量 1.execute(对应的修改操作语句)
变量 1.commit()
变量 1.close()

比如如果希望将现在表中的标题为"照镜见白发"的这篇文章的点击数更改为 998,可以通过如下 Python 代码来实现:

```
import SQLite3
conn = SQLite3.connect('D:/tmp/mysqlite1.db')
SQLite1 = "update Article set click = '998' where title = '照镜见白发'"
conn.execute(SQLite1)
conn.commit()
conn.close()
```

修改之后,可以通过 Python 代码查询一下现在表中的数据,我们可以输入如下所示的代码:

```
import SQLite3
conn = SQLite3.connect('D:/tmp/mysqlite1.db')
SQLite1 = "select * from Article"
cursor = conn.execute(SQLite1)
for value in cursor:
    print("文章标题:" + value[0])
    print("文章作者:" + value[1])
    print("文章点击数:" + str(value[2]))
    print(" ------------- ")  #数据分隔线
conn.close()
```

执行结果为:

```
文章标题:忆江南三首
文章作者:白居易
文章点击数:209
-------------
文章标题:照镜见白发
文章作者:张九龄
文章点击数:998
-------------
```

可以看到,现在"照镜见白发"这篇文章的点击数已经成功地更改为 998。

6. SQLite 数据表中数据的删除

如果不想要某条或者某些数据了,我们可以对想删除的数据进行删除,如果要删除表中数据,可以使用 delete 语句,相关的语句格式如下所示:

```
delete from 表名 where 删除条件
```

如果想通过 Python 代码实现 SQLite 数据表中数据的删除,可以通过如下格式的 Python 代码进行:

```
变量 1 = 数据库连接
变量 1.execute(对应的删除操作语句)
变量 1.commit()
变量 1.close()
```

比如如果我们希望将现在表中标题为"忆江南三首"的这篇文章数据删除,可以通过如下的 Python 代码进行:

```
import SQLite3
conn = SQLite3.connect('D:/tmp/mysqlite1.db')
SQLite1 = "delete from Article where title = '忆江南三首'"
conn.execute(SQLite1)
conn.commit()
conn.close()
```

执行上面的代码之后,标题为"忆江南三首"的这篇文章数据就会被删除了。

可以查看一下现在表 Article 中相关的数据,我们可以输入如下的 Python 代码进行查看:

```
import SQLite3
conn = SQLite3.connect('D:/tmp/mysqlite1.db')
SQLite1 = "select * from Article"
cursor = conn.execute(SQLite1)
for value in cursor:
    print("文章标题:" + value[0])
    print("文章作者:" + value[1])
    print("文章点击数:" + str(value[2]))
    print(" ------------- ")#数据分隔线
conn.close()
```

此时的执行结果为:

```
文章标题:照镜见白发
文章作者:张九龄
文章点击数:998
-------------
```

可以看到,现在标题为"忆江南三首"的这篇文章数据已经成功被删除了。

10.5 小结

(1) 数据库是一种专门用于存储数据的仓库。我们可以将项目中用到的数据都存储到数据库中,在需要用到数据的时候,直接从数据库中查找并取出相关数据即可,如果在项目运行时数据发生了更改,也可以直接将数据库里面的数据进行更改为对应的值,即实现数据库的更新。

(2) 一般来说,一个 MySQL 数据库服务器中可以有多个数据库,一个数据库中可以有多张表,我们一般会把事物的信息存储在各个表中。

(3) 在 Python 2.x 中,通常使用 MySQL db 模块操作 MySQL 数据库,在 Python 3.x 中,通常使用 PyMySQL 模块操作 MySQL 数据库。

(4) 在 Python 3 中,如果要操作 SQLite 数据库,可以使用 SQLite3 模块,该模块是 Python 中自带的,所以不需要额外去安装。读者需要掌握 SQLite 的连接、SQLite 数据表的创建、SQLite 数据的插入、SQLite 数据的查询、SQLite 数据的修改、SQLite 数据表中数据的删除等方面的知识。

习题 10

　　假如目前在 person 数据库下面的 student3 表中，里面的数据结构及所有数据如图 10-13 所示。

图 10-13　目前在 person 数据库下面的 student3 表中的数据

　　请使用 Python 代码将所有姓张的数据查出来，并且将各姓张的同学的姓改为李。

　　参考答案：

　　我们可以先用模糊查询将表中所有姓张的同学的数据查找出来，然后使用正则表达式将各数据的名字部分（不包括姓）匹配出来，并重新构造为李姓，同时修改数据表中的各个相关数据。笔者给出下面的 Python 代码以供各位同学进行参考：

```python
import pymysql
import re
conn = pymysql.connect(host = "127.0.0.1", user = "root", passwd = "root", db = "person")
#找出所有姓张同学的 id 与姓名
sql1 = "select id, name from student3 where name like '张%'"
cur = conn.cursor()
cur.execute(sql1)
valueall1 = []#将数据存储到列表中便于操作,存储格式为[{"id":id 号,"name":姓名},{"id":id
号,"name":姓名},…]
for value in cur:
    thisid = value[0]
    thisname = value[1]
    valueall1.append({"id":thisid,"name":thisname})
#以此处理各姓张同学的数据
for i in range(0, len(valueall1)):
    pat = '张(.*?)$'#专门匹配各姓张同学的名字(不包含姓)
    name2 = re.compile(pat).findall(valueall1[i]["name"])[0]
    newname = "李" + name2
    sql2 = "update student3 set name = '" + newname + "' where id = '" + str(valueall1[i]["id"]) + "'"
    conn.query(sql2)
    conn.commit()
conn.close()
```

　　执行了上述代码之后，可以再查看一下当前数据表中的数据，会发现如下所示：

```
mysql> select * from student3;
+----+--------+------------+--------+----------+------+
| id | name | no | height | class | sex |
+----+--------+------------+--------+----------+------+
| 1 | 小明 | 2147483647 | 175 | 软件 1 班 | 男 |
| 2 | 小芳 | 10000 | 153 | 软件 2 班 | 男 |
| 3 | 李兰 | 100048 | 172 | 软件 1 班 | 女 |
| 4 | 李雪菲 | 100049 | 152 | 软件 1 班 | 女 |
| 5 | 李磊 | 100050 | 185 | 软件 2 班 | 男 |
| 6 | 李越 | 100051 | 163 | 软件 1 班 | 女 |
| 9 | 白城 | 100054 | 165 | 软件 1 班 | 男 |
+----+--------+------------+--------+----------+------+
7 rows in set (0.00 sec)
```

所以可以看到,所有姓张同学的数据,都已经成功更改为姓李了,如原来的"张越"自动修改为了"李越"。

第11章

文件操作

在通常情况下，我们经常会用到文件的操作。比如，打开一个文档，查看一幅图片，其实都是在对文件进行操作，又比如，我们看到某个喜欢的网页，然后将该网页保存到本地，这也是对文件的操作。只不过，在上面所提到的这些情况中，我们都是通过自己手动对文件进行操作，实际上，我们也可以使用程序代码对文件进行操作，比如，如果需要批量地读取文件的信息，其实我们可以使用 Python 代码，然后通过循环依次对需要读取的文件内容进行读取即可，可以看到，使用代码对文件进行自动操作，会比我们手动地对文件进行操作方便很多，尤其是在对文件进行批量操作时，更显得方便。在本章中，我们会具体介绍如何使用 Python 代码实现对文件的操作。

11.1 文件操作概述

文件操作简而言之就是对文件进行操作与使用，按照操作的渠道不同，可以分为通过人工操作与通过代码操作等，对于一些不算复杂的操作，人工操作非常方便，但是对于一些比较复杂的操作，使用代码进行控制则非常有必要。

按照操作的方式与操作对象的不同，我们可以将文件的操作分为目录的操作、文件的创建、文件的打开、文件的写入、文件的读取、文件的保存等操作种类。

在后面我们会具体介绍如何使用 Python 代码去实现对文件进行各种类型的操作。

11.2 目录操作实践

首先我们介绍如何通过 Python 代码对目录进行操作。

一般情况下，如果我们要对目录进行操作，会用到 os 模块，os 模块是 Python 自带的模块，我们直接导入即可使用，并不需要额外安装该模块。

接下来我们将分别从如何获取当前路径、如何创建目录、如何修改目录、如何查看目录下面所有的文件、如何删除目录等方面为大家介绍目录的操作。

我们知道，每个目录在计算机上都有其对应的位置，我们常常会使用路径来表示该对应的位置。比如，现在有一个目录名为 py1，该目录的位置在磁盘 D 盘下的 tmp 文件夹下，所以，如果想表示该目录的位置，可以通过路径"D:/tmp/py1/"进行表示。路径的表示常常有相对路径和绝对路径两种表示法,所谓绝对路径,指的是从磁盘的根目录开始定位,一直到对应的位置为止,显然,上面的路径"D:/tmp/py1/"是从 D 盘开始定位下去的,是绝对路径。所谓相对路径,指的是相对于用户当前所在的文件夹而言,从用户当前所在的文件夹开始定位,一直到目标位置为止的计算方式,一般来说,我们会用"."表示当前目录,用".."表示当前目录的上一层目录。

比如现在,我们所在的位置为"D:/tmp/py2/",如果希望通过相对路径的方式来表示路径"D:/tmp/py1/",我们可以通过相对路径"../py1/"来进行表示,该相对路径的意思是当前目录的上一层目录下面的 py1 目录,由于现在我们在"D:/tmp/py2/",所以此时,通过上面的相对路径即可定位到"D:/tmp/py1/"的位置。

那么,如果想使用 Python 代码来获取到当前我们所处的位置,应该怎么做呢?

如果想用 Python 代码来获取当前所处的位置,通过绝对路径的方式来表示,可以使用以下格式的 Python 代码来实现:

```
import os
变量 1 = os.getcwd()
```

上面的变量 1 即是获取到的路径信息,可以看到,我们可以直接使用 os 模块下面的 getcwd()方法来获取当前路径。

比如现在我们想知道当前运行的 Python 文件所在的路径是什么,我们可以通过以下 Python 代码来实现:

```
import os
path1 = os.getcwd()
print(path1)
```

上面代码的输出结果为:

```
D:\Python35
```

所以,当前运行的 Python 文件所在的路径是"D:\Python35"。

如果想创建一个新目录,我们可以使用以下格式的 Python 代码来实现:

```
import os
os.mkdir(要创建的目录的路径)
```

可以看到,我们使用 os 模块下面的 mkdir()方法就能够实现目录的创建,该方法里面的参数就是要创建的目录的路径。

比如现在想在 D 盘的 Python35 文件夹下创建一个名为 pydir 的目录,可以通过以下 Python 代码来实现:

```
import os
os.mkdir("D:/Python35/pydir")
```

当然,在 Python 代码中路径的表示中,"/"也可以换成"\\",也就是说,斜杠使用"/"与"\\"都是可以的,但不能使用"\"。比如上面的代码换成如下的代码也是可以的:

```
import os
os.mkdir("D:\\Python35\\pydir")
```

在执行了上面的两段代码中的其中一个之后,我们会发现,对应的位置就出现了新的目录 pydir 了,如图 11-1 所示。

当创建好了某个目录之后,如果想修改该目录,比如重命名一下,也是可以的。如果想修改某个目录的名字,可以使用以下格式的 Python 代码进行实现:

```
import os
os.rename("原目录位置","新目录位置")
```

比如,如果想将上面创建的 pydir 目录的名字修改为 pydir2,可以通过以下 Python 代码来实现:

```
import os
os.rename("D:\\Python35\\pydir","D:\\Python35\\pydir2")
```

执行了上面的代码之后,对应的目录名就修改了,如图 11-2 所示。

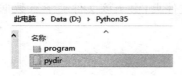

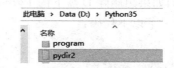

图 11-1 新创建的目录 pydir   图 11-2 将目录 pydir 的名字修改为 pydir2

有的时候,我们希望可以获取某个目录下面所具有的所有文件,那么此时可以通过如下格式的 Python 代码实现:

```
import os
变量1 = os.listdir(对应的目录路径)
```

比如,现在想获取 D 盘 Python35 目录中所有的文件,我们可以通过以下的 Python 代码来实现:

```
import os
allfile = os.listdir("D:/Python35")
print(allfile)
```

上面的代码中,变量 allfile 中存储的就是 D 盘 Python35 目录中所有的文件名组成的列表。上面代码执行后输出的结果如下(由于文件数量太多,为了节省篇幅,部分文件使用省略号替代):

```
['1.pk1', '12306.py', '12345.txt', '170214 - 141011.gif', '170214 - 141013.gif', '170215 -
112612.png', '170215 - 112622.png', '170215 - 114214.mp3', '170215 - 114256.mp3', '1python1.
ppt', '2048.py', '6562.txt', '6562.txt.index', 'abc.py', 'abc.txt', 'abcd.py', 'alltree.py',
'apri.py', 'apriori.py - bac', 'apriori_rules.xls', 'aprr.py', 'aprr.txt', ……, 'urllib_2.py',
'urllib_2.txt', 'vcruntime140.dll', 'wechat - win32 - x64', 'wechat - win32 - x64.7z', 'weibo.
html', 'weibo.py', 'wenben1 - 副本.txt', 'wenben1.py', 'wenben2.py', 'wenshu.py', 'wxBot -
master.zip', 'xlrd - 1.0.0 - py2.py3 - none - any.whl', 'xlwt - 1.1.2 - py2.py3 - none - any.whl',
'zidingyidiedaiqi.py', '__pycache__']
```

可以看到,现在我们已经将对应目录下面所有的文件的名称均获取出来了,获取出来之后,便可以很轻松地使用代码对这些获取出来的文件进行所需要的操作了。

如果不想要某个文件夹(目录)了,我们可以对这个文件夹进行删除的操作。如果想删除某个文件夹,可以使用以下格式的 Python 代码进行:

```
import os
os.rmdir(对应的要删除的目录路径)
```

比如,如果想对刚才创建的 pydir2 目录进行删除的操作,我们可以通过如下的 Python 代码来实现:

```
import os
os.rmdir("D:/Python35/pydir2")
```

执行上面的代码之后,目录"D:/Python35/pydir2"就被删除了,不存在了。

需要注意的是,如果要删除某个目录,该目录里面必须没有数据,即必须是一个空目录,若有数据,则应先删除目录里面的数据,再对该目录执行删除的操作。

比如,我们如果想删除 D 盘下的 Python35 这个文件夹,由于该文件夹下有数据,所以可以试着执行一下以下代码:

```
import os
os.rmdir("D:/Python35")
```

我们会发现无法删除该目录,错误提示信息为:

```
Traceback (most recent call last):
  File "D:/Python35/daima.py", line 2, in < module >
    os.rmdir("D:/Python35")
PermissionError: [WinError 32] 另一个程序正在使用此文件,进程无法访问. : 'D:/Python35'
```

所以,我们只能删除一个下面没有数据的空文件夹(目录),若该文件夹还有数据,如果想删除它,就必须要先删除该文件夹里面的各数据,让其成为一个空目录,之后才能删除该目录。

11.3 如何读取文件

在读取文件之前,我们首先需要打开文件。

如果想打开某个文件,可以按照如下格式的 Python 代码进行:

变量 1 = open(文件地址,打开模式,encoding = 编码值)

上面的变量 1 主要代表文件句柄,也就是说,用该变量来表示该打开了的文件。上面的"encoding=编码值"部分,如果不需要指定打开的编码,可以省略。

比如,现在在 D 盘 tmp 目录下有一个名为 file1.txt 的文件(可以事先建立好),文件里面有如下内容:

暮江吟
年代:唐 作者:白居易
一道残阳铺水中,半江瑟瑟半江红。
可怜九月初三夜,露似珍珠月似弓。

如果我们想以读取的方式来打开该文件，不指定编码，可以通过如下 Python 代码来实现：

```
fh1 = open("D:/tmp/file1.txt","r")
```

上面代码中的"r"代表打开方式为读取，常见的打开方式与含义如表 11-1 所示。

表 11-1 文件的常见打开方式与含义

打开方式	含 义
r	只读，打开的文件只能读取数据，不能写入数据
w	只写，打开的文件只能写入数据，不能读取数据，若待打开文件不存在，则创建一个新文件打开，每次写入数据，都会清空对应文件中原有的数据
r+	可读可写，不创建新文件，若待打开的文件不存在，则报错
w+	可读可写，创建新文件，若待打开的文件不存在，则创建一个新文件打开
a	追加写入，写入数据时，对应文件中原有的数据不会被清除，而是在原有的数据后面追加写入新内容，不可以读取数据
a+	追加读写，写入数据时，对应文件中原有的数据不会被清除，而是在原有的数据后面追加写入新内容，可以读取数据
b	以二进制模式打开，常与上面的打开方式组合使用，比如"rb"代表以二进制方式读取，若打开方式指定为这种二进制的方式，则不能指定 encoding 部分

所以，如果想以 r+ 的方式来打开，并且指定以 gbk 的编码方式进行，我们可以通过以下 Python 程序实现：

```
fh1 = open("D:/tmp/file1.txt","r+",encoding = "gbk")
```

执行了上面的程序之后，文件就打开了，fh1 为打开的文件的句柄，我们可以输出该句柄，内容如下所示：

```
>>> print(fh1)
<_io.TextIOWrapper name = 'D:/tmp/file1.txt' mode = 'r+' encoding = 'gbk'>
```

可以看得到，fh1 为一个 TextIOWrapper，这是一个文本流对象，初学的时候，可以简单地理解为就是刚才打开的对应文件的句柄。

打开了对应的文件之后，又该怎么读取呢？

一般来说，读取的方法有以下三种：

（1）read()；

（2）readline()；

（3）readlines()。

如果使用 read()方法进行文件内容的读取，会一次性将文件所有的内容读取出来，使用的格式如下：

```
变量 1 = open(文件地址,打开模式,encoding = 编码值)
变量 2 = 变量 1.read()
变量 1.close()
```

上面的变量 2 就是读取出来的内容，在处理完对应的操作之后，最好使用 close()方法关闭文件,做到有始有终。

如果希望将"D:/tmp/file1.txt"中的内容一次性读出来,可以使用以下 Python 程序来实现:

```
fh1 = open("D:/tmp/file1.txt","r + ",encoding = "gbk")
data1 = fh1.read()
print(data1)
fh1.close()
```

程序的输出结果如下:

暮江吟
年代:唐 作者:白居易
一道残阳铺水中,半江瑟瑟半江红。
可怜九月初三夜,露似珍珠月似弓。

可以看到,此时已经成功实现内容的读取,这种读取方式是一次性进行读取的。

如果希望每次只读取一行数据,可以通过 readline()方法进行,使用的格式如下所示:

```
变量 1 = open(文件地址,打开模式,encoding = 编码值)
存储第 1 行数据的变量 = 变量 1.readline()
存储第 2 行数据的变量 = 变量 1.readline()
存储第 3 行数据的变量 = 变量 1.readline()
存储第 4 行数据的变量 = 变量 1.readline()
…
变量 1.close()
```

比如,我们可以输入以下代码:

```
fh1 = open("D:/tmp/file1.txt","r",encoding = "gbk")
data1 = fh1.readline()
print(data1)
```

执行之后输出结果如下:

暮江吟

可以看到,当前只输出了文件中第一行的内容,我们可以在当前的 Python Shell 下继续输入下面的内容:

```
>>> fh1.readline()
'年代:唐 作者:白居易\n'
>>> fh1.readline()
'一道残阳铺水中,半江瑟瑟半江红.\n'
>>> fh1.readline()
'可怜九月初三夜,露似珍珠月似弓.'
>>> fh1.readline()
''
>>> fh1.close()
```

可以看到,每次执行我们都输入了同样的代码 readline(),但是对应的数据是一行行地读下去的,所以,fh1 实际上是一个消耗品,也就是我们之前所学过的迭代器,我们当然可以

使用 next()方法对其进行操作,例如可以输入以下代码:

```
>>> fh1 = open("D:/tmp/file1.txt","r",encoding = "gbk")
>>> next(fh1)
'暮江吟\n'
>>> next(fh1)
'年代: 唐 作者: 白居易\n'
>>> next(fh1)
'一道残阳铺水中,半江瑟瑟半江红.\n'
>>> fh1.close()
```

可以看到,使用 next()方法对文件打开对象进行操作,也可以实现一行行读取的功能与效果。

如果想通过 readline()按行读完某个文件,可以使用以下格式的 Python 代码进行实现:

```
变量 1 = open(文件地址,打开模式,encoding = 编码值)
while True:
    变量 2 = 变量 1.readline()
    if(变量 2!= ''):
        print(变量 2)
    else:
        break
变量 1.close()
```

如果要使用 readline()按行读完某个文件,关键点在于如何判断已经读完了所有行。实际上,即使文件中出现某行为空的情况,通过 readline()读取该空行的时候也会有"\n"等内容,因为该空行的后面还有内容就必然需要进行换行,所以,如果通过 readline()读取出来的内容为'',就必然代表其后面没有数据了,自然也就代表着读到了文件的最后,所以判断已经读完了所有行的判断条件可以是上面格式中对应的"变量 2!= ''"部分。

比如,如果我们希望通过 readline()方法按行自动读取文件"D:/tmp/file1.txt"里面的内容,可以通过如下 Python 代码实现:

```
fh1 = open("D:/tmp/file1.txt","r",encoding = "gbk")
x = 0
while True:
    line = fh1.readline()
    if(line!= ''):
        print("第" + str(x) + "行内容是:" + line.replace("\n",""))
        x += 1
    else:
        break
fh1.close()
```

此时的输出结果如下:

```
第 0 行内容是:暮江吟
第 1 行内容是:年代: 唐 作者: 白居易
第 2 行内容是:一道残阳铺水中,半江瑟瑟半江红。
第 3 行内容是:可怜九月初三夜,露似珍珠月似弓。
```

可以看到,相关的数据已经按行读取完成,上面程序中的"replace("\n","")"的意思是将当前数据里面的"\n"字符替换成"",因为读取的数据中如果没到最后一行,那么就必然代表着下面还有其他行,自然,在每行的末尾都会有"\n"字符,在输出的时候,我们希望输出的形式可以更紧凑些,所以替换了每次读取的行内容中的"\n"字符,如果这里读者不能理解,可以试着把上面的".replace("\n","")"部分去掉看看输出结果,对比一下就能够明白。

如果希望按行读取,并且希望将读取的内容全部放到一个列表中,可以使用readlines()方法就能够很好地实现,使用的格式如下所示:

```
变量 1 = open(文件地址,打开模式,encoding = 编码值)
变量 2 = 变量 1.readlines()
变量 1.close()
```

如果希望按行读取文件"D:/tmp/file1.txt",并且希望将读取的内容全部放到一个列表中,可以通过如下 Python 代码实现:

```
fh1 = open("D:/tmp/file1.txt","r",encoding = "gbk")
data1 = fh1.readlines()
print(data1)
fh1.close()
```

执行之后输出结果为:

['暮江吟\n', '年代: 唐 作者: 白居易\n', '一道残阳铺水中,半江瑟瑟半江红.\n', '可怜九月初三夜,露似珍珠月似弓.']

可以看到,现在所有的内容都按行存储进了列表中,存储的形式为:[第 1 行数据,第 2 行数据,……,最后一行数据],列表里面的每个元素都是各行所对应的数据。

其实,我们也可以使用 for 循环来对文件进行读取,使用的格式如下所示:

```
变量 1 = open(文件地址,打开模式,encoding = 编码值)
for 变量 2 in 变量 1:
    print(变量 2)
变量 1.close()
```

上面的变量 2 代表的是文件里面每行的内容。比如,如果我们希望通过 for 循环读取文件"D:/tmp/file1.txt"里面的内容,可以通过如下 Python 代码实现:

```
fh = open("D:/tmp/file1.txt","r",encoding = "gbk")
x = 0
for line in fh:
    print("第" + str(x) + "行的数据是:" + line.replace("\n",""))
    x += 1
fh.close()
```

上面程序的输出结果是:

第 0 行的数据是:暮江吟
第 1 行的数据是:年代: 唐 作者: 白居易
第 2 行的数据是:一道残阳铺水中,半江瑟瑟半江红。

第 3 行的数据是：可怜九月初三夜,露似珍珠月似弓。

可以看到,已经能够成功地实现通过 for 循环读取文件的内容。

需要注意的是,如果打开的模式是以二进制的方式打开的,要读取对应的内容并输出,需要先将读取出来的数据进行解码,解码之后方可使用,否则对应的数据就是二进制格式的,格式如下所示：

```
变量 1 = open(文件地址,二进制的打开模式)
变量 2 = 变量 1.read()      ♯此处也可以通过 readline(),readlines()方法读,
                           ♯当前如果使用 readlines()方法读,需要对列表中的每个元素
                           ♯进行 decode(),而不是对整个列表数据进行 decode()
变量 3 = 变量 2.decode(对应编码)
变量 1.close()
```

比如我们可以输入以下 Python 代码：

```
fh1 = open("D:/tmp/file1.txt","rb")
data1 = fh1.read()
data2 = data1.decode("gbk")
print("data1:" + str(data1))
print("data2:" + data2)
fh1.close()
```

此时的输出结果为：

```
data1:b'\xc4\xba\xbd\xad\xd2\xf7\r\n\xc4\xea\xb4\xfa: \xcc\xc6 \xd7\xf7\xd5\xdf: \xb0\xd7\
xbe\xd3\xd2\xd7\r\n\xd2\xbb\xb5\xc0\xb2\xd0\xd1\xf4\xc6\xcc\xcb\xae\xd6\xd0\xa3\xac\xb0\
xeb\xbd\xad\xc9\xaa\xc9\xaa\xb0\xeb\xbd\xad\xba\xec\xa1\xa3\r\n\xbf\xc9\xc1\xaf\xbe\xc5\
xd4\xc2\xb3\xf5\xc8\xfd\xd2\xb9\xa3\xac\xc2\xb6\xcb\xc6\xd5\xe4\xd6\xe9\xd4\xc2\xcb\xc6\
xb9\xad\xa1\xa3'
data2:暮江吟
年代： 唐　作者：白居易
一道残阳铺水中,半江瑟瑟半江红。
可怜九月初三夜,露似珍珠月似弓。
```

可以看到,现在是通过二进制的方式进行打开的,上面的 data1 由于没有进行解码,所以输出的数据是二进制的格式,我们可能看不懂输出的内容,所以,如果想将读取出来的数据处理为字符串的格式,需要进行 decode()解码,上面的程序我们将解码编码设置为 gbk。

所以,如果以二进制的模式进行打开的,在读取之后,需要通过 decode()方法解编码。

接下来介绍稍微复杂一些的使用实例：如何将某个文件夹下某个后缀名的所有文件按行读取出来,并将内容存储为一个二维列表的形式,二维列表的第一维代表各个文件,二维列表的第二维代表各个文件里面的各行数据。

比如,现在"D:/pydir1"目录下有很多文件,如图 11-3 所示。

这些文件中,有很多种不同格式(后缀名)的文件,比如有 txt 文本文件,也有 doc 文档,假如现在我们知道其中的各 txt 文件中分别存储着不同

图 11-3　"D:/pydir1"目录下的文件情况

的诗词,现在我们想通过 Python 程序自动读取出该文件夹下的所有 txt 文件,不读取其他格式的文件,并且将读取到的文件内容按行存储到上面所提到的二维列表中,可以通过如下Python 代码实现:

```python
import os
allfile = os.listdir("D:/pydir1")
allarr = []
for filename in allfile:
    # name 为不含后缀的文件名
    name = filename.split(".")[0]
    # sufname 为后缀名
    sufname = filename.split(".")[1]
    if(sufname == "txt"):
        # 当前后缀名为 txt,满足条件,读取并添加到列表 allarr 中
        thisfile = "D:/pydir1/" + name + ".txt"
        fh = open(thisfile,"r",encoding = "gbk")
        thisarr = fh.readlines()
        allarr.append(thisarr)
        fh.close()
    else:
        # 其他后缀名的文件,不满足条件,不处理
        pass
print(allarr)
```

执行该代码可以出现如下结果:

[['春望\n', '朝代:唐代 作者:杜甫\n', '国破山河在,城春草木深.\n', '感时花溅泪,恨别鸟惊心.\n', '烽火连三月,家书抵万金.\n', '白头搔更短,浑欲不胜簪.'], ['暮江吟\n', '年代:唐 作者:白居易\n', '一道残阳铺水中,半江瑟瑟半江红.\n', '可怜九月初三夜,露似珍珠月似弓.'], ['静夜思\n', '朝代:唐代 作者:李白\n', '床前明月光,疑是地上霜.\n', '举头望明月,低头思故乡.'], ['清明\n', '朝代:唐代 作者:杜牧\n', '清明时节雨纷纷,路上行人欲断魂.\n', '借问酒家何处有?牧童遥指杏花村.'], ['咏柳 / 柳枝词\n', '朝代:唐代 作者:贺知章\n', '碧玉妆成一树高,万条垂下绿丝绦.\n', '不知细叶谁裁出,二月春风似剪刀.']]

可以看到,文件夹"D:/pydir1"下以 txt 为后缀名的所有文件内容都按行读取出来,并将内容存储到二维列表 allarr 中了。上面程序的关键部分已在程序中给出注释,主要的思路就是,先得到文件夹下所有的文件名,然后通过分离文件名获取各文件的后缀名,然后如果后缀名为 txt,则进行处理,处理时,将该文件的内容先通过 readlines()方法读取出来,然后再将读取出来的列表数据添加到总列表 allarr 中。

11.4　如何写入文件

如果我们想将以前的数据信息写进某个文件中,我们可以使用文件写入操作进行。

写入一般来说有全新写入与追加写入之分,如果希望在写入的时候替换掉原来该文件中所有的数据,重新写入,可以使用全新写入的方式进行,如果希望在写入的时候,保留原来文件中的数据,可以使用追加写入的方式进行。

如果我们要将数据全新写入文件,可以通过如下格式的 Python 代码来实现:

```
变量1 = open(文件地址,打开模式,encoding = 编码值)
变量2 = 要写入的数据
变量1.write(要写入的数据)
变量1.close()
```

比如,现在如果有下面的数据:

木兰花

作者:晏殊

绿杨芳草长亭路,年少抛人容易去。楼头残梦五更钟,花底离愁三月雨。

无情不似多情苦,一寸还成千万缕。天涯地角有穷时,只有相思无尽处。

现在我们希望将该数据写进名为"木兰花.txt"的文件中,并存储到 D:/pydir1 文件夹下,可以通过下面的 Python 程序来实现:

```
fh1 = open("D:/pydir1/木兰花.txt","w",encoding = "gbk")
data = "绿杨芳草长亭路,年少抛人容易去。楼头残梦五更钟,花底离愁三月雨。\n 无情不似多情
苦,一寸还成千万缕。天涯地角有穷时,只有相思无尽处。"
fh1.write(data)
fh1.close()
```

执行完上述代码后,便可以在文件"D:/pydir1/木兰花.txt"中看到如图 11-4 所示的内容。

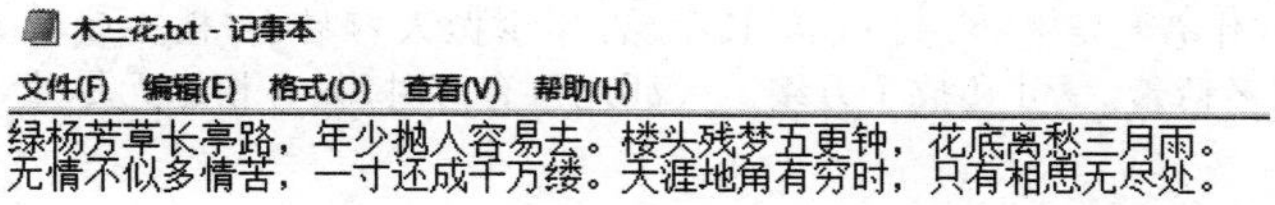

图 11-4　文件"D:/pydir1/木兰花.txt"中的内容

可以看到,相关的数据已经写入到文件中了。

如果又想将一首新的诗词内容写进该文件,比如现在有一首新的诗词,如下所示:

西江月·夜行黄沙道中

作者:辛弃疾

明月别枝惊鹊,清风半夜鸣蝉。

稻花香里说丰年,听取蛙声一片。

七八个星天外,两三点雨山前。

旧时茅店社林边,路转溪桥忽见。

如果继续使用"w"的方式进行打开文件并写入,会发现原来文件里面的内容就不见了。比如我们可以输入下面的 Python 程序并执行:

```
fh1 = open("D:/pydir1/木兰花.txt","w",encoding = "gbk")
data = "西江月·夜行黄沙道中\n 作者:辛弃疾\n 明月别枝惊鹊,清风半夜鸣蝉。\n 稻花香里说丰
年,听取蛙声一片。\n 七八个星天外,两三点雨山前。\n 旧时茅店社林边,路转溪桥忽见。"
fh1.write(data)
fh1.close()
```

除了上面的程序之后,我们会发现文件"D:/pydir1/木兰花.txt"里面的内容变成了如图 11-5 所示了。

可以看到,现在该文件里面原先的木兰花这首诗的数据内容已经不见了,这就是全新写入方式的特点,会把文件里面原先的内容替换掉,然后再全新地写入新内容。

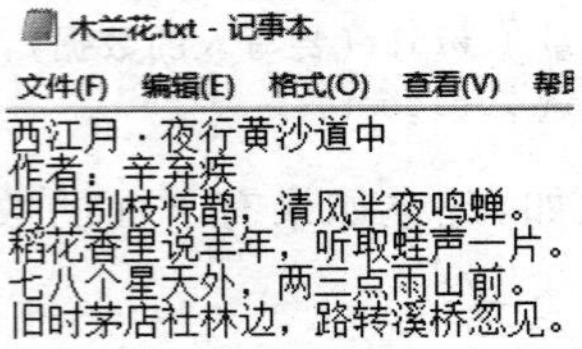

如果我们希望在写入新内容的时候,保留文件里面原有的内容(在原文件有内容的情况下),那么可以使用追加写入的方式进行,比如打开的时候模式设置为"a"。

图 11-5　文件"D:/pydir1/木兰花.txt"里面的内容

我们知道,现在文件"D:/pydir1/木兰花.txt"里面的内容已经变成了《西江月·夜行黄沙道中》这首诗的内容了,如果现在我们希望在该文件的后面继续写上一些新的内容,比如写上《木兰花》这首诗的内容,此时可以通过追加写入的方式进行,追加写入方式的实现格式如下:

```
变量 1 = open(文件地址,以追加写入的模式打开,encoding = 编码值)
变量 2 = 要写入的数据
变量 1.write(要写入的数据)
变量 1.close()
```

所以现在可以输入下面的 Python 代码:

```
fh1 = open("D:/pydir1/木兰花.txt","a",encoding = "gbk")
data = "木兰花\n 作者:晏殊\n 绿杨芳草长亭路,年少抛人容易去。楼头残梦五更钟,花底离愁三月雨。\n 无情不似多情苦,一寸还成千万缕。天涯地角有穷时,只有相思无尽处。"
fh1.write(data)
fh1.close()
```

执行了上面的代码后,打开文件"D:/pydir1/木兰花.txt",可以看到此时的内容如图 11-6 所示。

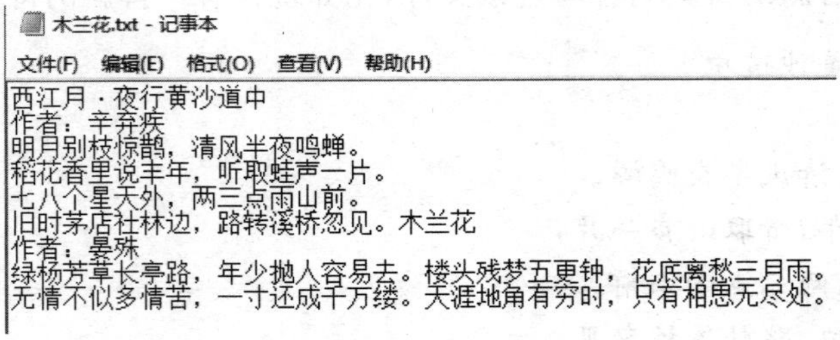

图 11-6　文件"D:/pydir1/木兰花.txt"里面的内容

可以看到,此时该文件中原来的内容没有被清除,而是在其后添加上了新内容,这就是追加写入方式的特点。

值得注意的是,如果我们使用二进制的方式打开,那么在数据写入之前,我们先要对数据进行编码的操作,编码可以使用 encode()方法进行。

如果使用二进制的模式打开对应的文件,要进行写入的操作,实现的常见格式如下:

```
变量 1 = open(文件地址,二进制的打开模式)
变量 2 = 待写入的数据
变量 3 = 变量 2.encode(对应的编码)
```

```
变量 1.write(变量 3)
变量 1.close()
```

比如我们可以输入如下 Python 代码：

```
fh1 = open("D:/pydir1/木兰花.txt","wb")
data1 = "木兰花\n作者：晏殊\n绿杨芳草长亭路,年少抛人容易去。楼头残梦五更钟,花底离愁三
月雨。\n无情不似多情苦,一寸还成千万缕。天涯地角有穷时,只有相思无尽处。"
data2 = data1.encode("gbk")
fh1.write(data2)
fh1.close()
```

执行了上面的代码之后,《木兰花》这首诗的内容就会全新地写进文件"D:/pydir1/木兰花.txt"中了,可以看到,上面的代码是通过二进制的方式打开的,所以对应的数据需要经过 encode()编码后才能传入 write()方法中进行写入的操作。

如果不进行 encode()编码,比如,将代码改为如下所示：

```
fh1 = open("D:/pydir1/木兰花.txt","wb")
data1 = "木兰花\n作者：晏殊\n绿杨芳草长亭路,年少抛人容易去。楼头残梦五更钟,花底离愁三
月雨。\n无情不似多情苦,一寸还成千万缕。天涯地角有穷时,只有相思无尽处。"
fh1.write(data1)
fh1.close()
```

会发现代码执行时出错,出错提示信息如下所示：

```
Traceback (most recent call last):
  File "D:/Python35/daima.py", line 3, in <module>
    fh1.write(data1)
TypeError: a bytes - like object is required, not 'str'
```

此时会提示我们需要二进制类型的数据,而不是字符串类型的数据,所以将字符串类型的数据通过 encode()编码之后,即可以转为二进制类型的数据,这样才能够写进去。

所以,如果文件是通过二进制的模式进行打开的,在写数据的时候,务必记得将字符串类型的数据通过 encode()编码转为二进制类型的数据之后,再传入 write()方法中进行写入操作。

11.5　如何删除文件

如果想删除某个文件,我们需要使用到 os 模块,可以使用如下格式的 Python 代码来实现：

```
import os
os.remove(要删除的文件路径)
```

如果现在我们想删除文件"D:/pydir1/木兰花.txt",可以通过如下代码来实现：

```
import os
os.remove("D:/pydir1/木兰花.txt")
```

执行了上面的代码后,文件"D:/pydir1/木兰花.txt"就会被删除。

我们知道,如果要删除一个目录,这个目录必须为空目录才行,如果该目录下有文件,是直接删除不了对应的目录的。

假如现在我们希望实现不管这个目录下有没有文件,都要删除这个目录这样一种功能,实现的思路可以是:先看该目录下有没有文件或者子文件夹,如果有子文件夹,进入这个子文件夹下面,然后删除所有的文件,随后删除该子文件夹,如果有文件,删除所有的文件,最后再来删除整个文件夹。

如果希望通过 Python 代码实现删除"D:/pydir1"目录的功能(不管其下有没有文件),我们可以按照上面的思路去编写 Python 代码,编写出来的 Python 代码如下所示:

```python
import os
#建立一个函数用于清空文件中的内容
def deldir(path):
    allfile = os.listdir(path)
    for i in range(0,len(allfile)):
        thisfile = path + "/" + allfile[i]
        #判断当前文件是不是文件夹
        if(os.path.isdir(thisfile)):
            #如果是文件夹,递归调用该函数去清空当前文件夹里面的内容
            deldir(thisfile)
            #清空后删除该文件夹
            os.rmdir(thisfile)
        else:
            #如果是文件,直接删除该文件
            os.remove(thisfile)
deldir("D:/pydir1")
#清空文件夹后,再调用 rmdir()删除要删除的这个文件夹
os.rmdir("D:/pydir1")
```

上面的代码中关键的部分已给出注释,执行了上面的代码之后,文件夹"D:/pydir1"已经成功被删除了,如果想不管对应的文件夹里面是否有数据,都进行删除,可以使用上面的程序去实现,删除其他文件夹只需要修改上面代码中的"D:/pydir1"路径部分的数据即可。

11.6 小结

(1) 文件操作简而言之就是对文件进行操作与使用,按照操作的渠道不同,可以分为通过人工操作与通过代码操作等,对于一些不算复杂的操作,使用人工操作非常方便,但是对于一些比较复杂的操作,使用代码控制则非常有必要。

(2) 如果要使用 readline()按行读完某个文件,关键点在于如何判断已经读完了所有行。实际上,即使文件中出现某行为空的情况,通过 readline()读取该空行的时候也会有"\n"等内容,因为该空行的后面还有内容就必然需要进行换行,所以,如果通过 readline()读取出来的内容为",就必然代表其后面没有数据了,自然也就代表着读到了文件的最后。

(3) 实现不管这个目录下有没有文件,都要删除这个目录的这样一种功能,实现的思路可以是:先看该目录下有没有文件或者子文件夹,如果有子文件夹,进入这个子文件夹下

面,然后删除所有的文件,随后删除该子文件夹,如果有文件,删除所有的文件,最后再来删除整个文件夹。

习题 11

通过二进制的方式打开上面提到的文件"D:/tmp/file1.txt",并且通过 readlines()读取里面的内容,解码后输出该列表中的数据。

参考答案:这里需要注意的重点是,读取出来的列表中每个元素都是二进制格式的数据,所以我们需要分别对该列表中的数据进行 decode()处理,而不能直接对整个列表直接进行 decode()处理,对应的参考代码如下所示:

```
fh1 = open("D:/tmp/file1.txt","rb")
data1 = fh1.readlines()
for i in range(0,len(data1)):
    line = data1[i]
    line2 = line.decode("gbk")
    data1[i] = line2
print(data1)
```

输出结果如下所示:

['暮江吟\r\n', '年代:唐 作者:白居易\r\n', '一道残阳铺水中,半江瑟瑟半江红.\r\n', '可怜九月初三夜,露似珍珠月似弓.']

第12章 异常处理技巧

在编写程序的时候,难免会出现这样或者那样的错误,出现这些错误并不可怕,可怕的是因为这些错误让我们的程序崩溃,使用异常处理可以很好地解决这些问题。在本章中,我们会为大家具体介绍异常处理的基础及相关使用技巧。

12.1 Python 异常概述

在学习异常处理之前,我们首先介绍异常的概念。

所谓异常,可以理解为程序运行的时候所检测到的错误。比如,程序的语法没有问题,让程序开始运行,在运行时发生了一些错误,此时我们也会称 Python 遇见了一些异常,一般来说,Python 程序在运行时遇到异常的时候,如果不进行异常处理,那么就会结束程序的运行。

一般来说,异常可以分为常规异常(也叫做标准异常)与自定义异常。

常规异常是 Python 已经定义好的异常类型,比如当满足某种异常特点的时候,会触发该异常特点所对应的异常类型。

比如,可以在 Python Shell 中输入以下程序:

```
>>> a = 7
>>> b = "hello"
>>> print(a + b)
Traceback (most recent call last):
  File "<pyshell#3>", line 1, in <module>
    print(a + b)
TypeError: unsupported operand type(s) for + : 'int' and 'str'
```

可以看到,上面的程序在运行的时候发生了异常,异常的类型为 TypeError,显然这一类异常是常规异常,只要满足类型错误的这种特点,就会触发 TypeError 这种类型的异常,这种异常类型是不需要我们自己定义的。

除了这种类型的常规异常之外,Python 中还有很多已经定义好的异常类型,读者可以参见 Python 的文档进行了解,具体地址是: https://docs.python.org/3/library/exceptions.html#bltin-exceptions。

事实上,很多时候我们并不需要关注引发的具体是哪一种类型的异常,更多的时候,我们只需要关注是否引发了异常,引发了异常之后又应该怎么处理这些事情。所以,如果读者有兴趣了解 Python 中各种自带的异常,参照上面的文档链接了解即可。

除了常规异常之外,还有自定义异常。所谓的自定义异常,即指的是我们自己所定义的异常类型,如何使用自定义异常的相关知识我们将在 12.3 节中进行具体介绍,在此只需要了解自定义异常的概念即可。

前面我们讲到,异常指的是程序在运行的时候所引发的错误,事实上,Python 程序的错误,不仅仅可以在运行的时候引发,有的错误在程序编写的时候就存在,我们一般将在编写的时候所出现的错误叫做语法错误,语法错误一般用 SyntaxError 来表示。

我们需要知道语法错误与异常之间的联系与区别。一般来说,在程序编写阶段所发生的错误,我们叫做语法错误;在程序运行阶段所引发的错误,我们叫做异常。如何判断一个程序的错误是语法错误还是异常,主要是看该错误发生的阶段。

比如,可以在 IDLE 中输入下面的程序:

```
print("Python")
```

注意,我们上面的程序前面留了一个空白,也就是说此时上面的程序的缩进是有问题的,显然这个时候,上面的程序出现了语法错误。不妨按 F5 键试着运行一下上面的程序,会出现如图 12-1 所示的界面提示错误信息。

可以看到,现在所出现的错误类型在弹出的窗口的左上角显示了,是 SyntaxError,也就是我们上面所说到的语法错误,而具体的错误类型为图 12-1 中的 unexpected indent,翻译过来就是"意想不到的缩进"的意思,简而言之,就是缩进发生的错误。

图 12-1　语法错误

语法错误是发生在程序的编写阶段的,而异常则是发生在程序的运行阶段的,这两者虽然都是错误,但所引发的阶段是不一样的。

12.2　如何抛出一个异常

即使程序运行时实际上没有出现错误,我们也可以在程序的某一个位置主动设置引发某个异常,由我们主动引发异常的这种行为叫做异常的抛出。

假如现在我们有以下的 Python 程序:

```
list1 = ["男","男","女","男","女"]
for i in range(0,len(list1)):
    print("第" + str(i + 1) + "个同学的性别是:" + list1[i])
```

上面程序的主要意思是,在列表变量 list1 中,存储着各同学的性别信息,然后我们通过 for 循环依次将各同学的性别信息输出。

上面程序的输出结果如下所示:

```
第 1 个同学的性别是:男
```

第 2 个同学的性别是：男
第 3 个同学的性别是：女
第 4 个同学的性别是：男
第 5 个同学的性别是：女

可以看到，上面的程序是没有发生任何异常的。如果我们希望在遇到性别是女的同学的时候，引发一个异常，这个时候就需要用到异常的抛出。

一般来说，抛出一个异常的格式如下：

raise 异常类型(提示信息)

这里的异常类型可以分为标准异常类型和自定义异常类型，当然，如果不确定具体的异常类型是什么，也可以使用通用异常类型，通用异常类型用 Exception 来表示。

比如，我们希望在遇到性别是女的同学的时候，抛出一个通用异常，并且提示"现在遇到的同学是女同学，所以暂时抛出一个异常"，我们可以对上面的 Python 程序进行修改，修改为如下所示：

```python
list1 = ["男","男","女","男","女"]
for i in range(0,len(list1)):
    if(list1[i] == "女"):
        raise Exception("现在遇到的同学是女同学,所以暂时抛出一个异常")
    print("第" + str(i + 1) + "个同学的性别是:" + list1[i])
```

执行上面的程序输出结果如下所示：

```
第 1 个同学的性别是：男
第 2 个同学的性别是：男
Traceback (most recent call last):
  File "D:\Python35\daima.py", line 4, in <module>
    raise Exception("现在遇到的同学是女同学,所以暂时抛出一个异常")
Exception: 现在遇到的同学是女同学,所以暂时抛出一个异常
```

可以看到，在上面的代码中，我们在 for 循环里面进行了一个条件判断，如果取出来的元素的值是"女"，则通过 raise 语句主动抛出一个异常，抛出的异常为通用异常类型，所以在执行结果中，当遍历到性别为"女"的数据之后，引发了一个通用异常 Exception，并且提示信息为"现在遇到的同学是女同学，所以暂时抛出一个异常"。

如果我们想引发其他类型的异常，比如主动抛出一个 TypeError(类型错误)异常，只需要将上面程序中的通用异常 Exception 部分换成具体的异常类型，如 TypeError 异常类型即可。

比如我们可以将程序再稍微修改一下：

```python
list1 = ["男","男","女","男","女"]
for i in range(0,len(list1)):
    if(list1[i] == "女"):
        raise TypeError("现在遇到的同学是女同学,所以暂时抛出一个异常")
    print("第" + str(i + 1) + "个同学的性别是:" + list1[i])
```

执行上面的程序结果如下：

第 1 个同学的性别是:男

第 2 个同学的性别是:男

Traceback (most recent call last):

　　File "D:\Python35\daima.py", line 4, in < module >

　　　　raise TypeError("现在遇到的同学是女同学,所以暂时抛出一个异常")

TypeError: 现在遇到的同学是女同学,所以暂时抛出一个异常

可以看到,此时抛出的异常类型已经变成了 TypeError 了。

当然,我们在抛出异常的时候尽量与异常类型的实际含义相对应。比如 TypeError 异常类型的含义是数据类型错误,而我们尽量在实际上程序是错误的时候才抛出该异常,显然,上面的程序中的实际含义是元素值等于女的时候抛出异常,实际含义并不是代表类型错误,虽然,我们按照上面的程序去使用不会出现任何问题,也没有任何的语法错误,但是,我们设置的抛出的异常的含义与程序执行的时候的实际含义不相吻合(如上面的实际含义是性别是女而已,并不是类型错误,而 TypeError 的含义是类型错误),我们是不推荐这么做的,如果不能确定程序执行的时候的实际含义与哪个异常类型相吻合,那么我们一般推荐抛出通用异常类型 Exception 即可。

关于异常的抛出,我们主要掌握上面的 raise 语句的使用就行。

12.3　自定义异常

有的时候,我们想自己定义一个异常类型也是可以的,在本节中,我们将为大家具体介绍自定义异常的使用。

如果想创建一个自定义异常类型,可以使用如下格式的代码实现:

格式 1:

```
class 自定义异常类型名(ValueError):
    异常内容
```

格式 2:

```
class 自定义异常类型名(Exception):
    def __init__(self,变量 1):
        self.变量 1 = 变量 1
    def __str__(self):
        return self.变量 1
```

上面的两种格式都可以实现定义一个自定义异常,在格式 1 中,ValueError 表示继承于 ValueError 类,所以相关的事项我们在类的主体内容里面不用过多处理,因为 ValueError 类中基本上相关的功能都已经处理好了。在格式 2 中,我们继承于通用异常 Exception 类,所以相关的初始化等过程还需要去处理,所以我们建立了一个初始化方法 __init__(),该方法中有一个变量,这个变量主要用于接收在引发异常时传进去的值,随后我们建立了 __str__() 方法,用于返回传进去的提示信息。

比如,我们如果希望对 12.2 节中的这个例子进行一些修改,希望引发的异常为自定义异常,我们可以将对应的例子修改为如下所示:

```
class SexError(ValueError):
    pass
list1 = ["男","男","女","男","女"]
for i in range(0,len(list1)):
    if(list1[i] == "女"):
        raise SexError("现在遇到的同学是女同学,所以暂时抛出一个异常")
    print("第" + str(i + 1) + "个同学的性别是:" + list1[i])
```

现在我们使用的是格式 1 这种格式进行自定义一个异常,可以看到,执行了上面的程序之后,输出结果如下所示:

```
第 1 个同学的性别是:男
第 2 个同学的性别是:男
Traceback (most recent call last):
  File "D:\Python35\daima.py", line 6, in <module>
    raise SexError("现在遇到的同学是女同学,所以暂时抛出一个异常")
SexError: 现在遇到的同学是女同学,所以暂时抛出一个异常
```

可以看到,执行了上面的程序之后引发了我们的自定义异常 SexError,并且输出了我们传过去的提示信息。

同样,我们也可以使用格式 2 去自定义一个异常,比如,我们可以将代码修改为如下所示:

```
class SexError(Exception):
    def __init__(self,param):
        self.param = param
    def __str__(self):
        return self.param
list1 = ["男","男","女","男","女"]
for i in range(0,len(list1)):
    if(list1[i] == "女"):
        raise SexError("现在遇到的同学是女同学,所以暂时抛出一个异常")
    print("第" + str(i + 1) + "个同学的性别是:" + list1[i])
```

现在我们使用格式 2 定义了一个自定义异常 SexError,执行了上面的代码后,会输出如下结果:

```
第 1 个同学的性别是:男
第 2 个同学的性别是:男
Traceback (most recent call last):
  File "D:\Python35\daima.py", line 9, in <module>
    raise SexError("现在遇到的同学是女同学,所以暂时抛出一个异常")
SexError: 现在遇到的同学是女同学,所以暂时抛出一个异常
```

可以看到,此时的效果跟使用格式 1 建立自定义异常的效果是类似的,在执行到对应的位置的时候,同样会触发 SexError 这个自定义异常,并且会输出我们传过去的提示信息。

12.4　异常处理及技巧

从上面的学习中我们可以体会到,当程序遇到异常或者我们主动抛出异常的时候,程序就会自动终结,提示出错信息,换一句话来说,当程序遇到异常(或者遇到抛出异常)的时候,程序会崩溃。

在很多时候,我们并不希望这种崩溃的情况出现,因为很多时候需要保证程序运行的稳定性,我们希望即使程序遇到异常,也可以继续运行下去,不至于崩溃,那么这个时候,我们可以使用异常处理来解决这个问题。

一般来说,异常处理会使用 try…except… 语句进行处理,具体的异常处理的使用格式如下所示:

```
try:
    主要程序部分
except 异常类型 as 别名:
    异常处理程序部分
```

上面的语句中,try 部分的语句下主要是放置我们需要正常执行的程序,而 except 部分主要是捕获异常,然后在 except 语句下主要放置我们处理异常的语句部分,即如果发生异常应该怎么做等我们都会写在 except 语句下面,except 语句可以有多个,即以下的这种异常处理格式也是可以的:

```
try:
    主要程序部分
except 异常类型 1 as 别名 1:
    异常处理程序部分 1
except 异常类型 2 as 别名 2:
    异常处理程序部分 2
except 异常类型 3 as 别名 3:
    异常处理程序部分 3
……
```

上面的这种处理格式主要的执行流程为:首先尝试着执行 try 下面的主要程序部分,如果发现异常,先执行第一个 except 语句,看一下是不是对应的异常类型,如果是,则执行异常处理程序部分 1,如果不是,则跳过第一个 except 语句,然后执行第二个 except 语句,同样看一下捕获的异常是不是就是发生的异常,如果是,进入该 except 语句下面的程序执行,如果不是则跳过,依次进行下去。

比如我们可以对 12.3 节中对应引发异常的程序进行异常处理,原 12.3 节中的程序如下:

```
class SexError(Exception):
    def __init__(self,param):
        self.param = param
    def __str__(self):
        return self.param
list1 = ["男","男","女","男","女"]
```

```
for i in range(0,len(list1)):
    if(list1[i] == "女"):
        raise SexError("现在遇到的同学是女同学,所以暂时抛出一个异常")
    print("第" + str(i + 1) + "个同学的性别是:" + list1[i])
```

如果我们希望,当发生异常之后,不会终结该程序的执行,而是跳过这一次的处理,进行下一次循环的处理。我们可以将上面的程序修改为如下所示:

```
class SexError(Exception):
    def __init__(self,param):
        self.param = param
    def __str__(self):
        return self.param
list1 = ["男","男","女","男","女"]
for i in range(0,len(list1)):
    try:
        if(list1[i] == "女"):
            raise SexError("现在遇到的同学是女同学,所以暂时抛出一个异常")
        print("第" + str(i + 1) + "个同学的性别是:" + list1[i])
    except Exception as err:
        print(err)
```

可以看到,我们在 for 循环里面进行了异常处理,如果某一次循环出现了异常,则会进入 except 部分捕获该异常,并输出该异常的内容,所以上面程序的执行结果如下:

```
第 1 个同学的性别是:男
第 2 个同学的性别是:男
现在遇到的同学是女同学,所以暂时抛出一个异常
第 4 个同学的性别是:男
现在遇到的同学是女同学,所以暂时抛出一个异常
```

可以看到,这个程序在遇到异常的时候,也不会终结程序的执行,会在遇到异常的时候,输出异常的内容,然后进入下一次 for 循环,这样,程序的“生命力”就顽强了,就不会在遇到异常的时候崩溃了。

比如,我们可以试着将上面的程序再修改一下,修改为如下所示:

```
class SexError(Exception):
    def __init__(self,param):
        self.param = param
    def __str__(self):
        return self.param
list1 = ["男","男","女","男","女"]
for i in range(0,len(list1)):
    try:
        if(list1[i] == "女"):
            raise SexError("现在遇到的同学是女同学,所以暂时抛出一个异常")
        print("第" + str(i + 1) + "个同学的性别是:" + list1[i])
    except TypeError as err1:
        print("执行第 1 个 except 语句下内容:" + str(err1))
    except SexError as err2:
        print("执行第 2 个 except 语句下内容:" + str(err2))
```

```
except Exception as err3:
    print("执行第 3 个 except 语句下内容:" + str(err3))
```

可以看到,现在我们的异常处理程序中,有多个 except 语句,大家可以先思考一下这个程序输出的内容是什么。

上面的程序执行之后,输出的内容如下所示:

第 1 个同学的性别是:男
第 2 个同学的性别是:男
执行第 2 个 except 语句下内容:现在遇到的同学是女同学,所以暂时抛出一个异常
第 4 个同学的性别是:男
执行第 2 个 except 语句下内容:现在遇到的同学是女同学,所以暂时抛出一个异常

可以看到,上面的异常处理中,出现异常的时候,执行的是第 2 个 except 语句下相对应的内容。事实上,其处理的过程是这样的:

首先,执行 try 语句下面的内容,如果当前这一次循环中没有发生异常,则不用管except 语句部分,一切正常执行,如果当前这一次循环发生了异常,那么首先尝试使用第 1 个 except 语句进行捕获异常,然后再尝试使用第 2 个 except 语句捕获异常,依次下去。由于第 1 个 except 语句能捕获 TypeError 这种类型的异常,而实际上我们所发生的异常是SexError,可以通过 SexError 异常来捕获,也可以通过通用异常 Exception 来捕获,不能够通过其他异常类型进行捕获,所以,显然程序中的第 1 个 except 语句无法捕获 SexError 这种类型的异常,所以接下来会尝试使用第 2 个 except 语句进行捕获,显然此时可以成功捕获到对应的异常,故而会进入第 2 个 except 语句下,执行对应的异常处理程序,处理完成之后,这一次的异常处理就不用管后面的 except 语句了,然后进入下一次循环,重复上述过程。

在发生异常的时候,上面会执行第 2 个 except 语句下的内容进行异常处理,上面的这个过程大家可以慢慢理解一下。

接下来介绍两个常见的异常处理的例子:异常处理在爬虫中的应用、异常处理在迭代器遍历中的应用。

实例 1:异常处理在爬虫中的应用。

比如,现在我们希望循环爬某个网页的内容,由于爬行间隔时间较短,访问速度较快,所以很可能会出现一些问题。

简单的爬虫,比如爬某个网页我们可以使用 urllib. request 模块下面的 urlopen( )这个方法进行,比如我们可以编写如下的程序,循环地爬 http://www. python. org 的内容,并且设置如果服务器 3 秒钟未响应,则判断为超时,超时判断通过下面代码中的 timeout 参数实现。

我们可以通过如下的程序去实现上面要求的功能:

```
import urllib. request
for i in range(0,100):
    print("第" + str(i) + "次爬行")
    urllib. request. urlopen("http://www. python. org",timeout = 3)
```

我们执行上面的程序,发现输出结果如下所示(由于读者的电脑的网络环境不一样,所

以执行结果可能稍有不同）：

```
第 0 次爬行
第 1 次爬行
第 2 次爬行
Traceback (most recent call last):
  File "D:\Python35\lib\urllib\request.py", line 1254, in do_open
    h.request(req.get_method(), req.selector, req.data, headers)
    …结果中代码太多,在此省略部分无关紧要的代码,节省篇幅…
    self._sslobj.do_handshake()
socket.timeout: _ssl.c:629: The handshake operation timed out

During handling of the above exception, another exception occurred:

Traceback (most recent call last):
  File "D:\Python35\daima.py", line 4, in <module>
    urllib.request.urlopen("http://www.python.org",timeout = 3)
    …结果中代码太多,在此省略部分无关紧要的代码,节省篇幅…
  File "D:\Python35\lib\urllib\request.py", line 1256, in do_open
    raise URLError(err)
urllib.error.URLError: <urlopen error _ssl.c:629: The handshake operation timed out>
```

可以看到,上面的程序在爬行第 3 次的时候,就出现了异常,自然,程序就崩溃了。那么如何才能让我们这个爬虫具有顽强的生命力呢？可以使用异常处理进行解决,大家可以思考一下如何进行。

```python
import urllib.request
import urllib.error
for i in range(0,100):
    try:
        print("第" + str(i) + "次爬行")
        urllib.request.urlopen("http://www.python.org",timeout = 3)
    #下面进行异常捕获
    except urllib.error.URLError as err:
        print(err)
    #如果发生除 urllib.error.URLError 以外的异常,通过 Exception 捕获
    except Exception as err2:
        print(err2)
```

上面的程序中,我们进行了异常处理,在每次循环中,我们都通过 try…except…来处理对应的异常,所以,即使某一次访问发生了异常,也不会让该爬虫程序崩溃,而是跳过这一次的爬行,进行下一次的爬行。

我们将上面的程序执行了一段时间后,结果如下所示：

```
第 0 次爬行
<urlopen error timed out>
第 1 次爬行
<urlopen error _ssl.c:629: The handshake operation timed out>
第 2 次爬行
…爬取次数太多,省略部分关系不大的结果…
```

第 21 次爬行
< urlopen error timed out >
第 22 次爬行
< urlopen error _ssl.c:629: The handshake operation timed out >
第 23 次爬行
……

可以看到,上面的爬虫在爬取网页的时候,有时出现了异常,但即使出现异常,该程序也没有崩溃掉,这就解决了一个异常处理的问题。

当然,这里的爬虫程序比较简单,主要是为了向大家说明一个问题,如果希望我们的爬虫程序在遇到异常的时候不会崩溃掉,可以继续运行下去,那么可以通过异常处理去解决这个问题,其他复杂的爬虫程序也可以通过这种方式去进行处理。

实例 2:异常处理在迭代器遍历中的应用。

比如现在有一个迭代器,我们希望通过 next()函数对这个迭代器里面的内容进行遍历,并将内容放到一个列表中,最终输出出来,但是,next()函数在遍历到迭代器里面最后一个元素之后,会引发一个异常,当引发该异常之后,程序自然就终结了,也就无法进行后续的内容的输出了。

假如,现在我们有一个迭代器 iter("hello"),我们希望对该迭代器进行上述的操作,可以尝试输入下面的程序:

```
it1 = iter("hello")
list1 = []
while True:
    list1.append(next(it1))
print(list1)
```

执行该程序之后,会发现出现如下结果:

```
Traceback (most recent call last):
  File "D:\Python35\daima.py", line 4, in < module >
    list1.append(next(it1))
StopIteration
```

显然,是 next()函数遍历完了迭代器里面的内容,所以引发了异常,自然后面的程序就无法执行了,此时如果我们使用异常处理的方法解决这个问题,应该怎么做呢?

我们可以尝试将上面的程序修改一下,修改为下面的程序:

```
it1 = iter("hello")
list1 = []
while True:
    try:
        list1.append(next(it1))
    # 如果出现 StopIteration 异常,说明此时已经遍历完了
    # 所以可以通过 break 终结该 while 循环
    except StopIteration as err1:
        break
    # 如果出现除了 StopIteration 异常之外的异常,通过下面的语句进行处理
    except Exception as err2:
```

```
        pass
print(list1)
```

上面的程序中,我们在 while 循环里面进行了异常处理,如果遍历完了迭代器里面的内容,则必然会引发 StopIteration 异常,我们只需要在 except 中捕获该异常即可,捕获了该异常之后,说明此时已经遍历完了迭代器里面的内容,所以我们可以通过 break 终结 while 循环,进行后续的输出操作了。

执行了上面的程序之后,输出结果如下:

```
['h', 'e', 'l', 'l', 'o']
```

可以看到,我们已经成功实现了对应的功能。

通过上面的学习,希望大家可以掌握异常处理基本的使用方法。其实,异常处理使用起来并不算难,但是非常重要,掌握了异常处理之后,可以让我们解决很多的问题,比如让我们的程序不再那么容易崩溃,让我们遇到异常的时候可以进行对应的操作等。

12.5　小结

（1）所谓异常,可以理解为程序运行的时候所检测到的错误。比如,程序的语法没有问题,让程序开始运行,在运行时发生了一些错误,此时我们也会称为 Python 遇见了一些异常,一般来说,Python 程序在运行时遇到异常的时候,如果不进行异常处理,那么就会结束程序的运行。

（2）即使程序运行时实际上没有出现错误,也可以在程序的某一个位置主动设置引发某个异常,由我们主动引发异常的这种行为叫做异常的抛出。

（3）当程序遇到异常或者我们主动抛出异常的时候,程序就会自动终结,提示出错信息,换一句话来说,当程序遇到异常（或者遇到抛出异常）的时候,程序会崩溃。在很多时候,我们并不希望这种崩溃的情况出现,因为很多时候需要保证程序运行的稳定性,我们希望即使程序遇到异常,也可以继续运行下去,不至于崩溃,那么这个时候,我们可以使用异常处理来解决这个问题。

习题 12

假如现在我们有一个文件"D:/tmp/file1.txt",现在需要读取文件的内容并输出出来,假如现在我们不确定该文件的编码格式,只知道这个文件的编码格式有可能是 utf-8,也有可能是 gbk,我们现在编写的程序如下所示:

```
# 自定义函数 readfile(),第 1 个参数为文件路径,第 2 个参数为以什么编码形式打开
def readfile(path,charset):
    data = open(path,"r",encoding = charset).read()
    print(data)
readfile("D:/tmp/file1.txt","utf - 8")
```

上面的程序执行的时候出现了如下的异常:

```
Traceback (most recent call last):
  File "D:\Python35\daima.py", line 4, in <module>
    readfile("D:/tmp/file1.txt","utf-8")
  File "D:\Python35\daima.py", line 2, in readfile
    data = open(path,"r",encoding = charset).read()
  File "D:\Python35\lib\codecs.py", line 321, in decode
    (result, consumed) = self._buffer_decode(data, self.errors, final)
UnicodeDecodeError: 'utf-8' codec can't decode byte 0xbd in position 2: invalid start byte
```

显然我们的编码格式猜错了。

如果我们不想通过这种猜的形式进行文件的读取,而希望修改一下上面的程序,实现这样的功能:如果是 utf-8 编码,则通过该编码打开,否则通过 gbk 编码打开,然后继续读取和输出相关的内容。

实现这个功能有很多种方法,假如现在我们需要通过异常处理的方式实现这个功能,请修改上面的程序,并调试输出结果。

参考答案:这里关键的部分就是如何对上面的程序进行异常处理,以下程序供大家进行参考:

```
def readfile(path,charset):
    data = open(path,"r",encoding = charset).read()
    print(data)
try:
    readfile("D:/tmp/file1.txt","utf-8")
except Exception as err:
    readfile("D:/tmp/file1.txt","gbk")
```

上面的程序中,我们对这个函数的调用部分进行了异常处理,假如出现异常,则换一种编码进行读取和输出,显然,不管文件是 utf-8 编码,还是 gbk 编码,都能够进行正常的读取,输出结果如下所示:

```
暮江吟
年代:唐 作者:白居易
一道残阳铺水中,半江瑟瑟半江红。
可怜九月初三夜,露似珍珠月似弓。
```

可以看到,文件里面的内容已经能够正常地读取并输出出来了。

第 13 章

12306火车票查询
与自动订票项目实践

每逢春节将至的时候,火车票的需求都比较紧缺,有的时候我们还会使用一些抢票软件来购买火车票。事实上,在学习了 Python 之后,我们也可以使用 Python 来编写一个小型的火车票自动购买系统,来帮助我们自动监控余票情况以及发现余票后自动提交订单,在下了订单之后,可以使用 Python 调用邮件接口或者短信接口自动发送提醒给我们,然后我们只需要登录后台支付对应的订单即可,这样就可以省去我们很多的人力。当然,在首次登录的时候,需要手动输一下验证码,但是这并不影响这个自动订票系统的使用,因为在登录之后,就可以让它自动帮助我们监控余票信息以及提交订单了。在本章中,我们会具体介绍如何使用 Python 来开发这样的一个系统。

13.1 火车票查询与自动订票项目功能分析

使用 Python 可以做很多有趣的项目或事情,为了让读者能够更好地掌握之前所学过的知识,提高综合运用能力,在本章中,我们会以火车票余票自动查询与自动订票项目为例介绍 Python 在实际项目中的运用,希望可以引导读者学会用 Python 去实现一些日常生活中的常见需求,能够尽量地学以致用。

在这个项目中,具体来说,我们要实现如下这些功能:

(1) 火车票余票自动查询;

(2) 自动登录 12306;

(3) 登录时进行验证码处理;

(4) 登录后保存登录状态;

(5) 获取到登录后的个人中心页面信息;

(6) 登录后实现余票自动查询;

(7) 实现可以选择某个车次,选择后自动提交订票信息;

(8) 提交订票信息后,自动列出所有可选择的用户;

(9) 选择订票用户后,自动进行确认订单,自动完成订单的提交与分配。

可以看到,需要实现的功能相对来说拆分起来还是比较多的,但实际上,只需要掌握这个功能的实现,就可以组合成为一个完整的项目。

13.2　火车票查询与自动订票项目实现思路

为了让读者在开发这个项目的时候可以有一个清晰的思路,我们有必要从总体上介绍一下这个项目的实现思路。

首先,我们如果要实现火车票余票的自动查询,其重点在于分析这些余票信息是怎么出来的。比如,是通过什么请求方式(get、pot 抑或其他)处理而来,又是通过请求哪个网址才请求出对应的数据的。当我们分析出这些余票信息数据是怎么查出来的时候,就可以使用 Python 代码去构造一些满足条件的请求,便可以自动触发请求出这些余票信息,请求出余票信息之后,通过我们之前所学过的正则表达式对这些关键的信息进行筛选,筛选后进行展现即可。

接下来我们要实现自动登录 12306 的功能,一般来说,很多站点实现登录都是通过 post 请求进行的,如果要实现登录 12306,同样也是需要分析对应的 pos 请求,需要分析出 post 的数据格式与内容,以及真实的 post 地址,随后,我们可以构造出相关数据使用 Python 程序自动 post 过去即可。这里对于初学者来说,难点有两个:

(1)验证码数据如何构造?因为 12306 使用的是图片选择类型的验证码,相对来说还是比较复杂的,即使使用半自动的方式进行,也需要分析出对应的验证码识别的传递规律,事实上,其验证码是通过位置坐标进行传递的,我们只需要知道选择第几幅图片验证码,便可以构造出对应的坐标出来。

(2)登录之后如何保持登录的状态?因为 HTTP 是无状态协议,登录了之后,只是代表这一次登录成功,系统并不会保持我们的登录状态,所以,我们还需要进行会话控制,常见的就是使用 Cookie 处理的方式进行会话控制。如果想保持登录状态,那么就必须要先进行 Cookie 处理。

在登录的这个功能中,事实上包含了 Cookie 处理以及验证码处理的内容,由于这两个内容对于初学者来说可能比较难理解,所以我们把 Cookie 处理部分单独列为一个小节进行介绍。

在登录之后,我们就可以访问需要登录才能访问的深层页面(一般我们会把需要登录或者授权之后才能访问的页面叫做深层页面)了,比如我们可以访问个人中心页面,去体验一下深层页面的爬取。

随后我们需要进行自动订票功能的实现,自动订票功能可以分为两部分:一部分是自动提交车次订单。由于 12306 在添加了联系人之后还需要再次确定订单才能够进行车票的分配等后续处理,所以我们还需要进行另一部分的内容,即实现订单的自动确认的功能。自动确认之后,相关的车票就能分配到我们的账户中,换句话说,就是实现了订票(抢票),自动订票功能的实现这一部分相对来说会稍微难一些,主要难点在于对各请求的分析以及对数据的构造,因为这些车票每一次请求它对应的 secretStr、leftTicketStr、key_check_isChange、Token 等很多信息都是会变化的,所以我们需要使用 Python 代码在最近的一次请求中对这些信息进行提取并构造为指定的形式。

通过上面的介绍,希望读者可以初步对整个余票查询及订票系统的实现思路有一个总体的印象。

13.3 火车票余票自动查询功能的实现

接下来将分别介绍 12306 火车票查询与自动订票项目的各项功能的实现,首先介绍火车票余票自动查询功能的实现。

在 12306 系统中,目前查询火车票余票是不需要登录网站的,我们可以在不登录的情况下实现相关功能。

首先我们来分析一下 12306 站点上余票查询这个网页的网址结构及请求方式。

打开余票查询这个网页(https://kyfw.12306.cn/otn/leftTicket/init),目前,12306 网站的车票预订以及余票查询都是通过这个网页进行的,打开该网址后,我们可以看到如图 13-1 所示的界面。

图 13-1　12306 车票预订界面

输入出发地、目的地、出发日等信息之后,单击"查询"按钮便可以出现对应的数据。但是,单击了"查询"按钮之后,为什么会出现这些数据呢? 这是我们需要思考的问题。为了了解这个原理,我们可以按键盘上的 F12 键,便会出现一个网页调试工具,通过这个工具,我们可以清晰地知道操作时各个请求的细节,按了 F12 键后,会出现如图 13-2 所示的界面。

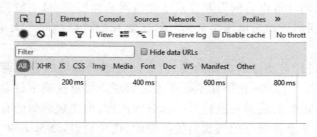

图 13-2　按 F12 键后出现的界面

在这个界面中选择 Network 选项,如图 13-2 所设置的一样,选择这个选项代表我们需要监听网络相关的信息。

随后,我们可以单击网页中的"查询"按钮,目前我们所设置的出发地为杭州,目的地为桂林,出发日为 2017-03-31,单击了该按钮之后,网页中便可以出现对应的车次信息,同样,在 F12 键所调出来的界面中,也会出现如图 13-3 所示的一些请求细节方面的信息。

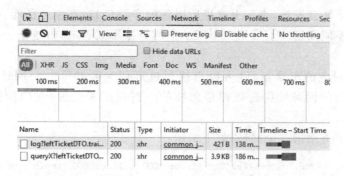

图 13-3 调试工具所监听到的请求细节信息

可以看到，此时我们触发了两个网址，一个是：

https://kyfw.12306.cn/otn/leftTicket/log?leftTicketDTO.train_date＝2017-03-31&leftTicketDTO.from_station＝HZH&leftTicketDTO.to_station＝GLZ&purpose_codes＝ADULT

另外一个是：

https://kyfw.12306.cn/otn/leftTicket/queryX?leftTicketDTO.train_date＝2017-03-31&leftTicketDTO.from_station＝HZH&leftTicketDTO.to_station＝GLZ&purpose_codes＝ADULT

也就是说，网页上出现的这些车次信息必然与这两个网址中的某一个关系密切。我们不妨复制这两个网址依次在浏览器上打开，会发现上面的第一个网址信息不多，而第二个网址信息格式大致如下所示：

{"train_no":"5e000G234230","station_train_code":"G2343","start_station_telecode":"NGH", "start_station_name":"宁波","end_station_telecode":"NFZ","end_station_name":"南宁东
…信息较多，为了方便读者阅读，此处省略部分…
","from_station_telecode":"HGH","from_station_name":"杭州东 GOhBJ26mOEp5RGsLLZBGoKfAdj3NeFe％2F16b5aKjo％0AVjFxvg％3D％3D","buttonTextInfo":"预订"}

而现在，我们可以对比一下查询出来的车票结果页面，如图 13-4 所示。

杭州 --> 桂林（3月31日 周五）共计8个车次

车次	出发站 到达站	出发时间▲ 到达时间▼	历时	商务座	特等座	一等座	二等座	高级 软卧	软[
G1505 ▾	杭州东 桂林	09:19 17:21	08:02 当日到达	4	—	2	有	—	
G1503 ▾	杭州东 桂林	09:58 18:13	08:15 当日到达	无		无	无		
G2343 ▾	杭州东 桂林	10:35 19:17	08:42 当日到达	3		有	有		
K149 ▾	杭州东 桂林北	10:44 05:10	18:26 次日到达	—		—	—		无
G1501 ▾	杭州东 桂林	11:03 19:01	07:58 当日到达	2		无	无		
T77 ▾	杭州东 桂林北	13:19 05:30	16:11 次日到达	—		—			5

图 13-4 单击"查询"按钮后查询出来的结果页面

仔细观察一下便会发现,事实上这里所出现的车票信息,在刚才的第二个网址中都有,只不过展现形式不同而已。上面第二个网址中的数据形式为 json,这是一种非常常用的数据格式。

如果想查询对应的车票信息,可以直接通过形如上面的第二个网址进行直接查询。关键问题是:上面的网址的构造规律是怎样的? 查询出来之后,对应的信息又应该怎么提取?

首先观察一下上面第二个网址,如下所示:

> https://kyfw. 12306. cn/otn/leftTicket/queryX?leftTicketDTO. train _ date = 2017 - 03 - 31&leftTicketDTO. from_station = HZH&leftTicketDTO. to_station = GLZ&purpose_codes = ADULT

刚才所查询的车票信息的出发地为杭州,目的地为桂林,出发日为 2017-03-31,并且查询的是成人票(区别于学生票),可以观察到,上面网址中的 2017-03-31 就是我们所设置的出发日期,所以,控制查询日期可以通过上面的 eftTicketDTO. train_date 字段进行。上面的 ADULT 就对应我们所设置的成人票,所以控制是成人票还是学生票可以通过上面的 purpose_codes 字段进行控制,而上面的其他两个字段 leftTicketDTO. from_station 以及 leftTicketDTO. to_station 稍微分析一下便可知道必然代表的是我们设置的出发地以及目的地,但这里在网址中显示的是 HZH 以及 GLZ,显然不是汉字杭州与桂林,可以发现,这两个编码与我们站点的汉语拼音首字母很像,之所以说很像,是因为其并不完全一样,这些编码可以将它称为火车票对应的城市的三字码,这些三字码与机场三字码类似,但是各个城市与编码的对应关系火车的三字码与机场的三字码会稍有不同。

关于火车票的三字码,可以根据我们上面的方法进行请求然后得到对应城市与编码的关系,并存储起来,这样就可以供以后使用了。

在此我们总结了后面可能需要用到(当然不一定会全部用到)的几个常见城市的三字码关系,如表 13-1 所示。

表 13-1　本项目可能用到的几个常见城市以及三字码对应关系

城　市　名	对应三字码	城　市　名	对应三字码
上海	SHH	昆山	KSH
北京	BJP	杭州	HZH
南京	NJH	桂林	GLZ

在程序中,为了方便使用,可以将这些三字码以字典的形式进行存储,比如存储为:

{"城市 1":"三字码 1","城市 2":"三字码 2",…}

类似于这种方式进行存储,所以表 13-1 中的对应关系可以在程序中通过如下字典进行存储:

areatocode = {"上海":"SHH","北京":"BJP","南京":"NJH","昆山":"KSH","杭州":"HZH","桂林":
"GLZ"}

这样,我们就基本上知道了上面查询余票信息对应请求网址的格式了,如下所示:

https://kyfw. 12306. cn/otn/leftTicket/queryX?leftTicketDTO. train ＿ date ＝ 出 发 日 期
&leftTicketDTO.from_station＝出发城市三字码&leftTicketDTO.to_station＝目的城市三字码
&purpose_codes＝成人还是学生

现在,我们还不能确定可查询学生票,所以可以查询一次学生票的相关信息,然后同样
观察对应的网址会发现查学生票的时候,网址变成了如下所示:

https://kyfw.12306.cn/otn/leftTicket/queryX?leftTicketDTO.train_date＝2017－03－31&leftTicketDTO.
from_station＝HZH&leftTicketDTO.to_station＝GLZ&purpose_codes＝0X00

可以看到,现在 purpose_codes 字段对应的值变成了 0X00,所以,如果想查询成人票,
该字段的值为 ADULT,如果想查询学生票,该字段的值为 0X00。

在了解了这些基本信息之后,便可以写 Python 程序来实现对应的余票查询的功能了,
主要思路是构造出对应的网址,然后通过 urllib. request 模块进行网页内容的获取。

首先,我们可以输入以下 Python 程序,先实现网址的构造,核心代码部分已经给出了
注释:

```
#常用三字码与站点对应关系
areatocode ＝{"上海":"SHH","北京":"BJP","南京":"NJH","昆山":"KSH","杭州":"HZH","桂林":"GLZ"}
#输入出发城市名并转为三字码
start1 ＝ input("请输入起始站:")
start ＝ areatocode[start1]
#输入目的城市名并转为三字码
to1 ＝ input("请输入到站:")
to ＝ areatocode[to1]
isstudent ＝ input("是学生吗?是:1,不是:0")
date ＝ input("请输入要查询的乘车开始日期的年月,如 2017－03－05:")
if(isstudent ＝＝ "0"):
    student ＝ "ADULT"
else:
    student ＝ "0X00"
#根据我们刚才总结的规律,构造需要请求的 url 网址
url ＝ " https://kyfw. 12306. cn/otn/leftTicket/queryX?leftTicketDTO. train＿ date ＝ " ＋ date ＋
"&leftTicketDTO.from_station ＝ " ＋ start ＋ "&leftTicketDTO. to_station ＝ " ＋ to ＋ "&purpose_
codes ＝ " ＋ student
```

执行上面的程序会发现,提示输入起始站点,此时输入要出发的城市名即可,值得注意
的是,限于篇幅关系,我们字典中仅存储了一些常用的城市与三字码信息,所以站点名只能
输入我们字典中有的城市,没有的城市输入之后无法转为对应的三字码,如果需要使用更多
的城市,可以按照我们上面的步骤去获取对应城市与三字码的关系,然后一并存储到字典中
即可。

提示输入起始站后,我们可以输入"上海",如下所示:

请输入起始站:上海

随后,会继续提示我们输入一些基本的信息,如下所示:

请输入到站:北京
是学生吗?是:1,不是:00

请输入要查询的乘车开始日期的年月,如 2017 - 03 - 05:2017 - 04 - 07

输入完成之后,对应的网址会自动构造完成,所以此时可以看一下构造出来的网址,可以查看一下当前的 url 变量,如下所示:

```
>>> url
' https://kyfw. 12306. cn/otn/leftTicket/queryX?leftTicketDTO. train _ date = 2017 - 04 -
07&leftTicketDTO. from_station = SHH&leftTicketDTO. to_station = BJP&purpose_codes = ADULT'
```

可见,现在的网址已经自动构造完成,获取该网址的内容之后,便可以获取出所有车票信息了,可以使用 urllib. request 模块实现网页内容的获取,我们可以接着上面的代码继续输入下面的 Python 代码实现相关的功能:

```
import urllib. request
data = urllib. request. urlopen(url). read(). decode("utf - 8","ignore")
```

现在,变量 data 中就存储着所有的车票信息,存储的数据形式为 json。

接下来我们需要实现,如何从变量 data 中提取出我们所关注的信息。

比如现在我们希望将车次、出发站名、到达站名、出发时间、到达时间、一等座、二等座、硬座、无座等信息提取出来,我们可以逐项分析提取的正则表达式。

首先我们可以分析一下车次信息如何提取。

我们可以以其中的某一个车次为例进行分析,比如我们就以上面的图 13-1 中的 G1503 车次进行分析,查看对应的 json 数据所在的网页,然后搜索 G1503,如图 13-5 所示。

图 13-5　搜索 G1503 后出现的匹配项

可以看到,在 json 数据所在的网页中,车次部分的主要存储结构如下:

```
"station_train_code":"G1503"
```

所以,如果想提取车次信息,可以通过正则表达式'"station_train_code":"(. * ?)"'实现,同样地,可以用同样的方法去分析出发站名、到达站名、出发时间、到达时间、一等座、二等座、硬座、无座等信息提取的正则表达式,最终我们可以得到如下关系:

提取出发站名的正则:'"from_station_name":"(. * ?)"'
提取到达站名的正则:'"to_station_name":"(. * ?)"'
提取出发时间的正则:'"start_time":"(. * ?)"'
提取到达时间的正则:'"arrive_time":"(. * ?)"'
提取一等座票数的正则:'"zy_num":"(. * ?)"'
提取二等座票数的正则:'"ze_num":"(. * ?)"'
提取硬座票数的正则:'"yz_num":"(. * ?)"'
提取无座票数的正则:'"wz_num":"(. * ?)"'

所以最终可以接着上面的程序,继续写上如下的程序实现信息的提取与输出:

```
import re
#车次、出发站名、到达站名、出发时间、到达时间、一等座、二等座、硬座、无座
patcode = '"station_train_code":"(.*?)"'
code = re.compile(patcode).findall(data)
patfrom = '"from_station_name":"(.*?)"'
fromname = re.compile(patfrom).findall(data)
patto = '"to_station_name":"(.*?)"'
toname = re.compile(patto).findall(data)
patstime = '"start_time":"(.*?)"'
stime = re.compile(patstime).findall(data)
patatime = '"arrive_time":"(.*?)"'
atime = re.compile(patatime).findall(data)
#一等座
patzy = '"zy_num":"(.*?)"'
#二等座
patze = '"ze_num":"(.*?)"'
#硬座
patyz = '"yz_num":"(.*?)"'
#无座
patwz = '"wz_num":"(.*?)"'
zy = re.compile(patzy).findall(data)
ze = re.compile(patze).findall(data)
yz = re.compile(patyz).findall(data)
wz = re.compile(patwz).findall(data)
print("车次\t出发站名\t到达站名\t出发时间\t到达时间\t一等座\t二等座\t硬座\t无座")
for i in range(0,len(code)):
    print(code[i] + "\t" + fromname[i] + "\t" + toname[i] + "\t" + stime[i] + "\t" + atime[i] +
"\t" + str(zy[i]) + "\t" + str(ze[i]) + "\t" + str(yz[i]) + "\t" + str(wz[i]))
```

然后可以执行刚才所编写的所有程序,会出现如下结果,我们输入的数据通过加粗表示:

请输入起始站:上海
请输入到站:北京
是学生吗?是:**1**,不是:**00**
请输入要查询的乘车开始日期的年月,如 2017 - 03 - 05:**2017 - 03 - 31**

车次	出发站名	到达站名	出发时间	到达时间	一等座	二等座	硬座	无座
G102	上海虹桥	北京南	06:39	12:18	有	有	--	--
G104	上海虹桥	北京南	06:53	12:23	有	有	--	--
G6	上海虹桥	北京南	07:00	11:55	有	有	--	--
G106	上海虹桥	北京南	07:10	12:42	有	有	--	--
G108	上海虹桥	北京南	07:20	13:11	有	有	--	--
G110	上海虹桥	北京南	07:28	13:26	有	有	--	--
G12	上海虹桥	北京南	08:00	13:16	有	有	--	--
G112	上海虹桥	北京南	08:05	14:08	有	有	--	--
G114	上海虹桥	北京南	08:10	14:12	有	有	--	--
G2	上海虹桥	北京南	09:00	13:49	有	4	--	--
G116	上海虹桥	北京南	09:34	15:23	有	有	--	--

…车次太多,此处省略部分车次信息,方便读者阅读…

| G158 | 上海虹桥 | 北京南 | 17:34 | 23:20 | 有 | 有 | -- | -- |

```
G160    上海虹桥   北京南    17:39   23:28   有   有   --   --
T110    上海      北京      18:02   09:30   --   --   无   有
G8      上海虹桥   北京南    19:00   23:49   有   有   --   --
D312    上海      北京南    19:10   07:07   --   无   --   --
D322    上海      北京南    19:53   07:45   --   无   --   --
D314    上海      北京南    21:08   08:55   --   无   --   --
```

可以看到,现在已经能够成功实现余票查询的功能,这个小的功能中,难点在于如何分析出 json 数据所在网址的 URL 结构规律,以及如何构造出对应的请求网址,另外一个难点在于如何从所有的 json 形式的车票信息中提取出我们所关注的车票信息并输出。

13.4 Cookie 处理实践

如果要让登录之后保持登录状态,我们可以进行 Cookie 处理以实现这样的功能。

一般来说,我们会使用 http. cookiejar 模块进行 Cookie 处理,处理的思路为:先通过 http. cookiejar. CookieJar()建立一个 cookiejar 对象,然后基于该对象构建一个 urllib. request. HTTPCookieProcessor()对象,再基于 urllib. request. HTTPCookieProcessor()对象建立一个 opener 对象即可,在构建了 opener 对象之后,为了方便使用 opener 对象中的设置,我们可以将 opener 对象安装为全局,安装为全局之后,就可以在 urlopen()等方法中也能够使用 opener 对象中的设置了。

使用 Python 进行 Cookie 处理,具体可以通过下面的代码进行实现,关键部分已经给出注释:

```
#建立 cookie 处理
#建立一个 cookiejar 对象
cjar = http. cookiejar. CookieJar()
#基于对应的信息建立一个 opener 对象
opener = urllib. request. build_opener(urllib. request. HTTPCookieProcessor(cjar))
#将 opener 安装为全局
urllib. request. install_opener(opener)
```

在进行了上面的 Cookie 处理之后,在接下来所写的程序中,就会自动保存相关的 Cookie 了,这样一来,在登录网页之后,就能保持对应的登录状态了,并且,在访问一些网页之后,如果需要记录 Cookie 信息,在进行了上面代码的 Cookie 处理之后,Cookie 也能够自动记录了。

如果希望在上面一节中完成余票查询的功能之后,并不马上进入下面的处理,而是根据我们的选择决定是否继续进行 Cookie 处理、登录或者订票,此时,我们可以在 Cookie 处理程序与余票查询程序的中间加上下面的代码:

```
isdo = input("查票完成,请输入 1 继续…")
if(isdo == 1 or isdo == "1"):
    pass
else:
    raise Exception("输入不是 1,结束执行")
print("Cookie 处理中…")
```

可以看到,此时会等待我们输入,如果我们输入 1,则进入下一步,如果我们输入的是其他数据或者信息,这会引发一个异常,退出程序的执行,这样就可以根据我们的实际需求来决定是否要进行后续的步骤了。

比如,执行上面的所有程序,在余票查询完之后,会提示我们输入如下所示的信息:

```
查票完成,请输入 1 继续 …1
Cookie 处理中 …
```

可以看到,上面的程序中我们输入 1,则会进入下一步 Cookie 处理的过程,如果我们不想让程序执行下去了,可以输入其他数据或者信息,比如输入 0,则会出现下面的结果:

```
Traceback (most recent call last):
  File "D:/Python35/daima.py", line 54, in <module>
    raise Exception("输入不是 1,结束执行")
Exception: 输入不是 1,结束执行
```

可以看到,这样就能成功引发一个异常,退出程序的执行。

至此,Cookie 处理的部分已经完成了,然后我们便可以进行下一步的登录部分功能的实现。

13.5 自动登录 12306 及验证码处理实践

如果要实现自动登录,我们首先需要明白登录的原理等相关的基本知识。

一般来说,要实现一个网站的登录,可以首先分析出实现登录的网页请求方式及具体请求有哪些,一般来说,如果要进行登录,很多网站会采用 post 的方式进行数据请求,很多时候,会将所需要的验证信息整理为指定的格式,然后通过 post 请求传递过去,若在服务器上验证成功,则返回成功的登录结果,并可以使用 Cookie 保持登录成功的状态,若在服务器上验证信息验证失败,比如账号、密码或者验证码出现不匹配的情况,则会返回失败的登录结果。

接下来具体分析登录 12306 网站时的具体请求细节。

首先我们可以打开 12306 登录界面,如图 13-6 所示。

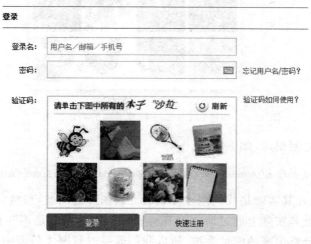

图 13-6 12306 的登录界面

可以看到,当前出现了一个表单,可以让我们填写账号和密码,同时还出现了验证码选择框。

如果要实现自动登录,就必须要自动获取到这张验证码图片,我们尝试着在网页源码中找一找这张图片,可以先复制一下这张图片的网址,复制出来的结果如下所示:

    https:// kyfw. 12306. cn/otn/passcodeNew/getPassCodeNew? module = login&rand = sjrand&
    0.7692224134741246

然后可以在网页上右击,选择"查看源文件"命令,便可以查看到该网页对应的源码。我们尝试按 Ctrl+F 组合键调出查找页面,然后查询一下该网址在网页源代码中的位置,会发现没有任何匹配,如图 13-7 所示。

显然,验证码图片并不是在网页源码中,所以,每次请求登录网页时的这张验证码是异步加载过来的,为了了解这张验证码是如何加载出来的,可以在登录页面中同样按 F12 键将调试工具调出来,并且刷新一下网页,在调试工具页面中,有类似如图 13-8 所示的网址出现。

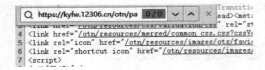
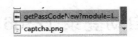

图 13-7　在网页源代码中搜索图片网址　　　图 13-8　调试工具页面中出现的网址

单击出现的各个网址,当单击到如图 13-8 中所示的 getPass…网址时,我们会发现该网址所对应的内容就是验证码图片,比如可以在调试页面中将标签切换到 Preview,如图 13-9 所示。

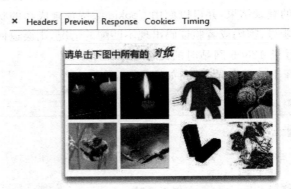

图 13-9　切换到 Preview 标签看到的验证码图片

可以将该网址复制出来,如下所示:

https://kyfw.12306.cn/otn/passcodeNew/getPassCodeNew?module = login&rand = sjrand&0.9772852204533071

可以发现,该网址其实就是我们刚才复制验证码图片的网址,当然,有的时候,验证码图片上复制出来的网址和实际上通过请求细节所分析出来的网址是不一样的,这个时候就要以通过请求细节所分析出来的网址为准,所以我们需要进行刚才后面的请求细节的分析,只不过这里这两个网址刚好是一样的。

所以，在使用Python实现12306的自动登录的时候，可以先爬一遍登录界面所对应的网页：

https://kyfw.12306.cn/otn/login/init

然后，再通过刚才所分析出来的验证码图片网址自动将验证码图片下载到本地，以供我们浏览，如果使用接口去自动识别对应的验证码，也可以直接将该图片传到对应的接口中即可，这里我们使用的是半自动处理的方式，所以暂时不需要用到接口。

那么得到这些信息之后，我们在登录的时候，数据又是怎么传到服务器的呢？

我们不妨在网页中输入账号和密码，以及选中对应的验证码，先人工登录一下，在登录的时候，注意观察一下网页调试页面中对应请求细节的变化。

首先可以输入如图13-10所示的内容，在这里，如果输入了正确密码，则会登录成功，登录成功之后，会跳转到个人中心，所以会触发大量的请求，为了让请求的数量信息不那么大，便于我们分析，我们可以故意输错密码，这样对应的请求会发到服务器中，我们可以分析出对应的规律，同时服务器也不会验证成功，自然也不会跳转到新页面中，这样就可以大大方便我们的分析。

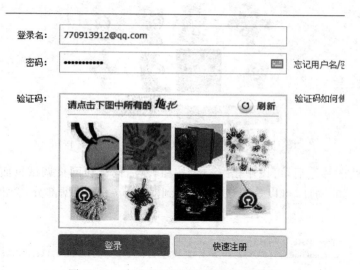

图13-10　在登录页面尝试输入对应数据

然后单击"登录"按钮，此时触发了3个网址，我们单击第一个触发的网址"check…"进行分析，如图13-11所示。

图13-11　分析第一个触发的网址

单击选中该网页，然后将右边的标签切换到Headers中，在这里可以分析出相关的请求信息，此时的请求为post类型，真实的post地址为图13-11中所示的https://kyfw.12306.

cn/otn/login/loginAysnSuggest，随后，往下拖动该页面，便可以看到如图 13-12 所示的具体请求信息。

▼ Form Data   view source   view URL encoded
    randCode: 24,115,252,120
    rand: sjrand

图 13-12   第一个网页的具体请求信息

可以看到，这里有两个字段，第一个字段名为 randCode，另一个字段名为 rand，我们发现 randCode 其实是坐标的形式，刚才我们选择了两个图片，即第 5 张和第 8 张图片。实际上，以该图片的左上角为起始坐标原点，这里的数字就是这两张图片的坐标位置，当然，如果不确定，也可以多次进行上面的请求，每次选中不同的图片，便可以对比观察出对应的规律。所以，第 5 张图片的坐标是(24,115)，第 8 张图片的左边是(252,120)。

为了更好地得到各个图片的坐标，我们可以一次选中 8 张图片，并且尽量选中在每张图片的中心的位置，如图 13-13 所示。

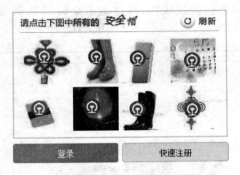

图 13-13   选中全部 8 张图片并单击"登录"按钮

选中了这些图片之后，可以单击"登录"按钮，然后同样在网页调试页面中会找到新触发的形如"check…"的网址，可以选中该网址，找到对应 post 的数据部分，会出现如图 13-14 所示的信息。

▼ Form Data   view source   view URL encoded
    randCode: 35,37,112,38,173,41,253,45,27,116,105,114,172,118,253,1
19
    rand: sjrand

图 13-14   对应的 post 数据

可以看到，randCode 中有 16 个数字，这 16 个数字分别代表着 8 张图片的坐标，我们整理一下，可以看到 8 张图片的坐标如下所示：

```
1:(35,37)
2:(112,38)
3:(173,41)
4:(253,45)
5:(27,116)
6:(105,114)
7:(172,118)
8:(253,119)
```

上面的冒号左边的部分代表图片的序号,右边部分代表对应图片的坐标,可以发现,第1234张图片的纵坐标很相近,都在37～45之间,这其实是我们选中的误差所导致的,只要选中的范围在图片的范围内,都算正确。

而这里的第1、5张图片的横坐标,以及第2、6张图片的横坐标等都很相近,因为它们处在同一个列上,自然横坐标相近,纵坐标变化。

所以,我们会发现第1、2、3、4列图片的横坐标分别可以取35、112、173、253,而第1、2行图片的纵坐标分别可以取45、114,当然,也可以取其他的数值,只要误差在选中的图片坐标范围内即可,为了简便我们就直接根据所出现的这些数据进行估算了。

所以最终,这8张图片的坐标,可以初步估算出来,如下所示:

```
1:(35,45)
2:(112,45)
3:(173:45)
4:(253:45)
5:(35,114)
6:(112,114)
7:(173,114)
8:(253,114)
```

估算出来之后,当我们选择某一张图片的时候,就可以直接得到对应图片的近似选中坐标。

接下来我们继续分析,如图13-12中所示的rand字段,其值基本上是固定的,都是sjrand,图13-11中的这一个post请求我们可以看成是验证码验证请求,因为这里面只有验证码相关的字段传递到服务器中。

接下来我们继续分析图13-11中所触发出来的第二个网址,我们选中该网址之后,效果如图13-15所示。

图13-15　分析第二个触发的网址

可以看到,在验证码验证请求完成之后,紧接着会触发该网址,该网址的请求也是通过post进行的,所以我们可以拖到下面查看其对应的post数据,如图13-16所示。

图13-16　第二个触发的网址的具体post数据

我们会发现,这里主要有三个字段,第一个字段所对应的值就是我们输入的账号,所以该字段loginUserDTO. user_name代表对应的账号信息,而第二个字段就是我们刚才所输入的密码,由于涉及一些隐私信息,通过马赛克屏蔽掉了一部分,所以,第二个字段userDTO. password主要代表我们输入的密码,而第三个字段名为randCode,显然就是我们的验证码坐标信息。如果希望 post 对应的信息过去，需要构造这三个字段，然后将对应的信息 post 到对应的网址 https://kyfw.12306.cn/otn/login/loginAysnSuggest 中。

而图 13-15 中的第三个触发出来的网址，如果读者有兴趣也可以分析一下，事实上它就是验证码获取网址，因为我们在输错密码之后，需要重新获取验证码，这一次触发出来的网址与我们登录时的关系不大，因为我们之前就获取了验证码了，所以这一个请求我们就不具体分析了。

在有了上面的这些分析与基本原理过程的理解之后，我们便可以进行程序的编写了。

首先我们可以建立一个函数，专门用于获取图片的坐标，比如当我们选中某一张图片之后，可以直接返回对应的坐标，我们可以通过以下 Python 代码来实现：

```python
print("Cookie 处理完成,正在进行登录")
def getxy(pic):
    if(pic == 1):
        xy = (35,45)
    if(pic == 2):
        xy = (112,45)
    if(pic == 3):
        xy = (173,45)
    if(pic == 4):
        xy = (253,45)
    if(pic == 5):
        xy = (35,114)
    if(pic == 6):
        xy = (112,114)
    if(pic == 7):
        xy = (173,114)
    if(pic == 8):
        xy = (253,114)
    return xy
```

可以看到，在这里我们定义了一个名为 getxy() 的函数，里面的参数代表需要获取的图片的序号，然后在该函数里面通过 if 进行判断，并且将我们估算出来的坐标值赋值给对应的变量，最终返回该坐标变量。

比如可以执行上面的这个函数，并试着输入下面的代码：

```python
>>> getxy(3)
(173, 45)
>>> getxy(6)
(112, 114)
```

可以看到，当我们选择第 3 张图片的时候，会自动返回我们估算的坐标(173，45)，当选择第 6 张图片的时候，也会自动返回我们估算的坐标(112，114)。

显然，有时我们可以输入多张图片，并且输入了多张图片之后，还需要对各个图片的坐标整理为指定的格式，所以我们可以接着上面的函数程序后，输入下面的程序，核心部分已给出注释：

```
yzm = input("请输入验证码,输入第几张图片即可")
import re
#从输入信息中提取出图片,输入的格式是"序号1","序号2",……
#所以正则提取双引号里面的数据即可
pat1 = '"(.*?)"'
#得到所有图片序号
allpic = re.compile(pat1).findall(yzm)
#依次处理各图片,整理为指定坐标形式
allpicpos = ""
for i in allpic:
    #处理当前图片
    thisxy = getxy(int(i))
    for j in thisxy:
        #坐标之间通过逗号隔开
        allpicpos = allpicpos + str(j) + ","
#由于最后一个坐标后有逗号,需要把最后那个逗号去掉
allpicpos2 = re.compile("(.*?).$").findall(allpicpos)[0]
print(allpicpos2)
```

执行该程序时,需要输入对应的验证码序号,然后程序便会自动整理为指定的坐标的形式,比如执行上面程序后,效果如下:

第 1 次执行:
请输入验证码,输入第几张图片即可"1","6"
35,45,112,114

第 2 次执行:
请输入验证码,输入第几张图片即可"2","5","8"
112,45,35,114,253,114

可以看到,每次执行当我们输入了对应图片序号后,都可以整理为指定的坐标形式,到这里,关于图片的坐标处理部分我们就做完了。

接下来关键要进行 post 请求部分的操作,如果希望使用 Python 代码实现 post 请求,可以通过如下格式的 Python 代码进行:

```
post 请求数据变量 = urllib.parse.urlencode({
"字段名1":"字段值1",
"字段名2":"字段值2",
"字段名3":"字段值3",
……
}).encode('utf-8')
请求变量 = urllib.request.Request(真实 post 网址,post 请求数据变量)
请求变量.add_header('User-Agent', '浏览器标识变量')
post 后获取的数据变量 = urllib.request.urlopen(请求变量).read().decode("utf-8","ignore")
```

可以看到,关键是需要我们构造好 post 请求的数据,以及分析出真实的 post 地址,有了这两项关键内容之后,顺便可以通过上面的参考格式实现 post 请求。

接下来我们首先爬一次登录页面,并且将对应地下载到本地,并提示我们输入验证码,对应实现的代码如下所示,我们可以将代码放到 getxy()函数之后(当然部分代码放在前面

也是可以的),关键部分已给出注释:

```
#以下进入自动登录部分
import urllib.request
#先爬一遍登录页面
loginurl = "https://kyfw.12306.cn/otn/login/init#"
req0 = urllib.request.Request(loginurl)
req0.add_header('User-Agent', 'Mozilla/5.0 (Windows NT 6.1; WOW64) AppleWebKit/537.36
(KHTML, like Gecko) Chrome/38.0.2125.122 Safari/537.36 SE 2.X MetaSr 1.0')
req0data = urllib.request.urlopen(req0).read().decode("utf-8","ignore")
#将验证码获取到本地,下载图片代码格式为:
#urllib.request.urlretrieve(图片网址,本地存储路径)
yzmurl = " https://kyfw.12306.cn/otn/passcodeNew/getPassCodeNew? module = login&rand =
sjrand&0.9179698412432176"
urllib.request.urlretrieve(yzmurl,"D:/tmp/yzm.png")
#验证码处理
yzm = input("请输入验证码,输入第几张图片即可")
pat1 = '"(.*?)"'
allpic = re.compile(pat1).findall(yzm)
allpicpos = ""
for i in allpic:
    thisxy = getxy(int(i))
    for j in thisxy:
        allpicpos = allpicpos + str(j) + ","
allpicpos2 = re.compile("(.*?).$").findall(allpicpos)[0]
print(allpicpos2)
```

现在,我们便实现了相关的初步请求了,执行上面的代码后,会发现本地目录"D:/tmp/"下会出现一个名为 yzm.png 的图片,每次执行的时候,当提示输入验证码时,可以查看一下该图片,并选择满足条件的图片序号,即可进行后续自动处理。

完成了这一个请求之后,我们接下来还需要进行 post 请求,按照上面的分析,我们知道,它会有两次 post,所以,同样,我们也进行两次 post,实现代码如下所示,我们接着上面的代码后面输入,核心部分已给出注释:

```
#post 验证码验证
yzmposturl = "https://kyfw.12306.cn/otn/passcodeNew/checkRandCodeAnsyn"
yzmpostdata = urllib.parse.urlencode({
"randCode":allpicpos2,
"rand":"sjrand"
}).encode('utf-8')
req1 = urllib.request.Request(yzmposturl,yzmpostdata)
req1.add_header('User-Agent', 'Mozilla/5.0 (Windows NT 6.1; WOW64) AppleWebKit/537.36
(KHTML, like Gecko) Chrome/38.0.2125.122 Safari/537.36 SE 2.X MetaSr 1.0')
req1data = urllib.request.urlopen(req1).read().decode("utf-8","ignore")
#post 账号密码验证,换成自己的账号和密码
loginposturl = "https://kyfw.12306.cn/otn/login/loginAysnSuggest"
loginpostdata = urllib.parse.urlencode({
"loginUserDTO.user_name":"770913912@qq.com",
"userDTO.password":"a****b",
"randCode":allpicpos2,
```

```
}).encode('utf - 8')
req2 = urllib.request.Request(loginposturl,loginpostdata)
req2.add_header('User - Agent', 'Mozilla/5.0 (Windows NT 6.1; WOW64) AppleWebKit/537.36
(KHTML, like Gecko) Chrome/38.0.2125.122 Safari/537.36 SE 2.X MetaSr 1.0')
req2data = urllib.request.urlopen(req2).read().decode("utf - 8","ignore")
print("自动登录完成")
```

上面的密码部分由于涉及隐私信息，笔者进行了隐藏，大家只需要换成自己的账号和密码即可。

然后可以执行上面的所有代码，中途会提示输入验证码，读者只需要在本地查看图片"D:/tmp/yzm.png"，并选择满足条件的图片序号输入即可，随后便能自动登录，效果如下所示：

```
Cookie 处理完成，正在进行登录
请输入验证码，输入第几张图片即可"1","6"
35,45,112,114
自动登录完成
```

图 13-17　本地出现的验证码图片

现在在本地出现的验证码如图 13-17 所示。

我们在上面输入了第 1 幅和第 6 幅图片的序号，完成之后，便可以进行自动登录，登录后便可以进行后续的比如访问个人中心、订票等事情了。

13.6　自动获取个人中心页面信息实践

在上一节中，我们已经实现了输入验证码之后自动进行登录的功能，那么到底有没有登录成功，我们怎么才能知道呢？

只要我们访问需要登录才能访问的深层页面，如果出现的信息没有显示为登录状态，显然登录是失败的或者 Cookie 处理不成功，如果出现的信息显示为登录状态，显然已经登录成功，并且 Cookie 处理也是正确的。

接下来介绍登录之后如何爬取个人中心页面。

首先我们可以人工访问并登录一下 12306 网站，发现个人中心的网址如下所示：

https://kyfw.12306.cn/otn/index/initMy12306

然后我们可以接着上面的登录代码后面编写爬取个人中心网页的代码，如下所示：

```
#爬个人中心页面
centerurl = "https://kyfw.12306.cn/otn/index/initMy12306"
req3 = urllib.request.Request(centerurl)
req3.add_header('User - Agent', 'Mozilla/5.0 (Windows NT 6.1; WOW64) AppleWebKit/537.36
(KHTML, like Gecko) Chrome/38.0.2125.122 Safari/537.36 SE 2.X MetaSr 1.0')
req3data = urllib.request.urlopen(req3).read().decode("utf - 8","ignore")
print("登录完成")
isdo = input("如果需要订票，请输入 1 继续，否则请输入其他数据")
if(isdo == 1 or isdo == "1"):
    pass
```

```
else:
    raise Exception("输入不是 1,结束执行")
```

上面的程序中,req3data 实际上就是程序自动访问个人中心页面所获取的数据。执行上面的所有程序之后,此时的效果如下所示:

```
Cookie 处理完成,正在进行登录
请输入验证码,输入第几张图片即可"3","8"
173,45,253,114
登录完成
如果需要订票,请输入 1 继续,否则请输入其他数据 1
>>>
```

我们可以继续在 Python Shell 中将上面代码中的 req3data 数据信息写进本地的网页文件中,然后查看对应的文件里有什么数据,比如是否保持了登录状态等。

所以我们可以在上面的>>>中继续输入下面的程序:

```
>>> fh = open("D:/tmp/center.html","w",encoding = "utf - 8")
>>> fh.write(req3data)
8210
>>> fh.close()
```

上面的程序主要实现将获取到的个人中心页面的数据写进本地文件"D:/tmp/center.html"中,然后可以用浏览器打开这个本地文件,内容类似如图 13-18 所示。

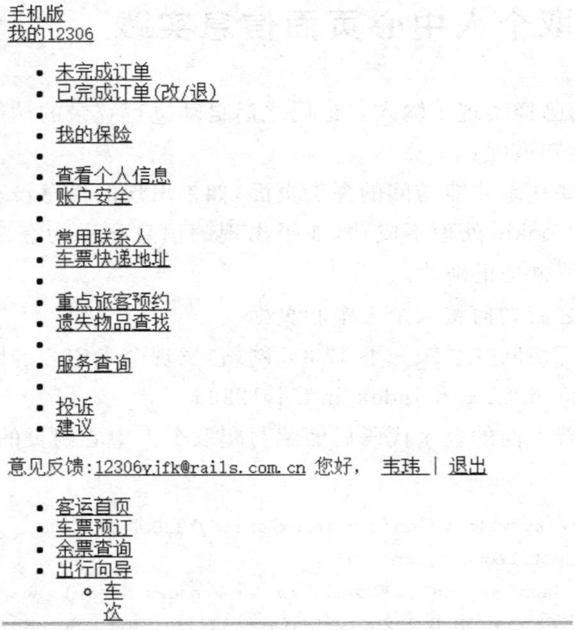

图 13-18　程序自动获取到的个人中心网页的数据

可以看到,这个网页不太美观,因为样式等这些数据可能丢失了,但这都不影响正常的使用,该网页中有"您好,XX"等字样,也就是说,在程序里面,现在是已经登录的状态,也就是说,我们现在通过程序自动登录个人中心是登录成功的。从另一个角度来说,不加载相关的样式文件,还可以加快访问的速度,尤其是在我们需要短时间内去进行票务处理的时候,速度显然是至关重要的,并且这些请求都是直接通过构造对应的数据然后直接提交给服务器进行的,所以在速度方面会比传统网页访问方式更快一些。

13.7　自动订票功能的实现——订单自动提交实践

现在已经实现了自动登录的功能了,并且也能够保持登录状态了,那么,我们又应该如何实现自动进行车票的预订呢?其实,要实现车票的预订,主要有如下环节:查询车票→选择对应车票并提交→添加乘客→提交订单→分配以及确定订单。在本节中,我们主要为大家介绍"查询车票→选择对应车票并提交→添加乘客→提交订单"等环节功能的实现。

首先在登录后,如果要进行订票,我们还应当访问车票预订页面进行查询,因为每次查询车票的 secretStr 都是会变化的。

我们可以人工走一遍订票流程并进行分析,由于这里的数据包相对来说比较复杂,所以大家可以使用抓包软件进行分析,这样会方便一些,推荐使用 Fiddler 这款工具,这款工具的基本使用不难,如果读者没有这方面的基础,可以参考笔者的博文,见脚注①,掌握好Fiddler 软件的基础使用之后,继续后续的抓包与分析,会更加方便些。

首先访问 https://kyfw.12306.cn/otn/leftTicket/init 去查询一下票务情况,同时打开fiddler 软件,进行对应的抓包分析。

在我们单击了"查询"按钮后,Fiddler 中也出现了相关的网页,如图 13-19 所示。

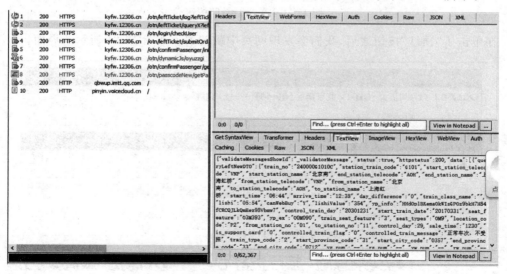

图 13-19　Fiddler 中触发的页面

①　《Fiddler 基础使用教程》—http://blog.ty9e.com/index_article_index_name_weiwei_id_1
《Fiddler 如何抓取 HTTPS 协议的网页》—http://blog.ty9e.com/index_article_index_name_weiwei_id_2
《Fiddler 死活抓不了 HTTPS 包解决办法》—http://blog.ty9e.com/index_article_index_name_weiwei_id_3

可以看到,当前触发的网页序号为2(记住这个序号有助于后续我们对信息快速地进行分析),后面的这些序号的网址,如3、4、5等是后面单击"预订"按钮后才触发的,在此先不用管。在这个网址中,有车次相关的很多信息(图13-19中右边下半部分所显示的那些数据),我们可以选中该网址,执行右击→Copy→Just Url就可以将对应的网址复制出来,如下所示:

https://kyfw. 12306. cn/otn/leftTicket/queryX? leftTicketDTO. train_ date = 2017-03-31&leftTicketDTO. from_station = BJP&leftTicketDTO. to_station = SHH&purpose_codes = ADULT

可以看到,这个网址与我们之前没有登录的时候查询车票时所用的网址是一样的,由于我们需要登录后进行订票,并且每次打开这个网页,有一些车票对应的信息是变化的,所以需要再爬一次这个网址,然后提取出相关所需的信息出来。

接下来我们需要单击网页中的"预订"页面,如图13-20所示。

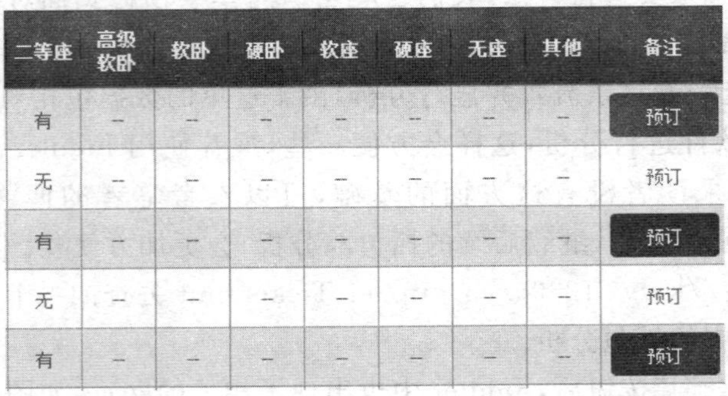

二等座	高级软卧	软卧	硬卧	软座	硬座	无座	其他	备注
有	—	—	—	—	—	—	—	预订
无	—	—	—	—	—	—	—	预订
有	—	—	—	—	—	—	—	预订
无	—	—	—	—	—	—	—	预订
有	—	—	—	—	—	—	—	预订

图 13-20　单击"预订"按钮

在单击了"预订"按钮之后,我们会发现网页中跳转到了如图13-21所示的界面。

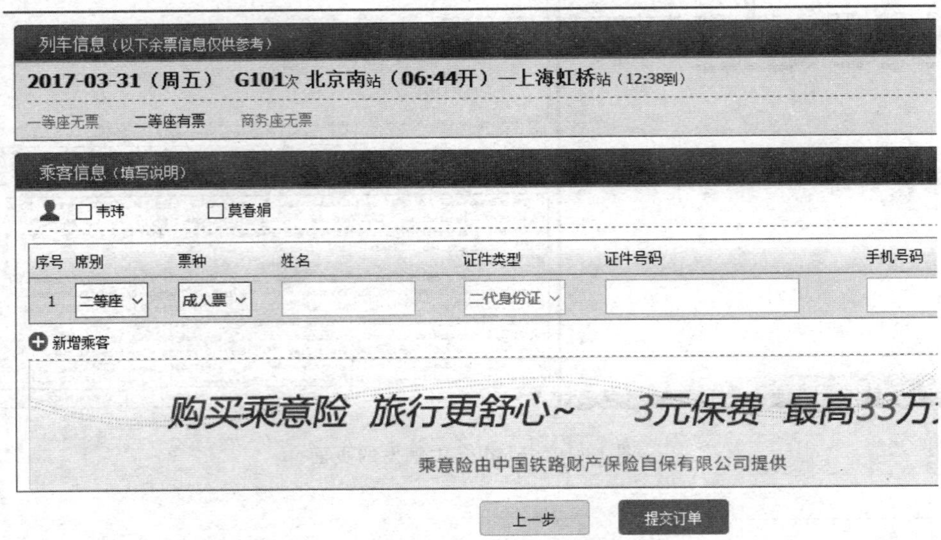

图 13-21　网页中跳转到信息确认页面

与此同时,我们会发现此时 Fiddler 中触发了如图 13-22 所示的网址。

3	200	HTTPS	kyfw.12306.cn	/otn/login/checkUser
4	200	HTTPS	kyfw.12306.cn	/otn/leftTicket/submitOrd
5	200	HTTPS	kyfw.12306.cn	/otn/confirmPassenger/ini

图 13-22　单击"预订"按钮后触发出来的网址

如图 13-23 所示,我们可以将 Fiddler 中右边的上半部分区域(Request 请求部分)的标签切换到 Inspectors-TextView,便可以看到请求时所发送的数据,这些数据以"字段 1＝值 1& 字段 2＝值 2& 字段 3＝值 3…"等格式出现,在请求数据的时候,如果是 post 请求,可以直接构造出对应的数据并发送到对应的服务器中。然后可以将下半部分(Response 响应的数据)切换到 TextView 标签中,便可以看到响应出来的数据。

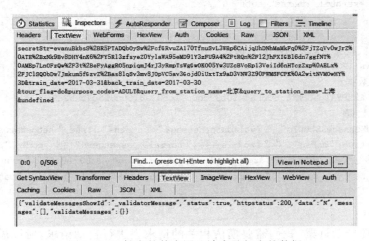

图 13-23　触发的某个网址请求及相应的数据

单击了"预订"按钮后,触发出来的网址以及请求返回的数据依次如下,我们可以从 Fiddler 中复制出来:

单击了"预订"按钮后触发的网址 1(post):
https://kyfw.12306.cn/otn/login/checkUser
对应请求的数据:
_json_att =
对应响应的数据:
{" validateMessagesShowId":" _ validatorMessage"," status": true," httpstatus": 200," data":
{"flag":true},"messages":[],"validateMessages":{}}

单击了"预订"按钮后触发的网址 2(post):
https://kyfw.12306.cn/otn/leftTicket/submitOrderRequest
对应请求的数据:
secretStr = evanuBkbsS％2BR5PTADQbOySw％2FcfGRvuZA170TfnuSvL3WBp6CAijqUhDNhMaMkFq0％2FjTZq
Vv0wJrZ％0ATE％2BxNk9Bv8DHY4nK6％2FY5Rl3zfsyeZ0YylaWA95eMD91Y3zFU9A4％2FtRQn％2Fl2JhPXIGB
l6dn7ggfNT％0AMEp7LnOFzQw％2F3t％2BeFyAggRO5npiqmJ4rJ3yRmpTsWgGwOKOO5Yw3UZcBVoEp13VeiId6n
HTczZxp％0AELx％2FJClSQObDw7Jmkum5fGzvZ％2Bas8lqSv3mv8JOpVC5av3Gojd0iUxtTx9aD3VNW3Z90PWMS
FCPK％0A2witNVMOwHY％3D&train_date = 2017－03－31&back_train_date = 2017－03－30&tour_flag =
dc&purpose_ codes = ADULT&query _ from _ station _ name = 北京 &query _ to _ station _ name = 上
海 &undefined

对应响应的数据：

{"validateMessagesShowId":"_validatorMessage","status":true,"httpstatus":200,"data":"N",
"messages":[],"validateMessages":{}}

单击了"预订"按钮后触发的网址 3(post)：

https://kyfw.12306.cn/otn/confirmPassenger/initDc

对应请求的数据：

_json_att =

对应响应的数据：

<! DOCTYPE html PUBLIC " – //W3C//DTD XHTML 1. 0 Transitional//EN" " http://www. w3. org/TR/
xhtml1/DTD/xhtml1 – transitional.dtd">
< html xmlns = "http://www.w3. org/1999/xhtml"> < head > < meta http – equiv = "Content – Type"
content = "text/html; charset = utf – 8" />

……

单击了"预订"按钮后触发的网址 4(post)：

https://kyfw.12306.cn/otn/confirmPassenger/getPassengerDTOs

对应请求的数据：

_json_att = &REPEAT_SUBMIT_TOKEN = 10b37dd8d71c599a8160d8b5c7be52e9

对应响应的数据：

{" validateMessagesShowId":"_ validatorMessage"," status": true," httpstatus": 200," data":
{"isExist":true," exMsg":""," two_ is ……"," normal_ passengers": [{ " code":" 2 "," passenger_
name":"韦玮","sex_code":"M","sex_name":"男","born_date……00:00:00","country_code":"CN",
"passenger_id_type_code":"1","passenger_id_type_name":"二代身份证","passenger_id_no":
"450*********** "," passenger

……

如果要实现自动订票，我们需要模仿相关的请求去进行自动请求，所以需要对这些请求的数据进行分析。

可以看到，触发的网址 1 中的数据比较好构建，并且也可以通过分析知道这个网址主要是用于确认用户的状态的，所以需要请求一下。

上面所触发的网址 2 主要是用于提交预订请求的，对应的请求数据经过分析后不难发现其规律，secretStr 字段主要是与车票的密钥相关的，这个字段的值每次访问都会变化，可以在车票查询页面中提取出来，train_date 字段主要是设置出发日期的，其他的字段所对应的信息规律也很容易发现，所以，该请求数据的格式我们可以总结为如下所示：

secretStr = 车票密钥相关 &train_date = 出发日期 &back_train_date = 当前日期 &tour_flag =
dc&purpose_codes = 学生还是成人 &query_from_station_name = 出发城市 &query_to_station_name =
目的城市 &undefined

请求了对应的数据后，其返回的响应信息中的"data":"N"主要表示提交的状态，如果为 N 即代表成功。

上面的网址 3 主要是用于获取 Token，因为后面的请求很多时候都需要用到 Token 信息，除了 Token 之外，还需要获取 leftTicketStr、key_check_isChange、train_location 等字段所对应的内容。

上面的网址 4 主要是乘客确认页面，其相应信息里面有所有乘客相关的信息，请求数据中需要用到的 Token 信息，而 Token 信息可以从网址 3 中的响应信息中提取。网址 4 的响应信息中包含了所有的用户信息，由于部分涉及隐私，上面已经通过 * 或者⋯代替。

所以，如果我们要使用 Python 实现自动提交预订请求，需要先通过 Python 代码在登录的状态下爬一次订票查询网页，然后提取出所需要的车票信息，比如车票的 no 号，车票的 secretStr 信息等，因为后续需要用到。

首先我们通过代码实现获取订票页面信息，并且查询一下我们的所有车票，同时提取出车票的一些常见的需要用到的信息，比如车次号 code、secretStr、from_station_telecode、to_station_telecode 等信息，这些信息都是通过 json 格式的数据展现的，所以在分析之后通过正则表达式提取即可，实现的代码如下所示，核心的部分已给出详细的注释：

```python
# 订票
# 先初始化一下订票界面
initurl = "https://kyfw.12306.cn/otn/leftTicket/init"
reqinit = urllib.request.Request(initurl)
reqinit.add_header('User - Agent', 'Mozilla/5.0 (Windows NT 6.1; WOW64) AppleWebKit/537.36 (KHTML, like Gecko) Chrome/38.0.2125.122 Safari/537.36 SE 2.X MetaSr 1.0')
initdata = urllib.request.urlopen(reqinit).read().decode("utf - 8","ignore")
# 再查看对应订票信息
bookurl = "https://kyfw.12306.cn/otn/leftTicket/queryX?leftTicketDTO.train_date = " + date + "&leftTicketDTO.from_station = " + start + "&leftTicketDTO.to_station = " + to + "&purpose_codes = " + student
req4 = urllib.request.Request(bookurl)
req4.add_header('User - Agent', 'Mozilla/5.0 (Windows NT 6.1; WOW64) AppleWebKit/537.36 (KHTML, like Gecko) Chrome/38.0.2125.122 Safari/537.36 SE 2.X MetaSr 1.0')
req4data = urllib.request.urlopen(req4).read().decode("utf - 8","ignore")
patcode = '"station_train_code":"(.*?)"'
code = re.compile(patcode).findall(req4data)
patsct = '"secretStr":"(.*?)"'
# 后续需要用到的车的其他信息
patno = '"train_no":"(.*?)"'
patftelecode = 'from_station_telecode":"(.*?)"'
patttelecode = '"to_station_telecode":"(.*?)"'
noall = re.compile(patno).findall(req4data)
ftelecodeall = re.compile(patftelecode).findall(req4data)
ttelecodeall = re.compile(patttelecode).findall(req4data)
# 处理 secretStr
secretStr = re.compile(patsct).findall(req4data)
# 用字典 traindata 存储车次 secretStr 信息，以供后续订票操作
# 存储的格式是：traindata = {"车次 1":secretStr1,"车次 2":secretStr2,⋯}
traindata = {}
for i in range(0,len(code)):
    traindata[code[i]] = secretStr[i]
# 用字典 traindata2 存储车次的 no、telecode 等信息，以供后续提交订单时使用
traindata2 = {}
for i in range(0,len(code)):
    traindata2[code[i]] = [noall[i],ftelecodeall[i],ttelecodeall[i]]
```

在执行了上面的程序之后，就相当于查询了一次车票信息，如果接下来我们还需要自动单击"预订"按钮，由于单击了该按钮之后，相当于触发了上面所说的 4 个网址，所以可以使

用 Python 程序按顺序模拟网页请求上面的 4 个网址,即可实现自动进行"预订"请求。

首先我们需要模拟请求第一个网址 https://kyfw.12306.cn/otn/login/checkUser,主要目的是检查一下用户状态,相关实现的代码如下所示,核心代码部分已给出注释:

```
#订票-第 1 次 post-主要进行确认用户状态
checkurl = "https://kyfw.12306.cn/otn/login/checkUser"
checkdata = urllib.parse.urlencode({
"_json_att":""
}).encode('utf-8')
req5 = urllib.request.Request(checkurl,checkdata)
req5.add_header('User-Agent', 'Mozilla/5.0 (Windows NT 6.1; WOW64) AppleWebKit/537.36
(KHTML, like Gecko) Chrome/38.0.2125.122 Safari/537.36 SE 2.X MetaSr 1.0')
req5data = urllib.request.urlopen(req5).read().decode("utf-8","ignore")
```

执行了上面的代码之后,模拟请求就完成了,请求结果即此次 response 响应数据为上面代码中的变量 req5data,如果需要判断请求状态可以从该响应数据信息中判断。

比如,如果此处的响应返回如下结果就代表是失败的:

```
{"validateMessagesShowId":"_validatorMessage","status":true,"httpstatus":200,"data":
{"flag":false},"messages":[],"validateMessages":{}}
```

如果此处响应返回如下结果就代表是成功的:

```
{"validateMessagesShowId":"_validatorMessage","status":true,"httpstatus":200,"data":
{"flag":true},"messages":[],"validateMessages":{}}
```

读者可以观察一下上面两个结果的区别会发现其实可以通过 flag 字段来判断验证是否成功,如果 flag 字段为 true,就代表验证是成功的,如果 flag 为 false 就代表验证是失败的,我们可以通过正则表达式'"flag":(.*?)}'从响应数据 req5data 中提取出对应的状态信息,然后通过 if 语句判断是 true 还是 false,即可知道当前的请求情况是成功还是失败,当然,12306 返回数据的格式以及网址的情况随着时间的推移,都可能发生变化,所以在实际使用的时候可以直接从 Fiddler 进行抓包,然后按照上面对比的思想去分析一下对应的情况,具体问题具体分析,在上面的代码中,就没有进行请求结果状态判断了,这不影响我们实现自动订票的功能,因为如果请求失败,我们可以再执行一次代码,而一般情况下,如果没有出现意外,都会请求成功,如果大家要做自动监控订票的系统,最好在此处判断一下请求结果,若请求失败,可以使用循环再次提交相应的请求,直至成功为止。

请求完第 1 次之后,就相当于我们已经验证了用户状态了,然后可以提示输入需要预订的车次,同时,再将当前的时间获取到,因为在第 2 次请求的时候,有一个请求数据的字段是 back_train_date,代表返程日期,而返程日期一般都可以设置为当前的日期,格式为:"年-月-日",获取到当前时间之后可以转为指定日期的格式,这样就可以构造出该字段的内容了。

随后我们可以进行第 2 次请求,需要请求的网址是 https://kyfw.12306.cn/otn/leftTicket/submitOrderRequest,此次请求主要目的是进行"预订"提交,相关实现代码如下所示:

```
import datetime
thiscode = input("请输入要预定的车次:")
```

```
#自动得到当前时间并转为年-月-格式,因为后面请求数据需要用到当前时间作为返程时
间 backdate
backdate = datetime.datetime.now()
backdate = backdate.strftime("%Y-%m-%d")
#订票-第2次 post-主要进行"预订"提交
submiturl = "https://kyfw.12306.cn/otn/leftTicket/submitOrderRequest"
submitdata = urllib.parse.urlencode({
"secretStr":traindata[thiscode],
"train_date":date,
"back_train_date":backdate,
"tour_flag":"dc",
"purpose_codes":student,
"query_from_station_name":start1,
"query_to_station_name":to1,
})
submitdata2 = submitdata.replace("%25","%")
submitdata3 = submitdata2.encode('utf-8')
req6 = urllib.request.Request(submiturl,submitdata3)
req6.add_header('User-Agent', 'Mozilla/5.0 (Windows NT 6.1; WOW64) AppleWebKit/537.36
(KHTML, like Gecko) Chrome/38.0.2125.122 Safari/537.36 SE 2.X MetaSr 1.0')
req6data = urllib.request.urlopen(req6).read().decode("utf-8","ignore")
```

请求完成之后,便相当于进行了车票"预订"提交的操作,同时,请求后的响应结果为
req6data,如果需要进行响应结果的判断,比如判断是否响应并提交成功,同样可以通过该
结果 req6data 进行判断。

然后我们需要进行第 3 次请求,请求的网址是 https://kyfw.12306.cn/otn/
confirmPassenger/initDc,这一次请求相当于一个确认乘客的初始化界面,在这一次请求
中,我们需要获取 Token、leftTicketStr、key_check_isChange、train_location 等相关的信息。

第 3 次请求的相关 Python 实现代码如下所示:

```
#订票—第3次 post—主要获取 Token、leftTicketStr、key_check_isChange、train_location
initdcurl = "https://kyfw.12306.cn/otn/confirmPassenger/initDc"
initdcdata = urllib.parse.urlencode({
"_json_att":""
}).encode('utf-8')
req7 = urllib.request.Request(initdcurl,initdcdata)
req7.add_header('User-Agent', 'Mozilla/5.0 (Windows NT 6.1; WOW64) AppleWebKit/537.36
(KHTML, like Gecko) Chrome/38.0.2125.122 Safari/537.36 SE 2.X MetaSr 1.0')
req7data = urllib.request.urlopen(req7).read().decode("utf-8","ignore")
#post 完之后,获取 leftTicketStr
patleft = "'leftTicketStr':'(.*?)'"
leftstrall = re.compile(patleft).findall(req7data)
if(len(leftstrall)!= 0):
    leftstr = leftstrall[0]
else:
    raise Exception("leftTicketStr 获取失败")
#再获取 key_check_isChange
patkey = "'key_check_isChange':'(.*?)'"
keyall = re.compile(patkey).findall(req7data)
if(len(keyall)!= 0):
    key = keyall[0]
else:
```

```
        raise Exception("key_check_isChange 获取失败")
#还需要获取 train_location
pattrain_location = "'tour_flag':'dc','train_location':'(.*?)'"
train_locationall = re.compile(pattrain_location).findall(req7data)
if(len(train_locationall)!= 0):
        train_location = train_locationall[0]
else:
        raise Exception("train_location 获取失败")
#接下来获取 token 信息
pattoken = "globalRepeatSubmitToken = '(.*?)'"
tokenall = re.compile(pattoken).findall(req7data)
if(len(tokenall)!= 0):
        token = tokenall[0]
else:
        raise Exception("Token 获取失败")
```

获取了相关的信息之后,便可以进行第 4 次请求了,在这一次请求中,主要获取所有乘客的相关信息。

第 4 次需要请求的网址是 https://kyfw.12306.cn/otn/confirmPassenger/getPassengerDTOs,在这里,构造好相关的数据并完成 post 请求之后,便可以得到对应的响应,在该响应结果中,包含了所有的乘客信息,同样这些乘客信息也是通过 json 的数据格式展现的,所以稍微分析一下便可以很容易地通过正则表达式提取出乘客的姓名、身份证号、手机、国家等信息,这些信息在后面提交以及确认订单的时候需要用到,所以需要先提取出来,提取出相关的信息之后,可以提示用户选择需要订票的乘客。

第 4 次请求相关的实现代码如下所示,核心部分已给出注释:

```
#自动 post 网址 4——获取乘客信息
getuserurl = "https://kyfw.12306.cn/otn/confirmPassenger/getPassengerDTOs"
getuserdata = urllib.parse.urlencode({
"secretStr":traindata[thiscode],
"train_date":date,
"back_train_date":backdate,
"tour_flag":"dc",
"purpose_codes":student,
"query_from_station_name":start1,
"query_to_station_name":to1,
}).encode('utf-8')
req8 = urllib.request.Request(getuserurl,getuserdata)
req8.add_header('User-Agent', 'Mozilla/5.0 (Windows NT 6.1; WOW64) AppleWebKit/537.36
(KHTML, like Gecko) Chrome/38.0.2125.122 Safari/537.36 SE 2.X MetaSr 1.0')
req8data = urllib.request.urlopen(req8).read().decode("utf-8","ignore")
#获取用户信息
#提取姓名
namepat = '"passenger_name":"(.*?)"'
#提取身份证
idpat = '"passenger_id_no":"(.*?)"'
#提取手机号
mobilepat = '"mobile_no":"(.*?)"'
#提取对应乘客所在的国家
countrypat = '"country_code":"(.*?)"'
nameall = re.compile(namepat).findall(req8data)
```

```
idall = re.compile(idpat).findall(req8data)
mobileall = re.compile(mobilepat).findall(req8data)
countryall = re.compile(countrypat).findall(req8data)
#输出乘客信息,由于可能有多位乘客,所以通过循环输出
for i in range(0,len(nameall)):
    print("第" + str(i + 1) + "位用户,姓名:" + str(nameall[i]))
#选择乘客序号
chooseno = input("请选择要订票的用户的序号,此处只能选择一位,如需选择多位,可以自行修改一
下代码")
#thisno 为对应乘客的下标,比序号少1,比如序号为1的乘客在列表中的下标为0
thisno = int(chooseno) - 1
```

在执行了上面的所有程序之后,便可以完成所有的 post 请求了,这一部分效果如下所示:

请输入要预订的车次:**1462**
第 1 位用户,姓名:韦玮
第 2 位用户,姓名:莫**
请选择要订票的用户的序号,此处只能选择一位,如需选择多位,可以自行修改一下代码1

上面我们输入的 1462 代表选择的车次号,需要根据实际情况在查询出来的车票中选择对应的车票,否则可能会提示错误,我们这里所查询的车票区域是上海到北京的车票,可以在刚开始的时候自行输入要查询的站点,然后选择查询出来的车次中的某一个车次进行预订。之后提示选择对应的用户,如果此时我们输入了 1,即代表选择上面的用户"韦玮"。

13.8　自动订票功能的实现——订单自动确认实践

在完成了"预订"提交以及选择了乘客之后,事实上还需要确定订票,这样系统才会分配对应的车票给我们。

我们可以先手动打开对应的网页,如图 13-24 所示。

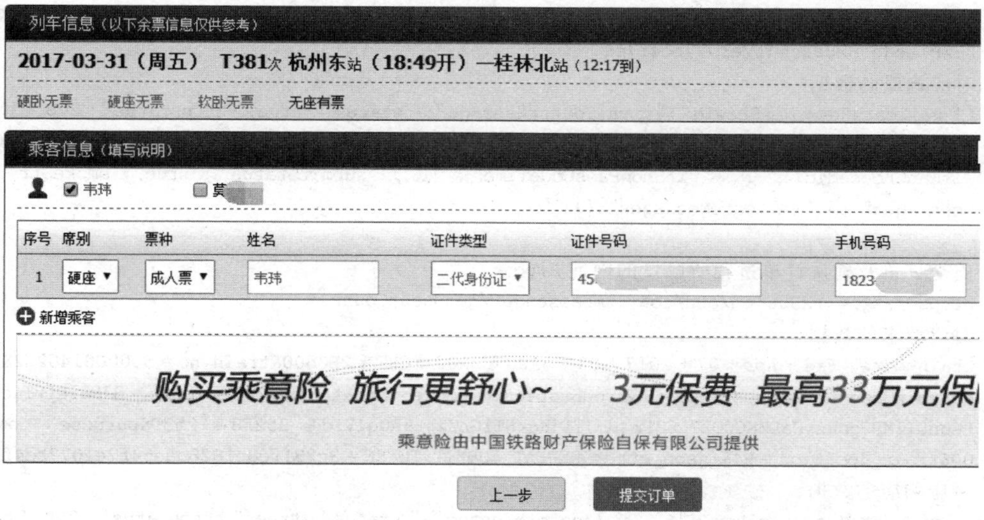

图 13-24　确认乘客与提交订单页面

可以看到，通过上一节的处理，我们已经能够进行到图 13-24 这一步了，在选择了对应的乘客之后，还需要单击"提交订单"才能够提交对应的订单信息，而上面只是提交预订请求而已（注意，提交预订请求与提交订单信息是不一样的，我们需要先提交预订请求，选择好乘客之后才能进一步提交订单信息，上一节中我们主要进行的是提交预订请求的过程，在这一节中主要会进行实现提交订单，以及自动确认订单的功能），当我们单击了如图 13-24 所示的"提交订单"按钮之后，紧接着会出现如图 13-25 所示的界面。

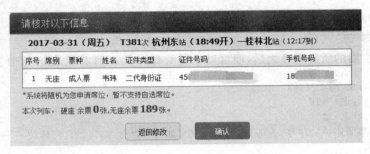

图 13-25　订单确认页面

可以看到，在提交了订单之后，还需要确认订票，在确认页面中单击了"确定"按钮之后，才能够最终完成订单，系统才会给我们分配具体的车票。

读者不妨单击一下图 13-25 中的"确认"按钮，进行最后的订单的确认与提交。

在上面的提交订单一直到最后的订单确认提交完成整个过程中，在 Fiddler 中主要触发下面的网址，对应的网址以及请求的数据、返回的数据如下所示：

提交订单及确认订单过程所触发的网址 1(post)：
https://kyfw.12306.cn/otn/confirmPassenger/checkOrderInfo
对应请求的数据：

cancel_flag = 2&bed_level_order_num = 000000000000000000000000000000000&passengerTicketStr = 1 % 2C0 % 2C1 % 2C 韦玮 % 2C1 % 2C450****** % 2C182**** % 2CN&oldPassengerStr = 韦玮 % 2C1 % 2C450****** % 2C1 _ &tour _ flag = dc&randCode = & _ json _ att = &REPEAT _ SUBMIT _ TOKEN = 3c281fe8e1828aac54f7e1077bc4f7e4

对应响应的数据：

{ " validateMessagesShowId":" _ validatorMessage"," status": true," httpstatus": 200," data": { "ifShowPassCode":" N"," canChooseBeds":" N"," canChooseSeats":" N"," choose _ Seats":" MOP9", "isCanChooseMid":" N"," ifShowPassCodeTime":" 1 "," submitStatus": true," smokeStr":""}, "messages":[],"validateMessages":{}}

提交订单及确认订单过程所触发的网址 2(post)：
https://kyfw.12306.cn/otn/confirmPassenger/getQueueCount
对应请求的数据：

train_date = Fri + Apr + 07 + 2017 + 00 % 3A00 % 3A00 + GMT % 2B0800&train_no = 5500001462H2&stationTrainCode = 1462&seatType = 1&fromStationTelecode = SHH&toStationTelecode = BJP&leftTicket = tGmnLIlMPPgqkzvOaLMKG0QZ7L53Pm4HmJTIjKgkNT1GnMzjt9R0qIVId % 252F8 % 253D&purpose _ codes = 00&train_location = P4& _ json _ att = &REPEAT_SUBMIT_TOKEN = 3c281fe8e1828aac54f7e1077bc4f7e4

对应响应的数据：

{ " validateMessagesShowId":" _ validatorMessage"," status": true," httpstatus": 200," data": { "count":"0","ticket":"698,468","op_2":"false","countT":"0","op_1":"false"},"messages": [],"validateMessages":{}}

提交订单及确认订单过程所触发的网址 3(post):

https://kyfw. 12306. cn/otn/confirmPassenger/confirmSingleForQueue

对应请求的数据:

passengerTicketStr = 1 % 2C0 % 2C1 % 2C 韦玮 % 2C1 % 2C450 ******* % 2C182 ******* % 2CN&oldPassengerStr = 韦玮 % 2C1 % 2C450 ******* % 2C1 _ &randCode = &purpose _ codes = 00&key _ check _ isChange = B0D2417C6B31F757771931E0D2866DEBD71BF5DA65ABF9F81B0CCCFC&leftTicketStr = tGmnLIlMPPgqkzvOaLMKG0QZ7L53Pm4HmJTIjKgkNT1GnMzjt9R0qIVId % 252F8 % 253D&train _ location = H2&choose _ seats = &seatDetailType = 000&roomType = 00&dwAll = N& _ json _ att = &REPEAT _ SUBMIT _ TOKEN = 3c281fe8e1828aac54f7e1077bc4f7e4

对应响应的数据:

{ " validateMessagesShowId":" _ validatorMessage"," status": true," httpstatus": 200," data": {"submitStatus":true},"messages":[],"validateMessages":{}}

提交订单及确认订单过程所触发的网址 4(get):

https://kyfw. 12306. cn/otn/confirmPassenger/queryOrderWaitTime? tourFlag = dc& _ json _ att = &REPEAT _ SUBMIT _ TOKEN = 3c281fe8e1828aac54f7e1077bc4f7e4

对应响应的数据:

{ " validateMessagesShowId":" _ validatorMessage"," status": true," httpstatus": 200," data": {"queryOrderWaitTimeStatus": true," count ": 0," waitTime ": － 1," requestId ": 6253424388252881711,"waitCount": 0," tourFlag ":" dc"," orderId ":" EB55186094"}," messages": [],"validateMessages":{}}

提交订单及确认订单过程所触发的网址 5(post):

https://kyfw. 12306. cn/otn/confirmPassenger/resultOrderForDcQueue

对应请求的数据:

orderSequence_no = EB55186094& _json_att = &REPEAT_SUBMIT_TOKEN = 3c281fe8e1828aac54f7e1077bc4f7e4

对应响应的数据:

{ " validateMessagesShowId":" _ validatorMessage"," status": true," httpstatus": 200," data": {"submitStatus":true},"messages":[],"validateMessages":{}}

提交订单及确认订单过程所触发的网址 6(post):

https://kyfw. 12306. cn/otn//payOrder/init

对应请求的数据:

_json_att = &REPEAT_SUBMIT_TOKEN = 3c281fe8e1828aac54f7e1077bc4f7e4

对应响应的数据:

<! DOCTYPE html PUBLIC " － //W3C//DTD XHTML 1. 0 Transitional//EN" " http://www. w3. org/TR/xhtml1/DTD/xhtml1 － transitional.dtd">
< html xmlns = " http://www. w3. org/1999/xhtml"> < head > < meta http － equiv = "Content － Type" content = "text/html; charset = UTF － 8" />
< link href = "/otn/resources/css/validation.css" rel = "stylesheet" />
< link href = "/otn/resources/merged/common_css.css?cssVersion = 1.9002" rel = "stylesheet" />
< link rel = "icon" href = "/otn/resources/images/ots/favicon. ico" type = "image/x － icon" />
< link rel = "shortcut icon" href = "/otn/resources/images/ots/favicon. ico" type = "image/x － icon" />
< script >
/ * <![CDATA[* /
…

可以看到,整个过程主要共触发了 6 个网址,其中,提交订单阶段触发了上面的网址 1

和2,确认订单阶段触发了上面的网址3~6,这些可以在操作的同时在Fiddler中观察一下便可明白。

接下来,我们分别分析下面的这6个请求,并且使用Python代码去实现分别自动地模拟提交这6个请求。

首先来看上面所触发的网址1,这个请求主要是实现确认订单请求的功能(当然也可以把它看成是订单提交的过程,事实上没有影响,因为不管是什么过程,我们只需要按照其触发出来的网址规律,根据规律构造出数据,并使用Python代码就能够自动模拟出对应的请求),对应的网址是:

https://kyfw.12306.cn/otn/confirmPassenger/checkOrderInfo

可以观察一下所提交的数据,并总结提交的数据的格式规律,可以总结出如下的格式:

cancel_flag = 2&bed_level_order_num = 000000000000000000000000000000&passengerTicketStr = 座位类型%2C0%2C1%2C姓名%2C1%2C身份证号%2C手机号%2国家&oldPassengerStr = 姓名%2C1%2C身份证号%2C1_&tour_flag = dc&randCode = &_json_att = &REPEAT_SUBMIT_TOKEN = 对应token

总结出这个格式规律之后,就可以通过Python代码去构造对应的数据并提交了,需要注意的是,上面的座位类型可以尝试提交不同的座位的订单依次分析获取得到,我们会发现,硬座类型用1代表,所以如果想订该类型的票,可以将该字段指定为1,如果想订其他座位类型的票,只需要更改passengerTicketStr这个字段的值即可。

我们可以使用下面的Python代码来自动模拟提交这一次请求,核心部分已给出注释:

```
#总请求1-点击提交后步骤1-确认订单(在此只定硬座,座位类型为1,如需选择多种类型座位,可以自行修改一下代码使用if判断一下即可)
checkOrderurl = "https://kyfw.12306.cn/otn/confirmPassenger/checkOrderInfo"
passengerTicketStr = "passengerTicketStr = " + str(1) + "%2C0%2C1%2C" + nameall[thisno]
+ "%2C1%2C" + idall[thisno] + "%2C" + mobileall[thisno] + "%2" + countryall[thisno]
oldPassengerStr = "oldPassengerStr = " + nameall[thisno] + "%2C1%2C" + idall[thisno] + "%2C1_"
checkOrderdata = "cancel_flag = 2&bed_level_order_num = 000000000000000000000000000000&" +
passengerTicketStr + "&" + oldPassengerStr + "&tour_flag = dc&randCode = &_json_att = &REPEAT_
SUBMIT_TOKEN = " + str(token)
#checkOrderdata = "cancel_flag = 2&bed_level_order_num = 000000000000000000000000000000&p
assengerTicketStr = " + str(0) + "%2C0%2C1%2C" + nameall[thisno] + "%2C1%2C" + idall
[thisno] + ".%2C" + mobileall[thisno] + "%2" + countryall[thisno] + "&oldPassengerStr = " +
nameall[thisno] + "%2C1%2C" + idall[thisno] + "%2C1_&tour_flag = dc&randCode = &_json_att =
&REPEAT_SUBMIT_TOKEN = " + str(token)
checkdata = checkOrderdata.encode('utf - 8')
req9 = urllib.request.Request(checkOrderurl,checkdata)
req9.add_header('User - Agent', 'Mozilla/5.0 (Windows NT 6.1; WOW64) AppleWebKit/537.36
(KHTML, like Gecko) Chrome/38.0.2125.122 Safari/537.36 SE 2.X MetaSr 1.0')
req9data = urllib.request.urlopen(req9).read().decode("utf - 8","ignore")
print("确认订单完成,即将进行下一步")
```

执行了下面的代码之后,便完成这一次请求的提交了,其中难点在于分析请求数据的规律以及进行数据的构造上,上面代码中的passengerTicketStr为乘客信息字段,这个字段中的乘客信息可以通过https://kyfw.12306.cn/otn/confirmPassenger/getPassengerDTOs(即本章上一节中的第4个post请求过程)提取出来。

完成了这一次请求之后，接下来我们进行第 2 次请求，第 2 次请求的网址是 https://kyfw.12306.cn/otn/confirmPassenger/getQueueCount，这一次请求主要是获取订单队列，同样这一次请求的难点也是在于请求数据的构造。

第一次请求的数据在上面我们已经给大家列出来了，经过分析可以发现，这一次请求的数据的格式规律如下：

train_date = Thu + Mar + 30 + 2017 + 00 % 3A00 % 3A00 + GMT % 2B0800&train_no = 车的 no 号 &stationTrainCode = 车次 &seatType = 座位类型 &fromStationTelecode = 上车站点编码 &toStationTelecode = 目的站点编码 &leftTicket = leftTicket 的值 &purpose_codes = 00&train_location = train_location 的值 &_json_att = &REPEAT_SUBMIT_TOKEN = 对应的 token

上面数据中的 Thu＋Mar＋30＋2017＋其实是 GMT 时间，即格林时间，这个时间是出发日期对应的时间，所以我们要把出发日期转为格林时间，可以通过 datetime 模块进行转换，转为格林时间之后再构造出该请求数据，上面请求数据中的 telecode 的值可以在初始化订票页面中获取，即上面爬 https://kyfw.12306.cn/otn/leftTicket/init 这个网址的时候，我们已经通过正则表达式获取好了，上面请求数据中的 leftTicket、train_location、token 的值可以在 https://kyfw.12306.cn/otn/confirmPassenger/initDc 中获取，即本章上一节中第 3 次 post 请求的时候获取，同样在上面，我们也已经通过正则表达式获取好了。

这一次请求（总第 2 次）可以通过下面的 Python 代码进行实现，核心部分已给出注释：

```
# 总请求 2—单击提交后步骤 2—获取队列
getqueurl = "https://kyfw.12306.cn/otn/confirmPassenger/getQueueCount"
checkdata = checkOrderdata.encode('utf - 8')
# 将日期转为格林时间
# 先将字符串转为常规时间格式
thisdatestr = date # 需要的买票时间
thisdate = datetime.datetime.strptime(thisdatestr, "%Y - %m - %d").date()
# 再转为对应的格林时间
gmt = '%a + %b + %d + %Y'
thisgmtdate = thisdate.strftime(gmt)
# 将 leftstr2 转成指定格式
leftstr2 = leftstr.replace("%", "% 25")
getquedata = "train_date = " + str(thisgmtdate) + " + 00 % 3A00 % 3A00 + GMT % 2B0800&train_no = "
 + traindata2 [ thiscode ] [ 0 ] + " &stationTrainCode = " + thiscode + " &seatType =
1&fromStationTelecode = " + traindata2 [ thiscode ][ 1 ] + " &toStationTelecode = " + traindata2
[ thiscode ][ 2 ] + " &leftTicket = " + leftstr2 + " &purpose_codes = 00&train_location = P4&_json_
att = &REPEAT_SUBMIT_TOKEN = " + str(token)
getdata = getquedata.encode('utf - 8')
req10 = urllib.request.Request(getqueurl, getdata)
req10.add_header('User - Agent', 'Mozilla/5.0 (Windows NT 6.1; WOW64) AppleWebKit/537.36
(KHTML, like Gecko) Chrome/38.0.2125.122 Safari/537.36 SE 2.X MetaSr 1.0')
req10data = urllib.request.urlopen(req10).read().decode("utf - 8", "ignore")
print("获取订单队列完成，即将进行下一步")
```

完成了这一次请求之后，如果请求成功（只要构造的数据、请求网址等没有问题，基本上都会成功），订单队列就可以获取到了。

随后我们就要进行如图 13-25 中类似的确认订单的操作了。

所以接下来我们进入第 3 次请求的分析,这一次需要请求 https://kyfw.12306.cn/otn/confirmPassenger/confirmSingleForQueue 这一个网址,这一次请求数据的规律格式如下:

> passengerTicketStr = 座位类型 % 2C0 % 2C1 % 2C 姓名 % 2C1 % 2C 身份证号 % 2C 手机号 % 2CN&oldPassengerStr = 姓名 % 2C1 % 2C 身份证号 % 2C1_&randCode = &purpose_codes = 00&key_check _isChange = 对应的 key_check_isChange 值 &leftTicketStr = 对应的 leftTicketStr 值 &train_ location = 对应的 train_location 值 &choose_seats = &seatDetailType = 000&roomType = 00&dwAll = N&_json_att = &REPEAT_SUBMIT_TOKEN = 对应的 token 值

请求数据中的 key_check_isChange、leftTicketStr、train_location、token 等值我们都可以在 https://kyfw.12306.cn/otn/confirmPassenger/initDc 中获取得到,同样,就是我们本章上一小节的第 3 次 post 请求,所以可以看到,这些数据的关联性是非常强的,所以大家在分析的时候一定要结合前后触发的网址来看,很多时候所需要的数据都是一些随机值,但是这些随机值基本上都可以在前面触发出来的网址中找到。

然后,我们可以使用下面的 Python 代码实现这一次请求,核心部分已经给出注释:

```
# 总请求 3—确认步骤 1—配置确认提交
confurl = "https://kyfw.12306.cn/otn/confirmPassenger/confirmSingleForQueue"
confdata = passengerTicketStr + "&" + oldPassengerStr + "&randCode = &purpose_codes = 00&key_
check_isChange = " + str(key) + "&leftTicketStr = " + leftstr2 + "&train_location = " + train_
location + "&choose_seats = &seatDetailType = 000&roomType = 00&dwAll = N&_json_att = &REPEAT_
SUBMIT_TOKEN = " + str(token)
confdata2 = confdata.replace(" % 3D","").encode('utf - 8')
req11 = urllib.request.Request(confurl,confdata2)
req11.add_header('User - Agent', 'Mozilla/5.0 (Windows NT 6.1; WOW64) AppleWebKit/537.36
(KHTML, like Gecko) Chrome/38.0.2125.122 Safari/537.36 SE 2.X MetaSr 1.0')
req11data = urllib.request.urlopen(req11).read().decode("utf - 8","ignore")
print("配置确认提交完成,即将进行下一步")
```

值得注意的是,如果不进行上面代码中的 replace("%3D","")这个替换,我们会发现每次请求都会失败(可以在 Fiddler 中观察到),因为事实上我们构造出来的网址中会有"%3D"这个多余信息,而实际中所请求的网址是不含有"%3D"的,这里必须要对比构造出来的数据和实际请求的数据,发现其中的关系与差别,所以分析的过程是需要非常细心的,我们可以在构造出来的数据中去除%3D,便可以整理为满足条件的数据了。

执行了上面的请求后,就完成了总的第 3 次请求了,也就相当于完成了确认订单步骤的第 1 步了。

再接下来,需要进行第 4 次请求,这一次请求的目的主要是获取订单 id(orderid),可以发现,这一次请求的方式是 get 而不是 post 了,需要请求的网址是:

https://kyfw.12306.cn/otn/confirmPassenger/queryOrderWaitTime? tourFlag = dc&_json_att=&REPEAT_SUBMIT_TOKEN=3c281fe8e1828aac54f7e1077bc4f7e4

实际上这个网址每次提交订单后请求都是变化的,可以观察到,最后面的这一串字符实际上就是我们的 token,所以此次请求的网址的格式是:

https://kyfw.12306.cn/otn/confirmPassenger/queryOrderWaitTime? tourFlag = dc&_json_att=&REPEAT_SUBMIT_TOKEN=对应的 token 值

发现其中的规律后,我们可以通过 Python 代码去自动模拟这一次请求,对应的 Python
代码如下所示:

```
# 总请求 4—确认步骤 2—获取 orderid
getorderidurl = " https://kyfw. 12306. cn/otn/confirmPassenger/queryOrderWaitTime? tourFlag =
dc&_json_att = &REPEAT_SUBMIT_TOKEN = " + str(token)
req12 = urllib. request. Request(getorderidurl)
req12.add_header('User - Agent', 'Mozilla/5. 0 (Windows NT 6. 1; WOW64) AppleWebKit/537. 36
(KHTML, like Gecko) Chrome/38. 0. 2125. 122 Safari/537. 36 SE 2. X MetaSr 1. 0')
req12data = urllib. request. urlopen(req12). read(). decode("utf - 8","ignore")
patorderid = '"orderId":"(. * ?)"'
orderidall = re. compile(patorderid). findall(req12data)
if(len(orderidall)!= 0):
    orderid = orderidall[0]
else:
    raise Exception("orderid 获取失败")
print("获取 orderid 完成,即将进行下一步")
```

可以看到,进行了这一次请求之后,我们在响应信息中通过正则表达式'"orderId":"(. * ?)"'
获取到了对应的 orderid 的值,这个值在后面我们需要用到。

再接下来,我们需要进行总的第 5 次请求,这一次请求的目的是获取请求结果,需要请
求的网址是:

https://kyfw. 12306. cn/otn/confirmPassenger/resultOrderForDcQueue

同样,这一次请求的方式也是 post,可以观察对应的请求数据,类似如下所示:

orderSequence_no = EB55186094&_json_att = &REPEAT_SUBMIT_TOKEN = 3c281fe8e1828aac54f7e1077bc
4f7e4

所以,我们可以总结出这个请求数据的构造规律与格式,如下所示:

orderSequence_no = 对应 orderId 值 &_json_att = &REPEAT_SUBMIT_TOKEN = 对应 token 值

对应的 orderSequence_no 值我们可以在上一次的请求中提取到,显然这里我们已经提
取好了。

所以可以通过下面的 Python 代码来实现自动模拟这一次请求,核心部分已给出注释:

```
# 总请求 5—确认步骤 3—请求结果
resulturl = "https://kyfw. 12306. cn/otn/confirmPassenger/resultOrderForDcQueue"
resultdata = "orderSequence_no = " + orderid + "&_json_att = &REPEAT_SUBMIT_TOKEN = " + str
(token)
resultdata2 = resultdata. encode('utf - 8')
req13 = urllib. request. Request(resulturl, resultdata2)
req13.add_header('User - Agent', 'Mozilla/5. 0 (Windows NT 6. 1; WOW64) AppleWebKit/537. 36
(KHTML, like Gecko) Chrome/38. 0. 2125. 122 Safari/537. 36 SE 2. X MetaSr 1. 0')
req13data = urllib. request. urlopen(req13). read(). decode("utf - 8","ignore")
print("请求结果完成,即将进行下一步")
```

执行了上面的代码后,便可完成获取请求结果的操作了。

最后,我们需要进行总第 6 次请求,这一次请求的目的是,进入支付接口页面,完成最终
订单的提交,这一次所请求的方式是 post,需要请求的地址是:

https://kyfw.12306.cn/otn//payOrder/init

这一次请求的数据比较简单,分析之后,请求数据的格式与规律如下所示:

_json_att = &REPEAT_SUBMIT_TOKEN = 对应 token 值

接下来,我们可以通过 Python 代码实现自动模拟进行这一次请求操作,代码如下所示:

```
# 总请求 6—确认步骤 4—支付接口页面
payurl = "https://kyfw.12306.cn//payOrder/init"
paydata = "_json_att = &REPEAT_SUBMIT_TOKEN = " + str(token)
paydata2 = paydata.encode('utf - 8')
req14 = urllib.request.Request(payurl,paydata2)
req14.add_header('User - Agent', 'Mozilla/5.0 (Windows NT 6.1; WOW64) AppleWebKit/537.36
(KHTML, like Gecko) Chrome/38.0.2125.122 Safari/537.36 SE 2.X MetaSr 1.0')
req14data = urllib.request.urlopen(req14).read().decode("utf - 8","ignore")
print("订单已经完成提交,您可以登录后台进行支付了.")
```

当这一次请求完成之后,对应的订单就已经完全完成提交了,这个时候,12306 系统就已经给我们分配好了对应的车票,同时,如果读者有兴趣,也可以尝试在完成订票后自动给我们的邮箱发送一封提示邮件,告诉我们已经订票成功,可以支付了,此时只需要进入后台支付一下对应的订单就可以完成整个订票流程了。

13.9　完整代码

我们可以看到,这整个项目的实现相对来说是比较复杂的,而上面我们是按照功能逐步对实现过程进行了讲解,可能有的读者会觉得代码比较散,不方便进行总体的阅读,也不太方便进行总体的调试与后续的复习。

为了能让大家有一个完整的代码参考,在此,我们将所有的代码整合到了一起,放到本小节中,仅供大家参考使用。

本项目完整的代码如下所示:

```
import urllib.request
import re
import ssl
import urllib.parse
import http.cookiejar
import datetime
# 为了防止 ssl 出现问题,可以加上下面一行代码
ssl._create_default_https_context = ssl._create_unverified_context
# 查票
# 常用三字码与站点对应关系
areatocode = {"上海":"SHH","北京":"BJP","南京":"NJH","昆山":"KSH","杭州":"HZH","桂林":
"GLZ"}
start1 = input("请输入起始站:")
start = areatocode[start1]
to1 = input("请输入到站:")
```

```
to = areatocode[to1]
isstudent = input("是学生吗?是: 1,不是: 0")
date = input("请输入要查询的乘车开始日期的年月,如 2017 - 03 - 05: ")
if(isstudent == "0"):
    student = "ADULT"
else:
    student = "0X00"

url = " https://kyfw. 12306. cn/otn/leftTicket/queryX? leftTicketDTO. train_date = " + date +
"&leftTicketDTO. from_station = " + start + "&leftTicketDTO. to_station = " + to + "&purpose_
codes = " + student
context = ssl._create_unverified_context()
data = urllib. request. urlopen(url). read(). decode("utf - 8","ignore")
# patno = '"train_no":"(. * ?)"'
# no = re. compile(patno). findall(data)
# 车次、出发站名、到达站名、出发时间、到达时间、一等座、二等座、硬座、无座
patcode = '"station_train_code":"(. * ?)"'
code = re. compile(patcode). findall(data)
patfrom = '"from_station_name":"(. * ?)"'
fromname = re. compile(patfrom). findall(data)
patto = '"to_station_name":"(. * ?)"'
toname = re. compile(patto). findall(data)
patstime = '"start_time":"(. * ?)"'
stime = re. compile(patstime). findall(data)
patatime = '"arrive_time":"(. * ?)"'
atime = re. compile(patatime). findall(data)
# 一等座
patzy = '"zy_num":"(. * ?)"'
# 二等座
patze = '"ze_num":"(. * ?)"'
# 硬座
patyz = '"yz_num":"(. * ?)"'
# 无座
patwz = '"wz_num":"(. * ?)"'
zy = re. compile(patzy). findall(data)
ze = re. compile(patze). findall(data)
yz = re. compile(patyz). findall(data)
wz = re. compile(patwz). findall(data)
print("车次\t 出发站名\t 到达站名\t 出发时间\t 到达时间\t 一等座\t 二等座\t 硬座\t 无座")
for i in range(0,len(code)):
    print(code[i] + "\t" + fromname[i] + "\t" + toname[i] + "\t" + stime[i] + "\t" + atime[i] +
"\t" + str(zy[i]) + "\t" + str(ze[i]) + "\t" + str(yz[i]) + "\t" + str(wz[i]))
isdo = input("查票完成,请输入 1 继续 …")
if(isdo == 1 or isdo == "1"):
    pass
else:
    raise Exception("输入不是 1,结束执行")
print("Cookie 处理中 …")
# 以下进行登录操作
# 建立 cookie 处理
cjar = http. cookiejar. CookieJar()
```

```
opener = urllib.request.build_opener(urllib.request.HTTPCookieProcessor(cjar))
urllib.request.install_opener(opener)

print("Cookie 处理完成,正在进行登录")
# 以下进入自动登录部分
loginurl = "https://kyfw.12306.cn/otn/login/init#"
req0 = urllib.request.Request(loginurl)
req0.add_header('User-Agent', 'Mozilla/5.0 (Windows NT 6.1; WOW64) AppleWebKit/537.36
(KHTML, like Gecko) Chrome/38.0.2125.122 Safari/537.36 SE 2.X MetaSr 1.0')
req0data = urllib.request.urlopen(req0).read().decode("utf-8","ignore")


yzmurl = "https://kyfw.12306.cn/otn/passcodeNew/getPassCodeNew?module=login&rand=
sjrand&0.9179698412432176"
urllib.request.urlretrieve(yzmurl,"D:/tmp/yzm.png")
yzm = input("请输入验证码,输入第几张图片即可")
# x 坐标(35,112,173,253),y 坐标(45)
# x 坐标(35,112,173,253),y 坐标(114)
pat1 = '"(.*?)"'
allpic = re.compile(pat1).findall(yzm)
def getxy(pic):
    if(pic == 1):
        xy = (35,45)
    if(pic == 2):
        xy = (112,45)
    if(pic == 3):
        xy = (173,45)
    if(pic == 4):
        xy = (253,45)
    if(pic == 5):
        xy = (35,114)
    if(pic == 6):
        xy = (112,114)
    if(pic == 7):
        xy = (173,114)
    if(pic == 8):
        xy = (253,114)
    return xy
allpicpos = ""
for i in allpic:
    thisxy = getxy(int(i))
    for j in thisxy:
        allpicpos = allpicpos + str(j) + ","
allpicpos2 = re.compile("(.*?).$").findall(allpicpos)[0]
print(allpicpos2)

# post 验证码验证
yzmposturl = "https://kyfw.12306.cn/otn/passcodeNew/checkRandCodeAnsyn"
yzmpostdata = urllib.parse.urlencode({
"randCode":allpicpos2,
"rand":"sjrand"
}).encode('utf-8')
```

```
req1 = urllib.request.Request(yzmposturl,yzmpostdata)
req1.add_header('User-Agent', 'Mozilla/5.0 (Windows NT 6.1; WOW64) AppleWebKit/537.36
(KHTML, like Gecko) Chrome/38.0.2125.122 Safari/537.36 SE 2.X MetaSr 1.0')
req1data = urllib.request.urlopen(req1).read().decode("utf-8","ignore")
#post 账号密码验证
loginposturl = "https://kyfw.12306.cn/otn/login/loginAysnSuggest"
loginpostdata = urllib.parse.urlencode({
"loginUserDTO.user_name":"770913912@qq.com",
"userDTO.password":"a****b",
"randCode":allpicpos2,
}).encode('utf-8')
req2 = urllib.request.Request(loginposturl,loginpostdata)
req2.add_header('User-Agent', 'Mozilla/5.0 (Windows NT 6.1; WOW64) AppleWebKit/537.36
(KHTML, like Gecko) Chrome/38.0.2125.122 Safari/537.36 SE 2.X MetaSr 1.0')
req2data = urllib.request.urlopen(req2).read().decode("utf-8","ignore")
#爬个人中心页面
centerurl = "https://kyfw.12306.cn/otn/index/initMy12306"
req3 = urllib.request.Request(centerurl)
req3.add_header('User-Agent', 'Mozilla/5.0 (Windows NT 6.1; WOW64) AppleWebKit/537.36
(KHTML, like Gecko) Chrome/38.0.2125.122 Safari/537.36 SE 2.X MetaSr 1.0')
req3data = urllib.request.urlopen(req3).read().decode("utf-8","ignore")
print("登录完成")
isdo = input("如果需要订票,请输入 1 继续,否则请输入其他数据")
if(isdo == 1 or isdo == "1"):
    pass
else:
    raise Exception("输入不是 1,结束执行")


#订票
#先初始化一下订票界面
initurl = "https://kyfw.12306.cn/otn/leftTicket/init"
reqinit = urllib.request.Request(initurl)
reqinit.add_header('User-Agent', 'Mozilla/5.0 (Windows NT 6.1; WOW64) AppleWebKit/537.36
(KHTML, like Gecko) Chrome/38.0.2125.122 Safari/537.36 SE 2.X MetaSr 1.0')
initdata = urllib.request.urlopen(reqinit).read().decode("utf-8","ignore")
#再查看对应订票信息
bookurl = "https://kyfw.12306.cn/otn/leftTicket/queryX?leftTicketDTO.train_date = " + date
+ "&leftTicketDTO.from_station = " + start + "&leftTicketDTO.to_station = " + to + "&purpose_
codes = " + student
req4 = urllib.request.Request(bookurl)
req4.add_header('User-Agent', 'Mozilla/5.0 (Windows NT 6.1; WOW64) AppleWebKit/537.36
(KHTML, like Gecko) Chrome/38.0.2125.122 Safari/537.36 SE 2.X MetaSr 1.0')
req4data = urllib.request.urlopen(req4).read().decode("utf-8","ignore")
patcode = '"station_train_code":"(.*?)"'
code = re.compile(patcode).findall(req4data)
patsct = '"secretStr":"(.*?)"'
#后续需要用到的车的其他信息
patno = '"train_no":"(.*?)"'
patftelecode = 'from_station_telecode":"(.*?)"'
patttelecode = '"to_station_telecode":"(.*?)"'
noall = re.compile(patno).findall(req4data)
```

```python
ftelecodeall = re.compile(patftelecode).findall(req4data)
ttelecodeall = re.compile(patttelecode).findall(req4data)
# 处理 secretStr
secretStr = re.compile(patsct).findall(req4data)
# 用字典 traindata 存储车次 secretStr 信息,以供后续订票操作
# 存储的格式是: traindata = {"车次1":secretStr1,"车次2":secretStr2, … }
traindata = {}
for i in range(0,len(code)):
    traindata[code[i]] = secretStr[i]
# 用字典 traindata2 存储车次的 no、telecode 等信息,以供后续提交订单时使用
traindata2 = {}
for i in range(0,len(code)):
    traindata2[code[i]] = [noall[i],ftelecodeall[i],ttelecodeall[i]]
# 订票—第1次 post—主要进行确认用户状态
checkurl = "https://kyfw.12306.cn/otn/login/checkUser"
checkdata = urllib.parse.urlencode({
"_json_att":""
}).encode('utf-8')
req5 = urllib.request.Request(checkurl,checkdata)
req5.add_header('User-Agent', 'Mozilla/5.0 (Windows NT 6.1; WOW64) AppleWebKit/537.36
(KHTML, like Gecko) Chrome/38.0.2125.122 Safari/537.36 SE 2.X MetaSr 1.0')
req5data = urllib.request.urlopen(req5).read().decode("utf-8","ignore")


thiscode = input("请输入要预订的车次: ")
# 自动得到当前时间并转为年-月-日格式,因为后面请求数据需要用到当前时间作为返程时
间 backdate
backdate = datetime.datetime.now()
backdate = backdate.strftime("%Y-%m-%d")
# 订票—第2次 post—主要进行"预订"提交
submiturl = "https://kyfw.12306.cn/otn/leftTicket/submitOrderRequest"
submitdata = urllib.parse.urlencode({
"secretStr":traindata[thiscode],
"train_date":date,
"back_train_date":backdate,
"tour_flag":"dc",
"purpose_codes":student,
"query_from_station_name":start1,
"query_to_station_name":to1,
})
submitdata2 = submitdata.replace("%25","%")
submitdata3 = submitdata2.encode('utf-8')
req6 = urllib.request.Request(submiturl,submitdata3)
req6.add_header('User-Agent', 'Mozilla/5.0 (Windows NT 6.1; WOW64) AppleWebKit/537.36
(KHTML, like Gecko) Chrome/38.0.2125.122 Safari/537.36 SE 2.X MetaSr 1.0')
req6data = urllib.request.urlopen(req6).read().decode("utf-8","ignore")
# 订票—第3次 post—主要获取 Token、leftTicketStr、key_check_isChange、train_location
initdcurl = "https://kyfw.12306.cn/otn/confirmPassenger/initDc"
initdcdata = urllib.parse.urlencode({
"_json_att":""
}).encode('utf-8')
req7 = urllib.request.Request(initdcurl,initdcdata)
```

```python
req7.add_header('User - Agent', 'Mozilla/5.0 (Windows NT 6.1; WOW64) AppleWebKit/537.36
(KHTML, like Gecko) Chrome/38.0.2125.122 Safari/537.36 SE 2.X MetaSr 1.0')
req7data = urllib.request.urlopen(req7).read().decode("utf - 8","ignore")
#post 完之后,获取 leftTicketStr
patleft = "'leftTicketStr':'(.*?)'"
leftstrall = re.compile(patleft).findall(req7data)
if(len(leftstrall)!= 0):
    leftstr = leftstrall[0]
else:
    raise Exception("leftTicketStr 获取失败")
#再获取 key_check_isChange
patkey = "'key_check_isChange':'(.*?)'"
keyall = re.compile(patkey).findall(req7data)
if(len(keyall)!= 0):
    key = keyall[0]
else:
    raise Exception("key_check_isChange 获取失败")
#还需要获取 train_location
pattrain_location = "'tour_flag':'dc','train_location':'(.*?)'"
train_locationall = re.compile(pattrain_location).findall(req7data)
if(len(train_locationall)!= 0):
    train_location = train_locationall[0]
else:
    raise Exception("train_location 获取失败")
#完成提交,接下来获取 token 信息
pattoken = "globalRepeatSubmitToken = '(.*?)'"
tokenall = re.compile(pattoken).findall(req7data)
if(len(tokenall)!= 0):
    token = tokenall[0]
else:
    raise Exception("Token 获取失败")
#自动 post 网址 4—获取乘客信息
getuserurl = "https://kyfw.12306.cn/otn/confirmPassenger/getPassengerDTOs"
getuserdata = urllib.parse.urlencode({
"secretStr":traindata[thiscode],
"train_date":date,
"back_train_date":backdate,
"tour_flag":"dc",
"purpose_codes":student,
"query_from_station_name":start1,
"query_to_station_name":to1,
}).encode('utf - 8')
req8 = urllib.request.Request(getuserurl,getuserdata)
req8.add_header('User - Agent', 'Mozilla/5.0 (Windows NT 6.1; WOW64) AppleWebKit/537.36
(KHTML, like Gecko) Chrome/38.0.2125.122 Safari/537.36 SE 2.X MetaSr 1.0')
req8data = urllib.request.urlopen(req8).read().decode("utf - 8","ignore")
#获取用户信息
#提取姓名
namepat = '"passenger_name":"(.*?)"'
#提取身份证号
idpat = '"passenger_id_no":"(.*?)"'
```

```python
#提取手机号
mobilepat = '"mobile_no":"(.*?)"'
#提取对应乘客所在的国家
countrypat = '"country_code":"(.*?)"'
nameall = re.compile(namepat).findall(req8data)
idall = re.compile(idpat).findall(req8data)
mobileall = re.compile(mobilepat).findall(req8data)
countryall = re.compile(countrypat).findall(req8data)
#输出乘客信息,由于可能有多位乘客,所以通过循环输出
for i in range(0,len(nameall)):
    print("第"+str(i+1)+"位用户,姓名:"+str(nameall[i]))
#选择乘客
chooseno = input("请选择要订票的用户的序号,此处只能选择一位,如需选择多位,可以自行修改一下代码")
#thisno 为对应乘客的下标,比序号少 1,比如序号为 1 的乘客在列表中的下标为 0
thisno = int(chooseno) - 1


#总请求 1—单击"提交"后步骤 1—确认订单(在此只定硬座,座位类型为 1,如需选择多种类型的座位,可以自行修改一下代码使用 if 判断一下即可)
checkOrderurl = "https://kyfw.12306.cn/otn/confirmPassenger/checkOrderInfo"

passengerTicketStr = "passengerTicketStr = " + str(1) + "%2C0%2C1%2C" + nameall[thisno] + "%2C1%2C" + idall[thisno] + "%2C" + mobileall[thisno] + "%2" + countryall[thisno]
oldPassengerStr = "oldPassengerStr = " + nameall[thisno] + "%2C1%2C" + idall[thisno] + "%2C1_"
checkOrderdata = "cancel_flag = 2&bed_level_order_num = 000000000000000000000000000000&" + passengerTicketStr + "&" + oldPassengerStr + "&tour_flag = dc&randCode = &_json_att = &REPEAT_SUBMIT_TOKEN = " + str(token)
#checkOrderdata = "cancel_flag = 2&bed_level_order_num = 000000000000000000000000000000&passengerTicketStr = " + str(0) + "%2C0%2C1%2C" + nameall[thisno] + "%2C1%2C" + idall[thisno] + "%2C" + mobileall[thisno] + "%2" + countryall[thisno] + "&oldPassengerStr = " + nameall[thisno] + "%2C1%2C" + idall[thisno] + "%2C1_&tour_flag = dc&randCode = &_json_att = &REPEAT_SUBMIT_TOKEN = " + str(token)
checkdata = checkOrderdata.encode('utf-8')
req9 = urllib.request.Request(checkOrderurl,checkdata)
req9.add_header('User-Agent', 'Mozilla/5.0 (Windows NT 6.1; WOW64) AppleWebKit/537.36 (KHTML, like Gecko) Chrome/38.0.2125.122 Safari/537.36 SE 2.X MetaSr 1.0')
req9data = urllib.request.urlopen(req9).read().decode("utf-8","ignore")
print("确认订单完成,即将进行下一步")
#总请求 2—单击"提交"后步骤 2—获取队列
getqueurl = "https://kyfw.12306.cn/otn/confirmPassenger/getQueueCount"
checkdata = checkOrderdata.encode('utf-8')
#将日期转为格林时间
#先将字符串转为常规时间格式
thisdatestr = date #需要的买票时间
thisdate = datetime.datetime.strptime(thisdatestr,"%Y-%m-%d").date()
#再转为对应的格林时间
gmt = '%a+%b+%d+%Y'
thisgmtdate = thisdate.strftime(gmt)
#将 leftstr2 转成指定格式
leftstr2 = leftstr.replace("%","%25")
```

```
getquedata = "train_date = " + str(thisgmtdate) + " + 00 % 3A00 % 3A00 + GMT % 2B0800&train_no =
" + traindata2 [ thiscode ] [ 0 ] + " &stationTrainCode = " + thiscode + " &seatType =
1&fromStationTelecode = " + traindata2 [ thiscode ] [ 1 ] + " &toStationTelecode = " + traindata2
[thiscode][2] + "&leftTicket = " + leftstr2 + "&purpose_codes = 00&train_location = P4&_json_
att = &REPEAT_SUBMIT_TOKEN = " + str(token)
getdata = getquedata.encode('utf - 8')
req10 = urllib.request.Request(getqueurl,getdata)
req10.add_header('User - Agent', 'Mozilla/5.0 (Windows NT 6.1; WOW64) AppleWebKit/537.36
(KHTML, like Gecko) Chrome/38.0.2125.122 Safari/537.36 SE 2.X MetaSr 1.0')
req10data = urllib.request.urlopen(req10).read().decode("utf - 8","ignore")
print("获取订单队列完成,即将进行下一步")
#总请求 3—确认步骤 1—配置确认提交
confurl = "https://kyfw.12306.cn/otn/confirmPassenger/confirmSingleForQueue"
confdata = passengerTicketStr + "&" + oldPassengerStr + "&randCode = &purpose_codes = 00&key_
check_isChange = " + str(key) + "&leftTicketStr = " + leftstr2 + "&train_location = " + train_
location + "&choose_seats = &seatDetailType = 000&roomType = 00&dwAll = N&_json_att = &REPEAT_
SUBMIT_TOKEN = " + str(token)
confdata2 = confdata.replace("% 3D","").encode('utf - 8')
req11 = urllib.request.Request(confurl,confdata2)
req11.add_header('User - Agent', 'Mozilla/5.0 (Windows NT 6.1; WOW64) AppleWebKit/537.36
(KHTML, like Gecko) Chrome/38.0.2125.122 Safari/537.36 SE 2.X MetaSr 1.0')
req11data = urllib.request.urlopen(req11).read().decode("utf - 8","ignore")
print("配置确认提交完成,即将进行下一步")
#总请求 4—确认步骤 2—获取 orderid
getorderidurl = " https://kyfw.12306.cn/otn/confirmPassenger/queryOrderWaitTime? tourFlag =
dc&_json_att = &REPEAT_SUBMIT_TOKEN = " + str(token)
req12 = urllib.request.Request(getorderidurl)
req12.add_header('User - Agent', 'Mozilla/5.0 (Windows NT 6.1; WOW64) AppleWebKit/537.36
(KHTML, like Gecko) Chrome/38.0.2125.122 Safari/537.36 SE 2.X MetaSr 1.0')
req12data = urllib.request.urlopen(req12).read().decode("utf - 8","ignore")
patorderid = '"orderId":"(. * ?)"'
orderidall = re.compile(patorderid).findall(req12data)
if(len(orderidall)!= 0):
    orderid = orderidall[0]
else:
    raise Exception("orderid 获取失败")
print("获取 orderid 完成,即将进行下一步")
#总请求 5—确认步骤 3—请求结果
resulturl = "https://kyfw.12306.cn/otn/confirmPassenger/resultOrderForDcQueue"
resultdata = "orderSequence_no = " + orderid + "&_json_att = &REPEAT_SUBMIT_TOKEN = " + str
(token)
resultdata2 = resultdata.encode('utf - 8')
req13 = urllib.request.Request(resulturl,resultdata2)
req13.add_header('User - Agent', 'Mozilla/5.0 (Windows NT 6.1; WOW64) AppleWebKit/537.36
(KHTML, like Gecko) Chrome/38.0.2125.122 Safari/537.36 SE 2.X MetaSr 1.0')
req13data = urllib.request.urlopen(req13).read().decode("utf - 8","ignore")
print("请求结果完成,即将进行下一步")
#总请求 6—确认步骤 4—支付接口页面
payurl = "https://kyfw.12306.cn/otn//payOrder/init"
paydata = "_json_att = &REPEAT_SUBMIT_TOKEN = " + str(token)
paydata2 = paydata.encode('utf - 8')
```

```
req14 = urllib.request.Request(payurl,paydata2)
req14.add_header('User-Agent', 'Mozilla/5.0 (Windows NT 6.1; WOW64) AppleWebKit/537.36
(KHTML, like Gecko) Chrome/38.0.2125.122 Safari/537.36 SE 2.X MetaSr 1.0')
req14data = urllib.request.urlopen(req14).read().decode("utf-8","ignore")
print("订单已经完成提交,您可以登录后台进行支付了.")
```

可以看到,这个代码是非常多的,整个流程大致为:不登录状态下查询余票→Cookie处理→自动登录→登录后进入个人中心→登录后查询余票→自动提交预订请求→自动确认订单。

上面登录过程中的验证码部分需要手动输入一下,当然也可以使用接口自动处理,同时有条件的读者也可以使用机器学习相关的知识尝试自动识别对应的验证码。

上面的登录后爬个人中心的功能并不是订票所必需的,只不过为了方便大家学习深层页面的爬取,我们仅仅是为了实现快速预订车票,这一部分可以注释掉。

上面整个代码可以帮助大家在 12306 系统业务繁忙期间自动预订好车票,因为这些请求都是我们直接构造出来的,然后直接传到服务器中的,所以相对来说整个请求过程都会比传统网页订票的方式快很多,但是大家注意不要违反相关的法律与道德,比如同时批量并发地发大量请求对网站进行攻击等。

13.10   调试与运行

运行上面的完整代码后,主要过程与效果如下所示,加粗部分为我们所输入的数据:

请输入起始站:**上海**
请输入到站:**桂林**
是学生吗?是:**1**,不是:**00**
请输入要查询的乘车开始日期的年月,如 2017-03-05:**2017-04-07**

车次	出发站名	到达站名	出发时间	到达时间	一等座	二等座	硬座	无座
K149	上海南	桂林北	08:42	05:10	--	--	有	有
G1501	上海虹桥	桂林	10:03	19:01	15	有	--	--
K1556	上海	桂林北	10:21	11:42	--	--	有	有
T77	上海南	桂林北	11:27	05:30	--	--	有	有
T381	上海南	桂林北	16:55	12:17	--	--	有	有
T25	上海南	桂林北	17:49	13:21	--	--	有	有

查票完成,请输入 1 继续…**1**
Cookie 处理中…
Cookie 处理完成,正在进行登录
请输入验证码,输入第几张图片即可"6","8"
112,114,253,114
登录完成
如果需要订票,请输入 1 继续,否则请输入其他数据**1**
请输入要预订的车次:**K149**
第 1 位用户,姓名:韦玮
第 2 位用户,姓名:莫春娟
请选择要订票的用户的序号,此处只能选择一位,如需选择多位,可以自行修改一下代码**1**
确认订单完成,即将进行下一步

获取订单队列完成,即将进行下一步
配置确认提交完成,即将进行下一步
获取 orderid 完成,即将进行下一步
请求结果完成,即将进行下一步
订单已经完成提交,您可以登录后台进行支付了.

上面运行时,本地验证码图片内容如图 13-26 所示。

显然,这里满足条件的图片是第 6 张和第 8 张,所以我们输入了"6","8",输入后,我们所写的代码便会将图片转为具体的坐标,然后进行自动登录。

完成了上面代码的执行后,可以登录自己的 12306 后台查看对应的订单,便会发现相关车票已经预订好了,如图 13-27 所示。

可以看到,车票已经通过程序成功预订好。预订好对应的车票之后,里面可以直接支付就能够完成订单了,

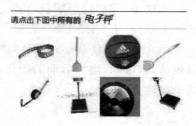

图 13-26　登录时验证码图片内容

事实上,在业务高峰期间,车票的分配环节经常出问题,但是当实现了车票的预订之后,支付环节基本上就没有什么压力了。

订单日期: 2017-03-31	韦玮	上海南→桂林北		乘车日期: 2017-04-07 08:42	
序号	车次信息	席位信息	旅客信息	票款金额	车票状态
1	2017-04-07 08:42开 K149 上海南-桂林北	10车厢 031号 硬座	韦玮 二代身份证	成人票189.5元	待支付

总张数: **1**　待支付金额: **189.5元**

取消订单　继续支付

图 13-27　车票预订成功界面

13.11　小结

(1) 一般来说,我们会使用 http. cookiejar 模块进行 Cookie 处理,处理的思路为:先通过 http. cookiejar. CookieJar()建立一个 cookiejar 对象,然后基于该对象构建一个 urllib. request. HTTPCookieProcessor()对象,再基于 urllib. request. HTTPCookieProcessor()对象建立一个 opener 对象即可,在构建了 opener 对象之后,为了方便使用 opener 对象中的设置,我们可以将 opener 对象安装为全局,安装为全局之后,就可以在 urlopen()等方法中使用 opener 对象中的设置了。

(2) 整个代码实现的流程大致为:在登录状态下查询余票→Cookie 处理→自动登录→登录后爬个人中心→登录后查询余票→自动提交预订请求→自动确认订单,难点在于对各请求网址以及请求数据的分析,并且在分析之后需要构造出来,另外一个难点在于各个网页之间数据的关联性比较强,所以大家一定要结合前后的网页来分析,在 post 请求不成功或出现问题的时候,多通过对比观察代码去请求的数据与实际中在网页中请求的数据之间的

区别与联系来发现问题所在,有时候,可能就相差了某一个或两三个字符,也会导致请求不成功,所以读者在细心的同时,也需要学会通过对比来发现问题。

思考与扩展

到这里,我们这个项目已经完全实现了,但是仍有完善的空间,以下问题仅供有兴趣的读者去研究,不要求必须掌握。

(1)代码中登录部分没有判断是否登录成功,尝试修改一下代码,实现自动判断是否登录成功,若成功,继续后面的操作,若不成功,重新自动获取验证码图片,提示再次输入,直到登录成功为止。

提示

> 将登录代码写在 while 或 for 循环里面,如果登录失败(判断登录是否成功可以通过发送登录请求后所返回的响应信息进行判断),则进入循环,重新获取验证码,并让我们输入,如果登录成功,跳出循环。

(2)如果需要实现在尽量短的时间内预订某个车票,上面的爬个人中心这一个步骤是否可以省略?为什么?

提示

> 不需要,因为与订票环节无关。

(3)如果现在想预订的车次、出发时间、乘客、座位类型等相关的信息都已经确定了,请更改上面的程序,实现以最短的方式进行车票预订。

提示

> 可以把不登录时查票这个环节去掉,对应的代码整合到登录后查票环节中一起查询,将爬个人中心的环节去掉,同时,将想预订的车次、出发时间、乘客等各变量设置为固定的值,不再等待输入,直接自动进行。

(4)上面的程序中,没有给出自动监听是否有票,以及自动监听票务是否预订成功等功能,请尝试修改上面的代码,实现在思考(3)的基础上,如果车票自动预订失败,自动进入循环进行车票的预订,直到车票预订成功才结束该循环。

提示

> 监听是否有票可以通过循环进行,每隔一段时间查一次票,若发现指定车次或席位没票,继续进入循环查询,若发现指定车次与指定席位有票,则进入下一步提交预订信息,同样,根据对应提交 post 后的响应信息来判断每一步是否成功,若失败,循环进行这一步,直至成功为止,这一步成功之后,跳出循环,继续下一步,比如提交预订信息判断成功之后,继续进入下一次 post,最终实现订票。

## 第 14 章

2048 小游戏项目实战

在学习了 Python 的基础知识之后,在本章中,我们将使用 Python 基础知识来开发一个 2048 小游戏,让大家可以巩固所学的基础知识,并学会灵活应用这些知识。

14.1 2048 小游戏项目介绍

2048 小游戏是一款休闲益智类游戏,游戏规则不算太难,所以作为练手的项目还是比较合适的。

为了让大家可以对 2048 小游戏有一个比较形象的了解,笔者建议大家可以先下载一个已经成型的 2048 小游戏先熟悉一下游戏规则。

简单来说,2048 小游戏的游戏规则如下:

(1) 首先,最开始的时候,会在棋盘上的空白位置中随机选择一个位置,并在该位置上产生一个数字 2 或 4(具体产生的是 2 还是产生 4 是随机决定的)。

```
>>> ——————————————————
0       0       0       0
0       0       4       0
0       0       0       0
0       0       0       0
    ——————————————————
```

图 14-1　初始化时输出的棋盘

如图 14-1 所示,游戏初始化的时候,自动随机在第 2 行第 3 列生成了一个数字 4,棋盘中的 0 代表空白位置。

(2) 然后,用户可以操作棋盘上的数字进行左移、右移、上移或者下移。

如图 14-2 所示,就进行了一次左移操作,左移后图 14-1 中的数字 4 便移动到了第 2 行第 1 列,随后,再次在剩余的空白位置上随机选择一个位置并且随机生成一个数字 4。

如图 14-3 所示,进行了一次上移操作,此时图 14-2 中原第 2 行第 1 列的数字 4 与第 4 行第 4 列的数字 4 分别移动到了第 1 行第 1 列与第 1 行第 4 列,移动后再次在剩余的空白位置上随机选择一个位置(即此处随机选择的位置为第 4 行第 4 列),并随机生成了数字 4。

```
——————————————————
0       0       0       0
4       0       0       0
0       0       0       0
0       0       0       4
——————————————————
```

图 14-2　进行了一次左移操作

```
——————————————————
4       0       0       4
0       0       0       0
0       0       0       0
0       0       0       4
——————————————————
```

图 14-3　进行了一次上移操作

(3) 每次移动棋盘上的数字,若在移动方向上遇到相同的数字,会进行合并,合并后,合并到的位置数字值变为原来的两倍,被合并的位置数字值清空,后续移动的数字会依次填补空缺位置,若在移动的方向上没有遇到相同的数字,则不会发生合并。

如图14-4所示,进行了一次上移操作,由于此时在移动方向上(向上移动即纵向,为列的方向),图14-3中的第1行第4列的数字4与第4行第4列的数字4相同,故而发生了合并,合并结果为两数相加之值,即8,存储在第1行第4列。由于发生了合并,所以此次获得的分值为两数相加之值,即+8分。合并后,在剩余的空白位置上随机选择了一个位置(此处选择的位置为第1行第3列),并随机生成了数字4。

随后进行了一次左移操作,由于在移动方向上,第1行第1列的数字4与第1行第3列的数字4相同,故而发生合并,合并结果为8存储于棋盘的第1行第1列位置上,图14-4中原第1行第4列的数字8亦向左移动到了第1行第2列。移动完成后,在剩余的空白位置上,随机选择了一个位置,此处选择的位置为第3行第2列,并随机生成了一个数字2,最终结果如图14-5所示。由于此次移动发生了合并,所以此次分值为合并数值相加之值,即此次+8分,由于图14-4操作中已经得了8分,所以此时累计得分为8+8=16分。

4	0	4	8
0	0	0	0
0	0	0	0
0	0	0	0

图14-4　在移动方向上遇到相同数字发生了合并

8	8	0	0
0	0	0	0
0	2	0	0
0	0	0	0

图14-5　左移,发生了合并

接下来进行了一次上移的操作,结果如图14-6所示。可见,原来的图14-4中第3行第2列的数字2移动到了图14-5中的第2行第2列上,由于此时的2在移动方向上遇到的数字为第1行第2列的8,2不等于8,所以此处不发生合并。移动完成后,在剩余的空白位置上随机选择一个位置(此时随机选择的是第3行第2列)随机生成了数字2。此次移动未发生合并,此次得分+0,累计总得分仍为+16。

8	8	0	0
0	2	0	0
0	2	0	0
0	0	0	0

图14-6　上移,未发生合并

(4)假如发生合并,则会累计得分,每次获得的分值是合并的数字的两倍。

例如图14-4和图14-5的操作中,都发生了合并,所以都获得了分值。

(5)每次移动后,都会在棋盘上的空白位置上随机选择一个位置,随机生成一个数字2或者4。

例如图14-2到图14-6中,移动与合并完成后,就会在空白位置上随意选择一个位置,生成数字2或者4。

(6)一直重复上述步骤(2)到步骤(5)的过程。

(7)若棋盘上出现值为2048的数字,则判赢,玩家赢得该游戏。注意,需要棋盘上出现最大的数字为2048才算赢,而并不是得分累计到2048分就算赢,得分与输赢无必然关联。

(8)若棋盘满的时候尚未出现值为2048的数字,则判输,玩家输掉此局游戏。

2	32	16	16
32	16	8	2
16	8	4	4
8	4	2	0

图14-7　棋盘将满

为了演示棋盘满将输的情况,笔者在图14-6后又进行了一系列的上、下、左、右移动的操作,最终生成了如图14-7所示的将满之局。当然,此时若往左移动,则还可以继续玩下去,但笔者最终的目的是演示输的情形,故而进行了往下移动的操作。

再往下移动后,由于未发生合并,所以在最后一个空白位置生成的数字之后,棋盘则满,而此时棋盘最大的数字为 32,未达到 2048,故而此时游戏已输。

随后输出如图 14-8 所示的提示,提示游戏已输,同时输出了最终得分。

上面我们简单介绍了 2048 的游戏规则,相信读者已经对 2048 小游戏基本有所了解,若还未熟悉游戏规则,可以将 2048 小游戏下载到手机上先玩几局,亲自体验一下,自然会有更深刻的了解。

> 棋盘已满,你输了!3秒后关闭程序!
> 你的最终得分是:380

图 14-8　游戏输后的提示

读者在了解了 2048 小游戏的规则之后,可以试着思考一下,如果我们希望采用已经学过的 Python 知识来开发出 2048 小游戏的功能,应该如何开发?我们不要求做出非常完美的界面,只需要做出如图 14-1 到图 14-8 所示的简单的棋盘界面即可,本游戏项目的重点在于游戏功能的实现,重点在于业务逻辑处理方面。

14.2　2048 小游戏项目开发思路

为了帮助读者可以更好地理清 2048 小游戏项目的开发思路,笔者在此先提出几个问题,供读者先进行思考:

① 棋盘中的数据可以以什么数据类型进行存储?

② 棋盘如何生成与展现?

③ 左移、右移时数据将会怎么移动?在程序中,如何实现左移、右移时数据的移动?

④ 左移、右移时数据移动后如何进行合并?在程序中,如何实现左移、右移时数据的合并?

⑤ 上移、下移与左移、右移的操作之间有什么联系吗?

⑥ 如何实现按键的监听?

⑦ 如何判断输赢?如何累计得分?

实际上,所有的数据都可以存储在一个二维列表中,可以把二维列表中的数据分成行和列,实际就是棋盘上的数据。

例如图 14-9 所示的棋盘中的数据就可以通过二维列表[[1,2,3],[4,5,6],[7,8,9]]进行表示。

1	2	3
4	5	6
7	8	9

图 14-9　二维列表与棋盘中数据的对应关系

至于棋盘数据的展现,通过一个两层循环以及输出控制知识即可实现。

左移、右移时数据的移动规律读者需要先思考与理解一下,实际上过程并不算特别复杂,总的来说,就是根据左移、右移的规律然后通过循环对二维列表里面的数据进行变换与操作即可。具体细节会在 14.6 节中进行实现。

在实现左移、右移之后,实际上上移、下移就不难处理了,我们不妨将棋盘中的数据先进行行列转置,即原来的行变成列、列变成行,便会发现,实际上上移的过程本质可以转化为左移处理,下移的过程本质可以转化为右移处理。如图 14-10 所示给出了对应的转换示意图。

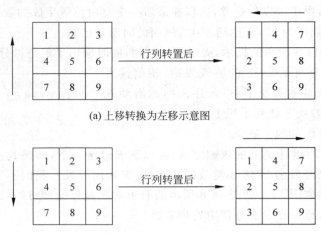

(a) 上移转换为左移示意图

(b)下移转换为右移示意图

图 14-10 上移、下移与左移、右移转换示意图

按键监听,即监听玩家的具体按键操作是什么,并根据按键操作,判断玩家具体需要操作的类型。比如,到底需要开启游戏还是进行左滑、下滑等操作。在 Python 中,如果要实现按键的监听,使用第三方库 pyHook 即可轻松实现。

如果要实现判断输赢的功能,可以在棋盘输出前遍历列表中的数据是否有大于 2048 的数值判断玩家是否赢得该游戏,可以通过棋盘是否已满实现判断玩家是否已输的功能。

得分统计的功能可以通过累加实现,在每次发生合并后,进行一次得分累加操作,并存储到指定属性中。

由于本项目相对来说略微复杂,从大方向上来说,我们将采取面向对象的开发方式进行开发,这样可以让程序具有更好的层次与逻辑。当然,如果读者实在不能理解面向对象与面向过程的区别,不妨在掌握了本章知识后尝试使用面向过程的开发方式对此游戏进行开发,便可以亲身体会到其中的不同之处,进而体会到面向对象的开发方式对于中大型项目的便捷之处。了解不同事物的区别的最好的方式便是分别亲自去体验它们。

14.3 实战编写 2048 小游戏项目基本代码结构

14.2 节中我们已经介绍了 2048 小游戏项目的基本开发思路,接下来,我们根据上述的开发思路一步步地将本项目开发出来。

一般来说,在开发稍微复杂的项目的时候,我们首先会对项目进行总体的规划与安排,比如先写出对应项目的基本代码结构。写出了基本代码结构之后,便会有一个清晰的结构框架,这样不至于在开发的过程中出现编程思维紊乱的局面。

首先,整个项目可以封装到一个类中,在此不妨为该游戏类取类名为 Game。

其次,该游戏需要一个初始化方法对数据进行初始化,该初始化方法可以直接使用名为 __init__() 的构造方法实现,由于初始化时需要知道棋盘的大小,即多少行多少列等信息,所以可以接收两个参数 xnum、ynum,分别代表生成的棋盘的行列数,可以设置默认值为 4 行 4 列。

　　同样，由于上、下滑与左、右滑之间的关联需要通过列表的行列转置实现，所以我们还需要一个专门实现二维列表转置功能的方法，传入对应的列表到该方法之后，即可对该列表进行行列转置，不妨将该方法名取为 trans()。

　　由于我们需要在棋盘的空白位置随机选择一个位置，并随机生成一个 2 或 4，所以，可以同样设置一个方法实现该功能，不妨为该方法取名为 createdata()。

　　在游戏的过程中，免不了需要进行上、下、左、右滑动的操作，滑动后，需要根据对应方向滑动的规律对二维列表（即棋盘）中的数据进行调整，故而需要进行上、下、左、右滑动操作的业务逻辑处理，所以我们可以分别创建 up()、down()、left()、right() 四个自定义方法处理对应操作的业务逻辑。

　　同样，在进行了上、下、左、右滑动的操作后，还需要进行对应方向上的数据合并处理，故而我们可以创建 umerge()、dmerge()、lmerge()、rmerge() 四个自定义方法分别进行上滑合并、下滑合并、左滑合并、右滑合并的操作。

　　当然，本项目中少不了棋盘输出的功能。因为如果没有棋盘的输出，也就无法显示棋盘上的数据信息，所以，棋盘输出的功能是需要的，我们可以创建一个名为 show() 的自定义方法实现棋盘的显示与输出。

　　此外，还应当实现按键监听的功能，可以创建一个名为 listenanddo() 的自定义方法专门监听按键并进行相应的处理。

　　最后，可以写一个主控程序，对本游戏进行总体控制。我们可以创建一个名为 main() 的方法，并将总体控制程序封装于其中。

　　上面我们根据该游戏项目的功能划分了各个处理方法，目的是在每一个方法中核心完成一件事情，这样程序的执行逻辑就会清晰很多，否则，在一个方法中涉及多项功能实现，很可能会导致程序的执行逻辑会比较乱。当然，我们所起的这些方法名并不是不可变化的，只不过为了最开始的时候就可以有一个清晰的代码结构，所以最好先统一定下来，读者亦可根据自己的喜好来起自定义方法名，但__init__()名字最好固定，因为__init__()是系统自带的构造方法名。

　　随后，我们便可以根据上面的描述写出如下的程序基本结构代码：

```
# 2048 小游戏基本代码结构
class Game():
    def __init__(self,xnum = 4,ynum = 4):
        '''初始化方法'''
        pass
    def trans(self,lista):
        '''二维列表的转置'''
        pass
    def createdata(self):
        '''在空白的位置中随机选一个位置随机生成 2 或 4'''
        pass
    def lmerge(self):
        '''左滑合并'''
        pass
    def rmerge(self):
        '''右滑合并'''
```

```
            pass
        def umerge(self):
            '''上滑合并'''
            pass
        def dmerge(self):
            '''下滑合并'''
            pass
        def left(self):
            '''向左滑动对应的业务逻辑处理'''
            pass
        def right(self):
            '''向右边滑动对应的业务逻辑处理'''
            pass
        def up(self):
            '''向上滑动对应的业务逻辑处理'''
            pass
        def down(self):
            '''向下滑动对应的业务逻辑处理'''
            pass
        def show(self):
            '''判断输赢,并输出得分'''
            '''如果尚未输赢,则继续输出对应的棋盘'''
            pass
        def listenanddo(self,mypresskey):
            '''按键监听与对应处理'''
            pass
        def main(self):
            '''主控程序'''
            pass
```

　　有了上面的程序基本结构代码之后,接下来我们只需要依次完善该结构下面的各方法的具体功能即可,整个编程思路就非常清晰了。

14.4　编写初始化方法与数字随机生成功能

　　在此 2048 小游戏项目中,我们可以通过构造方法来实现对数据进行初始化处理。

　　比如我们可以通过如下的构造方法实现初始化处理:

```
class Game():
    def __init__(self,xnum = 4,ynum = 4):
        self.xnum = xnum
        self.ynum = ynum
        self.score = 0
        #初始化用于随机出现的数字,只能随机出现 2 或 4
        self.randdata = [2,4]
        #生成对应长度的列表用于存储棋盘上的数据
        self.data = [[0 for i in range(0,xnum)] for i in range(0,ynum)]
```

　　首先初始化时需要接收两个参数,代表棋盘的大小,即分别代表棋盘的行数和列数,如果不传入参数,则默认表示生成一个 4 行 4 列的棋盘。接收了参数之后,可以将行列数分别存储到 self. xnum 与 self. ynum 属性中。然后建立一个用于存储累计得分值的属性 self. score,并初始化其值为 0。

由于后续在棋盘上随机生成的数字可以是 2 或者 4,所以我们可以创建一个列表用于存储随机生成时所有可能出现的数字,将该列表存储在 self. randdata 属性中。

最后还应当初始化棋盘上的数据。由于最开始时棋盘为空,此时可以用 0 表示空白的位置,故而最开始的时候,二维列表上数字的值均为 0。我们可以通过列表生成式[[0 for i in range(0,xnum)] for i in range(0,ynum)]生成指定长度的二维列表,并将列表中的所有元素的值设置为 0,随后棋盘上的数据存储在属性 self. data 中。

写好初始化方法之后,我们可以执行上面的程序,进行一些简单的测试。

执行了上面的程序后,可以在 Python Shell 中输入以下代码:

```
>>> g1 = Game()
>>> g1.data
[[0, 0, 0, 0], [0, 0, 0, 0], [0, 0, 0, 0], [0, 0, 0, 0]]
```

可以发现,如果创建对象的时候没有传递参数,则默认的二维列表 g1. data 是 4 行 4 列的,并且最初始的时候,棋盘上的值均为 0。

我们可以接着输入如下的代码:

```
>>> g2 = Game(5,6)
>>> g2.data
[[0, 0, 0, 0, 0], [0, 0, 0, 0, 0], [0, 0, 0, 0, 0], [0, 0, 0, 0, 0], [0, 0, 0, 0, 0], [0, 0, 0, 0, 0]]
```

此时在创建游戏对象的时候,传入了两个参数(5,6),这两个参数会自动地传递到构造方法中,分别代表着游戏棋盘的行列数,所以最终 g2. data 属性的值为一个 5 行 6 列的二维列表,并且列表中的初始元素值均为 0,成功实现了棋盘的初始化。

通过上面的初始化程序,此 2048 小游戏的一些基本数据就已经初始化好了。

编写了初始化方法之后,在本节中,还需要实现数字随机化生成的功能。

我们可以编写一个名为 createdata()的自定义方法用于实现数字的随机化生成,为了方便读者阅读,在此先给出该方法的相关实现代码,关键部分已给出注释,如下所示:

```
import random
class Game():
    …为了节约书籍空间,此处省略初始化方法,使用时请补全…
    def createdata(self):
        '''在为 0 的位置中随机选一个位置随机生成 2 或 4'''
        ♯随机生成数字 2,4
        self.thisdata = random.choice(self.randdata)
        ♯遍历列表,把为 0 的位置存储起来
        zeros = []
        for i in range(0,len(self.data)):
            for j in range(0,len(self.data[0])):
                if(self.data[i][j] == 0):
                    zeros.append((i,j))
```

```
 #随机生成数字 2,4,随机填到棋盘里面为 0 的位置中的其中一个位置上
self.thisposition = random.choice(zeros)
self.data[self.thisposition[0]][self.thisposition[1]] = self.thisdata
```

可以看到,在该自定义方法中首先通过 random.choice()函数随机选择一个数字 2 或者 4。随后,需要将该随机选择的数字 2 或者 4 放到棋盘上的空白位置中的随机一个位置处。那么如何知道哪些是棋盘上的空白位置呢?

此时可以通过一个两层 for 循环遍历该二维列表,只要对应的位置上的值为 0,就代表此处为空白位置,故而可以将此时位置的下标信息存储起来。注意,二维列表的下标信息包括行下标信息和列下标信息,所以需要两个变量才能存储,故而可以以元组(i,j)的方式进行存储。

在遍历完该二维列表后,便可知道该二维列表中所有空白位置(即此处代表存储的值为 0 的位置)的信息。

随后,便可以通过 random.choice()函数随机选择一个空白位置,将该空白位置上的值置为上面已经随机选择好的数字 2 或者 4 即可。

可见,通过如上代码,我们便可以实现在值为 0 的位置(空白位置)中随机选一个位置随机生成 2 或 4 的功能。

执行上面的代码(需注意:执行的时候需要将程序中省略号处已写好的初始化方法复制上去补全),并输入以下程序进行调试:

```
>>> #创建一个游戏对象
>>> g1 = Game()
>>> #输出当前二维列表的数据
>>> g1.data
[[0, 0, 0, 0], [0, 0, 0, 0], [0, 0, 0, 0], [0, 0, 0, 0]]
>>> #可见列表中的值均为 0
>>> #随机一个空白位置随机生成 2 或者 4
>>> g1.createdata()
>>> #再次查看当前二维列表的数据
>>> g1.data
[[0, 0, 0, 2], [0, 0, 0, 0], [0, 0, 0, 0], [0, 0, 0, 0]]
>>> #可以看到有一个位置已经随机生成了 2
>>> #再次随机一个空白位置随机生成 2 或者 4
>>> g1.createdata()
>>> #再查看当前二维列表的数据
>>> g1.data
[[0, 0, 0, 2], [0, 0, 0, 0], [0, 4, 0, 0], [0, 0, 0, 0]]
>>> #可见又一个空白位置随机生成了数字 4
```

可以看到,通过上面的程序,我们便可实现空白位置上数据随机生成的功能。

14.5 棋盘与棋盘数据输出功能的实现

完成了用于初始化的构造方法的编写之后,我们还希望将二维列表中的数据形象地显示出来,比如以棋盘的方式输出。

在本节中,将会为大家具体介绍如何实现棋盘与棋盘数据输出的功能。

要实现棋盘的输出,实际上就是要实现二维列表 self. data 的输出,关键点在于输出控制。

一般来说,通过 print()实现数据的输出,输出的时候会自动输出换行。如果要灵活地控制输出时的结束符,可以通过如下格式的代码实现:

```
print(要输出的数据,end = "结束符")
```

例如大家可以通过如下的代码形象地对比一下:

```
>>> ♯换行输出
>>> data = ["A","B","C"]
>>> for i in data:
    print(i)
A
B
C
>>> ♯不换行输出
>>> data = ["A","B","C"]
>>> for i in data:
    print(i,end = "")
ABC
```

可以看到,上面的第 2 次输出由于使用了 end 参数,所以每次输出之后,使用结束符(此处为空字符串"")进行分隔,故而第 2 次输出的时候,"ABC"未换行。

显然,棋盘的输出中,我们希望在输出每行的数据的时候,不换行,而当输出完某行所有数据的时候,换行输出下一行数据。

输出棋盘与棋盘数据的方法 show()可以编写为如下所示:

```
class Game():
    …为了节约书籍空间,此处省略初始化方法,使用时请补全…
    def show(self):
        ♯输出对应的棋盘
        print(" --------------------------------------- ")
        for i in range(0,len(self.data)):
            for j in range(0,len(self.data[0])):
                print(str(self.data[i][j]),end = "\t")
            print()
        print(" --------------------------------------- ")
```

可见,为了让输出的棋盘的上下边界位置处有一个分界线,以区分不同的棋盘,此处使用了 print("---------------------------------------")输出棋盘边界。

棋盘中的数据输出可以通过两层 for 循环遍历二维列表 self. data 实现输出,关键点是,在输出每行中的数据的时候,为了让数据与数据之间的间隔尽量保持一致并且不换行输出,所以使用 end="\t"参数进行控制。而当输出完某一行的所有的数据之后,通过 print()换行,进入下一行数据的输出。

例如我们可以执行以上的程序(需注意:执行的时候需要将程序中省略号处已写好的初始化方法复制上去补全),并可在 Python Shell 中输入以下程序进行调试,关键部分已给出注释：

```
>>> #输出一个默认4行4列的初始化棋盘
>>> g1 = Game()
>>> g1.show()
-------------------------
0   0   0   0
0   0   0   0
0   0   0   0
0   0   0   0
-------------------------
>>> #输出一个3行5列的初始化棋盘
>>> g2 = Game(3,5)
>>> g2.show()
-------------------------
0   0   0
0   0   0
0   0   0
0   0   0
0   0   0
-------------------------
```

可以看到，通过如上的程序，可以成功实现棋盘以及棋盘中数据的输出。

14.6　左滑与左滑合并功能的实现

在实现了上面的功能之后，接下来为大家介绍如何实现左滑与左滑合并功能。

先来实现左滑处理的功能。

假如目前棋盘中的数据如图 14-11 所示。

如果要实现左滑处理，可以依次按行进行处理，比如第一行左滑移动的处理过程如图 14-12 所示。

处理完第一行之后，需要依次处理后续各行，例如处理第 3 行左滑移动的过程如图 14-13 所示。

观察上面的左滑移动示意图，可以发现一些左滑处理的规律，每行的处理过程大致为：建立一个变量（不妨暂时将变量名取名为 can_movepos）用于存储可移动到的下标，初始值为 None（即因为最开始时不明

0	4	0	4
0	0	0	0
0	0	4	0
0	0	0	0

图 14-11　当前棋盘中的数据（假设）

情况，故而初始时的值设置为没有可移动到的下标），然后从左到右对元素进行遍历，判断当前遍历到的元素的值是否为 0，若遍历到的元素的值为 0，说明此处空白，紧接着需要判断该位置的左边是否还有 0，若还有 0 说明该位置的前面已经存在空白，移动是自然尽量往前面移，所以当前位置暂时不用考虑移动，即 can_movepos 不用变化，如果当前位置的前面没有 0，说明当前位置相对来说是靠得最左方的，将 can_movepos 的值设置为当前的下标；若当前遍历到的元素的值不为 0，说明当前的位置有数据，紧接着需要判断 can_movepos 是否存在对应的值，若不存在自然不用移动，若存在，则需要进一步判断 can_movepos 的值是否小

于当前遍历到的下标值,即判断当前遍历到元素的左方是否有空白,can_movepos 的值小于当前遍历到的下标值,说明此时当前元素的左方有空白,则可以移动,移动时将当前遍历到的元素值存储到 can_movepos 对应的下标处即可,并将当前遍历到的所在位置的元素的值重置为 0,随后 can_movepos 自加 1,即向右移动一个单位,继续该行后续的遍历与处理。

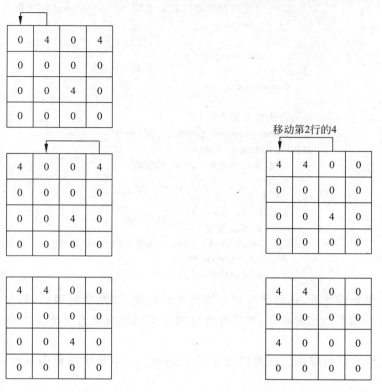

图 14-12　第一行左滑移动的处理过程　　图 14-13　处理第 3 行左滑移动的过程

　　按照上面的方式处理完第 1 行的数据移动之后,可以依次按照同样的方法处理后续各行的数据移动。

　　我们可以写一个方法专门用于实现数据的左滑移动处理,如下所示,left()方法中的代码即可实现棋盘上的数据左滑处理的功能。

```python
import random
class Game():
    …为了节约书籍空间,此处省略初始化方法,使用时请补全…
    …为了节约书籍空间,此处省略已写好的 createdata()方法,使用时请补全…
    …为了节约书籍空间,此处省略已写好的 show()方法,使用时请补全…
    def left(self):
        '''向左滑动操作对应的业务逻辑处理'''
        # 可以一行一行地处理
        for i in range(0,len(self.data)):
            thisline = self.data[i]
            can_movepos = None
            for j in range(0,len(thisline)):
                # 从左到右对元素进行处理
```

```
                    # 判断是否为 0
                    if(thisline[j] == 0):
                        # 判断其前面是否还有 0
                        if(j != 0):
                            if(self.data[i][j] == self.data[i][j-1]):
                                # 此时其前面还有 0,所以 can_movepos 不用变化
                                pass
                            else:
                                can_movepos = j
                        else:
                            can_movepos = j
                    else:
                        # 此时为非 0 元素
                        # 判断 can_movepos 是否存在并且小于 j
                        if(can_movepos == None):
                            # 不存在 can_movepos,不移动
                            pass
                        else:
                            if(can_movepos < j):
                                # 可以移动
                                self.data[i][can_movepos] = thisline[j]
                                can_movepos += 1
                                self.data[i][j] = 0
```

完成了左滑处理之后,还需要实现左滑合并的处理,即左滑处理后,假如棋盘中在行的方向上(即横向)相邻的元素相同,则需要将这两个相同的元素合并到靠左的那个元素的位置上。

具体的左滑合并处理的过程可以通过如下 lmerge()方法中的程序实现,关键部分已给出注释。

```
import random
class Game():
    … 为了节约书籍空间,此处省略初始化方法,使用时请补全 …
    … 为了节约书籍空间,此处省略已写好的 createdata()方法,使用时请补全 …
    … 为了节约书籍空间,此处省略已写好的 show()方法,使用时请补全 …
    … 为了节约书籍空间,此处省略已写好的 left()方法,使用时请补全 …
    def lmerge(self):
        '''左滑合并'''
        for i in range(0,len(self.data)):
            for j in range(1,len(self.data[0])):
                # 若相邻的两个元素值相同,进行合并操作
                if(self.data[i][j] == self.data[i][j-1]):
                    # 如 8 与 8 合并后的值为 8+8=16,即 8*2
                    self.data[i][j-1] = self.data[i][j-1] * 2
                    # 统计当前得分
                    self.score = self.data[i][j-1] + self.score
                    # 合并后靠右的那个元素已经被合并,故而对应位置的值清零
                    self.data[i][j] = 0
```

通过上面的程序,我们已经实现了左滑处理与左滑合并的功能,可以执行上面的程序

（注意：程序执行时，请将省略号处省略的上面已经写好的初始化方法、createdata()方法、show()方法、left()方法补全完整），并在 Python Shell 中进行如下调试：

```
>>> #创建游戏对象
>>> g = Game()
>>> #展示棋盘
>>> g.show()
 ------------------------
0  0  0  0
0  0  0  0
0  0  0  0
0  0  0  0
 ------------------------
>>> #随机生成数据 2or4
>>> g.createdata()
>>> #展示棋盘
>>> g.show()
 ------------------------
0  0  0  0
2  0  0  0
0  0  0  0
0  0  0  0
 ------------------------
>>> #左滑
>>> g.left()
>>> #左滑合并
>>> g.lmerge()
>>> #展示棋盘
>>> g.show()
 ------------------------
0  0  0  0
2  0  0  0
0  0  0  0
0  0  0  0
 ------------------------
>>> #其实此时已进行左滑处理,只不过由于 2 已在最左,故而未变化
>>> #不妨多随机生成一些数据
>>> g.createdata()
>>> g.createdata()
>>> g.createdata()
>>> g.createdata()
>>> g.createdata()
>>> #展示棋盘
>>> g.show()
 ------------------------
0  0  0  0
2  4  0  0
4  0  0  4
2  0  0  2
 ------------------------
```

```
>>> # 可以看到此时已有很多数据
>>> # 左滑
>>> g.left()
>>> # 展示棋盘
>>> g.show()
------------------------
0   0   0   0
2   4   0   0
4   4   0   0
2   2   0   0
------------------------
>>> # 可见,此时各行数据已经实现左滑
>>> # 左滑合并处理
>>> g.lmerge()
>>> # 展示棋盘
>>> g.show()
------------------------
0   0   0   0
2   4   0   0
8   0   0   0
4   0   0   0
------------------------
>>> # 可见各行已经实现左滑合并的功能
```

通过上面的学习,相信读者已经学会了如何对棋盘上的数据进行左滑处理及左滑合并的操作了,到这里,我们已经实现了该游戏的其中一个核心功能,即左滑操作的功能。

14.7　右滑与右滑合并功能的实现

接下来介绍如何实现对棋盘上的数据进行右滑以及右滑合并功能的操作。首先介绍右滑处理的实现。

实际上,右滑处理的过程与左滑处理的过程有些类似,只不过滑动的方向不同而已,故而会导致一些数据处理变换方式的不同。

我们知道,左滑的处理过程,需要依次对每行进行处理,同样,右滑的处理过程,也是依次对每行进行处理。

在每行的处理过程中,左滑与右滑的处理方式有一些不同,主要的不同之处如下所示:

(1) 右滑处理需要从右往左对数据进行遍历,而左滑处理是从左往右对数据进行遍历。

(2) 右滑处理时假如遍历到的元素值为 0,需要判断其后面(即右边)是否还有值为 0 的元素,若还有,can_movepos 不用变化。左滑处理在遇到类似的情况时,是判断其前面(即左边)是否还有值为 0 的元素。

(3) 右滑处理时假如遍历到的元素值不是 0,需要判断 can_movepos 是否存在并且大于 j。左滑处理时假如遍历到的元素值不是 0,需要判断 can_movepos 是否存在并且小于 j。

把握住上面的主要不同之处之后,便可以参照左滑处理的代码,很方便地写出右滑处理

的代码。

我们可以写一个方法专门用于实现数据的右滑移动处理,如下所示,right()方法中的代码即可实现棋盘上的数据右滑处理的功能。

```python
import random
class Game():
    …为了节约书籍空间,此处省略初始化方法,使用时请补全…
    …为了节约书籍空间,此处省略已写好的createdata()方法,使用时请补全…
    …为了节约书籍空间,此处省略已写好的show()方法,使用时请补全…
    def right(self):
        '''向右边滑动操作对应的业务逻辑处理'''
        # 可以一行一行地处理
        for i in range(0,len(self.data)):
            thisline = self.data[i]
            can_movepos = None
            for j in range(len(thisline) - 1, -1, -1):
                # 从右到左对元素进行处理
                # 判断是否为0
                if(thisline[j] == 0):
                    # 判断其后面是否还有0
                    if(j < len(thisline) - 1):
                        if(self.data[i][j] == self.data[i][j + 1]):
                            # 此时其后面还有0,所以can_movepos不用变化
                            pass
                        else:
                            can_movepos = j
                    else:
                        can_movepos = j
                else:
                    # 此时为非0元素
                    # 判断can_movepos是否存在并且大于j
                    if(can_movepos == None):
                        # 不存在can_movepos,不移动
                        pass
                    else:
                        if(can_movepos > j):
                            # 可以移动
                            self.data[i][can_movepos] = thisline[j]
                            can_movepos -= 1
                            self.data[i][j] = 0
```

同样在实现了右滑处理的功能之后,还需要实现右滑合并的功能。

实际上,右滑合并的处理过程与左滑合并的处理过程有一些类似,但同样在数据变换上有一些不同之处,主要的不同之处如下:

(1)右滑合并的过程会从右往左进行检查是否有相邻的相同元素,而左滑合并的过程是从左往右进行检查的。

(2)右滑合并若遇到相邻的相同的元素,会将两个元素合并到靠右方的元素的位置上,而左滑合并会合并到靠左方的元素的位置上。

把握住上面的不同之处之后,可以参考左滑合并的代码很方便地写出右滑合并的代码。对应的右滑合并的代码如下面 rmerge()方法中的程序所示:

```python
import random
class Game():
    …为了节约书籍空间,此处省略初始化方法,使用时请补全…
    …为了节约书籍空间,此处省略已写好的 createdata()方法,使用时请补全…
    …为了节约书籍空间,此处省略已写好的 show()方法,使用时请补全…
    …为了节约书籍空间,此处省略已写好的 right()方法,使用时请补全…
    def rmerge(self):
        '''右滑合并'''
        for i in range(0,len(self.data)):
            for j in range(len(self.data[0]) - 1,0, - 1):
                #从右往左遍历
                #若相邻的两个元素值相同,进行合并操作
                if(self.data[i][j] == self.data[i][j - 1]):
                    self.data[i][j] = self.data[i][j] * 2
                    #统计当前得分
                    self.score = self.data[i][j] + self.score
                    #合并后靠左的那个元素已经被合并,故而对应位置的值清零
                    self.data[i][j - 1] = 0
```

写好右滑处理与右滑合并的代码之后,可以执行上面的程序(注意:在执行的时候,请将省略号处省略的上面已经写好的初始化方法、createdata()方法、show()方法、right()方法补全完整),并在 Python Shell 中输入如下程序进行调试:

```
>>> #创建游戏对象
>>> g = Game()
>>> #展示棋盘
>>> g.show()
------------------------
0  0  0  0
0  0  0  0
0  0  0  0
0  0  0  0
------------------------
>>> #不妨先多随机生成几次数据
>>> g.createdata()
>>> g.createdata()
>>> g.createdata()
>>> g.createdata()
>>> g.createdata()
>>> #展示棋盘
>>> g.show()
------------------------
0  0  0  0
0  0  4  0
4  4  0  0
4  0  0  4
------------------------
```

```
>>> #右滑处理的实现
>>> g.right()
>>> #展示棋盘
>>> g.show()
------------------------
0   0   0   0
0   0   0   4
0   0   4   4
0   0   4   4
------------------------
>>> #可以看到已经实现右滑处理的操作
>>> #右滑合并
>>> g.rmerge()
>>> #展示棋盘
>>> g.show()
------------------------
0   0   0   0
0   0   0   4
0   0   0   8
0   0   0   8
------------------------
>>> #可以看到已经成功实现右滑合并的操作
```

通过上面的调试，可以看到，当前程序已经可以实现右滑处理以及右滑合并的功能了。

14.8　上滑与上滑合并功能的实现

接下来介绍如何实现上滑与上滑合并功能。

实际上，上滑与上滑合并的过程可以转换为左滑与左滑合并的过程，如果大家还不理解转换的过程以及为什么可以转换，可以再详细地阅读图 14-10 所示的转换过程。

在了解了上滑与左滑的转换过程之后，我们如要实现上滑相关的处理，只需要将二维列表中的数据进行行列转置后，通过左滑处理的方式进行处理，处理完成之后，再将二维列表中的数据行列转置恢复，即可实现上滑处理以及上滑合并的功能。

关键问题是，如何实现对二维列表中的数据进行行列转置。

如果要实现对二维列表中的数据进行行列转置，可以通过遍历原二维列表，并将原二维列表中的每行的数据依次放置到每列中。

例如不妨建立一个名为 trans() 的自定义方法专门用于实现二维列表的行列转置。

具体代码如下所示：

```
import random
class Game():
    …为了节约书籍空间，此处省略初始化方法，使用时请补全…
    def trans(self,lista):
        '''二维列表的转置'''
        listb = [[row[i] for row in lista] for i in range(len(lista[0]))]
        return listb
```

可见,在此方法中需要一个参数接收原列表,然后完成行列转置之后,返回一个将原列表转置之后的新列表 listb。

比如我们可以执行上面的程序(注意执行时请在省略号处补全上面已经写好的初始化方法),并在 Python Shell 中进行相应的调试。

```
>>> ＃创建游戏对象
>>> game1 = Game()
>>> ＃写一个待转置的二维列表
>>> list1 = [[1,2,3],[4,5,6],[7,8,9]]
>>> ＃尝试通过 trans()方法转置
>>> game1.trans(list1)
[[1, 4, 7], [2, 5, 8], [3, 6, 9]]
>>> ＃可以看到,返回的列表成功实现了行列转置
```

经过上面的调试可以发现,通过上面的 trans()方法便可实现二维列表的行列转置的操作了。

所以接下来便可以依据左滑处理的代码快速实现上滑处理的代码。

例如我们可以创建一个名为 up()的方法用于实现上滑处理的功能,如下所示:

```
import random
class Game():
    …为了节约书籍空间,此处省略初始化方法,使用时请补全…
    …为了节约书籍空间,此处省略已写好的 createdata()方法,使用时请补全…
    …为了节约书籍空间,此处省略已写好的 show()方法,使用时请补全…
    def trans(self,lista):
        '''二维列表的转置'''
        listb = [[row[i] for row in lista] for i in range(len(lista[0]))]
        return listb
    def up(self):
        '''上滑处理'''
        thisupdata = self.data
        trans_data = self.trans(thisupdata)
        # ------ 以左滑方式处理开始 ----------
        ＃可以一行一行地处理
        for i in range(0,len(trans_data)):
            thisline = trans_data[i]
            can_movepos = None
            for j in range(0,len(thisline)):
                ＃从左到右对元素进行处理
                ＃判断是否为 0
                if(thisline[j] == 0):
                    ＃判断其前面是否还有 0
                    if(j!= 0):
                        if(trans_data[i][j] == trans_data[i][j-1]):
                            ＃此时其前面还有 0,所以 can_movepos 不用变化
                            pass
                        else:
                            can_movepos = j
                    else:
```

```
                        can_movepos = j
                  else:
                        # 此时为非 0 元素
                        # 判断 can_move 是否存在并且小于 j
                        if(can_movepos == None):
                              # 不存在 can_movepos,不移动
                              pass
                        else:
                              if(can_movepos < j):
                                    # 可以移动
                                    trans_data[i][can_movepos] = thisline[j]
                                    can_movepos += 1
                                    trans_data[i][j] = 0
            # -------- 以左滑方式处理结束 ------
            # 再转置回来
            self.data = self.trans(trans_data)
```

可见,上面的上滑处理代码中,大部分都是参照左滑处理的代码实现的,只需要在左滑处理前对二维列表进行行列转置,左滑处理后,再对二维列表进行转置回来即可。

我们可以执行上面的代码(注意:在执行的时候,请将省略号处省略的上面已经写好的初始化方法、createdata()方法、show()方法补全完整),并在 Python Shell 中输入如下程序进行调试。

```
>>> # 创建游戏
>>> game1 = Game( )
>>> # 展示棋盘
>>> game1.show( )
 -------------------------
 0  0  0  0
 0  0  0  0
 0  0  0  0
 0  0  0  0
 -------------------------
>>> # 不妨先多次随机生成数据
>>> game1.createdata( )
>>> game1.createdata( )
>>> game1.createdata( )
>>> game1.createdata( )
>>> # 展示棋盘
>>> game1.show( )
 -------------------------
 0  0  4  0
 0  2  0  4
 2  0  0  0
 0  0  0  0
 -------------------------
>>> # 上滑处理
>>> game1.up()
>>> # 展示棋盘
>>> game1.show( )
```

```
------------------------
2  2  4  4
0  0  0  0
0  0  0  0
0  0  0  0
------------------------
>>> #可以看到已经实现上滑处理的操作
```

上面的程序已经实现了上滑处理,但是还未实现上滑合并的功能。

实际上,上滑合并的过程亦可参照左滑合并的代码轻松实现。只需要在进行左滑合并前先对二维列表中的数据进行行列转置,并在左滑合并后将二维列表中的数据转置回来即可。

如下所示,我们可以通过 umerge()方法中的代码实现上滑合并处理的功能。

```
import random
class Game():
    …为了节约书籍空间,此处省略初始化方法,使用时请补全…
    …为了节约书籍空间,此处省略已写好的 createdata()方法,使用时请补全…
    …为了节约书籍空间,此处省略已写好的 show()方法,使用时请补全…
    …为了节约书籍空间,此处省略已写好的 up()方法,使用时请补全…
    def trans(self,lista):
        '''二维列表的转置'''
        listb = [[row[i] for row in lista] for i in range(len(lista[0]))]
        return listb
    def umerge(self):
        '''上滑合并'''
        trans_data = self.trans(self.data)
        # ------- 以左滑合并的方式处理开始 ---------
        for i in range(0,len(trans_data)):
            for j in range(1,len(trans_data[0])):
                if(trans_data[i][j] == trans_data[i][j-1]):
                    trans_data[i][j-1] = trans_data[i][j-1] * 2
                    self.score = trans_data[i][j-1] + self.score
                    trans_data[i][j] = 0
        # ------- 以左滑合并的方式处理结束 ---------
        #转置回来
        self.data = self.trans(trans_data)
```

随后,我们可以执行上面的程序并在 Python Shell 中输入如下代码进行调试,记得在执行前先把上面代码中省略号处的已经写好的相应方法程序补全。

```
>>> #创建游戏
>>> game1 = Game()
>>> #不妨先多随机生成几次数据
>>> game1.createdata()
>>> game1.createdata()
>>> game1.createdata()
>>> game1.createdata()
>>> game1.createdata()
>>> game1.createdata()
```

```
>>> #展示棋盘
>>> game1.show()
 --------------------------
2  4  0  0
0  0  2  4
0  0  2  4
0  0  0  0
 --------------------------
>>> #上滑处理
>>> game1.up()
>>> #展示棋盘
>>> game1.show()
 --------------------------
2  4  2  4
0  0  2  4
0  0  0  0
0  0  0  0
 --------------------------
>>> #可见已经实现了上滑的操作
>>> #上滑合并
>>> game1.umerge()
>>> #展示棋盘
>>> game1.show()
 --------------------------
2  4  4  8
0  0  0  0
0  0  0  0
0  0  0  0
 --------------------------
>>> #可以看到,已经实现了上滑合并的功能
```

通过上面的程序,已经实现了上滑以及上滑合并的功能。

14.9　下滑与下滑合并功能的实现

相信读者阅读到这里,对下滑以及下滑合并功能的实现方式基本上已经心中有数了。根据图 14-10 的分析,我们已经知道,下滑处理与下滑合并只需要经过行列转置,便可轻松转换为右滑与右滑合并的方式进行处理。

如下所示,在 down() 方法中我们实现了下滑处理的功能,在 dmerge() 方法中我们实现了下滑合并的功能。

```
import random
class Game():
    …为了节约书籍空间,此处省略初始化方法,使用时请补全…
    …为了节约书籍空间,此处省略已写好的 createdata() 方法,使用时请补全…
    …为了节约书籍空间,此处省略已写好的 show() 方法,使用时请补全…
    def trans(self,lista):
        '''二维列表的转置'''
```

```python
            listb = [[row[i] for row in lista] for i in range(len(lista[0]))]
            return listb
    def down(self):
        '''下滑处理'''
        thisupdata = self.data
        trans_data = self.trans(thisupdata)
        # ------ 以右滑方式处理开始 ---------
        # 可以一行一行地处理
        for i in range(0, len(trans_data)):
            thisline = trans_data[i]
            can_movepos = None
            for j in range(len(thisline) - 1, - 1, - 1):
                # 从右到左对元素进行处理
                # 判断是否为 0
                if(thisline[j] == 0):
                    # 判断其后面是否还有 0
                    if(j < len(thisline) - 1):
                        if(trans_data[i][j] == trans_data[i][j + 1]):
                            # 此时其后面还有 0,所以 can_movepos 不用变化
                            pass
                        else:
                            can_movepos = j
                    else:
                        can_movepos = j
                else:
                    # 此时为非 0 元素
                    # 判断 can_move 是否存在并且大于 j
                    if(can_movepos == None):
                        # 不存在 can_movepos,不移动
                        pass
                    else:
                        if(can_movepos > j):
                            # 可以移动
                            trans_data[i][can_movepos] = thisline[j]
                            can_movepos -= 1
                            trans_data[i][j] = 0
        # -------- 以右滑方式处理结束 ------
        # 再转置回来
        self.data = self.trans(trans_data)
    def dmerge(self):
        '''下滑合并'''
        trans_data = self.trans(self.data)
        # ------- 以右滑合并的方式处理开始 ---------
        for i in range(0, len(trans_data)):
            for j in range(len(self.data[0]) - 1, 0, - 1):
                if(trans_data[i][j] == trans_data[i][j - 1]):
                    trans_data[i][j] = trans_data[i][j] * 2
                    self.score = trans_data[i][j] + self.score
                    trans_data[i][j - 1] = 0
        # ------- 以右滑合并的方式处理结束 ---------
        # 转置回来
```

```
self.data = self.trans(trans_data)
```

可以看到,处理下滑与下滑合并的功能,可以将二维列表中的数据进行行列转置之后,转换为右滑与右滑合并的方式来处理,处理之后再将二维列表行列转置回来即可。

我们可以执行上面的代码(同样需要注意,在执行前,先把上面代码中的省略号部分的已经写好的方法的代码补全),并在 Python Shell 中输入如下代码进行调试。

```
>>> #创建游戏对象
>>> g = Game()
>>> #不妨先多随机生成几次数据
>>> g.createdata()
>>> g.createdata()
>>> g.createdata()
>>> g.createdata()
>>> g.createdata()
>>> #展示棋盘
>>> g.show()
---------------------
0  0  0  0
4  0  0  0
2  4  0  4
0  0  0  2
---------------------
>>> #下滑处理
>>> g.down()
>>> #展示棋盘
>>> g.show()
---------------------
0  0  0  0
0  0  0  0
4  0  0  4
2  4  0  2
---------------------
>>> #可见此时已完成下滑操作
>>> #接着进行下滑合并
>>> g.dmerge()
>>> #展示棋盘
>>> g.show()
---------------------
0  0  0  0
0  0  0  0
4  0  0  4
2  4  0  2
---------------------
>>> #实际上已经进行了下滑合并处理,只不过纵向没有相邻的相同元素,故未变化
>>> #再随机生成数据
>>> g.createdata()
>>> g.createdata()
>>> g.createdata()
>>> #展示棋盘
```

```
>>> g.show()
--------------------
0   0   0   0
2   0   0   4
4   0   2   4
2   4   0   2
--------------------
>>> #下滑处理
>>> g.down()
>>> #展示棋盘
>>> g.show()
--------------------
0   0   0   0
2   0   0   4
4   0   0   4
2   4   2   2
--------------------
>>> #可见已完成下滑处理
>>> #下滑合并
>>> g.dmerge()
>>> #展示棋盘
>>> g.show()
--------------------
0   0   0   0
2   0   0   0
4   0   0   8
2   4   2   2
--------------------
>>> #可见此时已经发生并完成了下滑合并
```

到这里为止,我们已经实现了上滑、上滑合并、下滑、下滑合并、左滑、左滑合并、右滑、右滑合并等核心功能。

14.10 游戏按键监听功能的实现

为了实现可以通过按键操作游戏的运行,我们需要学习按键监听的相关知识。

按键监听,顾名思义,即对我们的按键操作进行监听,根据按键情况自动判断需要做的操作,并控制游戏执行相应的处理等。

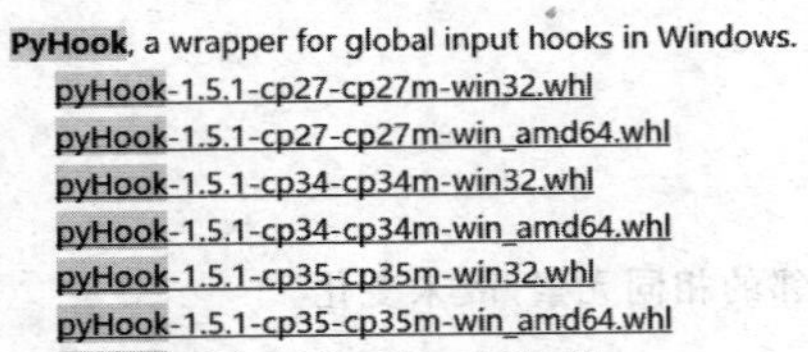

PyHook, a wrapper for global input hooks in Windows.
pyHook-1.5.1-cp27-cp27m-win32.whl
pyHook-1.5.1-cp27-cp27m-win_amd64.whl
pyHook-1.5.1-cp34-cp34m-win32.whl
pyHook-1.5.1-cp34-cp34m-win_amd64.whl
pyHook-1.5.1-cp35-cp35m-win32.whl
pyHook-1.5.1-cp35-cp35m-win_amd64.whl
pyHook-1.5.1-cp36-cp36m-win32.whl
pyHook-1.5.1-cp36-cp36m-win_amd64.whl

图 14-14　第三方 pyHook 模块各版本下载页

一般来说,在 Python 中,如果要实现按键监听的功能,可以通过一些第三方库来实现,比如比较常见的,可以通过 pyHook 库轻松实现。

由于 pyHook 是第三方库,所以如果要使用它,就需要先安装它。

我们可以在浏览器中打开 http://www.lfd.uci.edu/~gohlke/pythonlibs/#pyhook 网址,会出现如图 14-4 所示的网页。

此时我们需要根据自己计算机的版本与安装的 Python 版本选择对应版本的库进行下载，如果计算机是 64 位的，可以选择 win_amd64 结尾的库，如果计算机是 32 位的，可以选择 win32 结尾的库。

　　由于笔者的计算机是 64 位的，Python 的版本为 Python 3.5.2，所以需要选择 cp35、win_amd64 相关的库进行下载，即选择图 14-14 中名为"pyHook-1.5.1-cp35-cp35m-win_amd64.whl"的库进行下载。

　　下载后，笔者将下载的库保存在"D:/downloads/"目录下。接下来，便可以通过 pip 对该库进行安装，pip 命令的格式为：

```
pip install 完整的第三方库路径及文件名
```

　　例如，此时笔者打开 CMD 界面，并通过如图 14-15 所示的指令实现了 pyHook 的安装。

```
D:\>pip install D:\downloads\pyHook-1.5.1-cp35-cp35m-win_amd64.whl
Processing d:\downloads\pyhook-1.5.1-cp35-cp35m-win_amd64.whl
Installing collected packages: pyHook
Successfully installed pyHook-1.5.1
```

图 14-15　通过 pip 安装下载的 pyHook 库

　　可以看到，此时已经成功安装好了 pyHook，需要注意的是，下载的 pyHook 的 whl 版本一定要与自己的计算机位数以及安装的 Python 版本相吻合，否则如果版本不对应常会出现"XX is not a supported wheel on this platform."等出错提示。

　　将 pyHook 库安装完成之后，接下来便可以通过如下格式的代码实现按键的监控了（注意不要漏掉监听与处理函数中最后的 return 语句）：

```
import pyHook
def 监听与处理函数(接收变量):
    接收到的具体按键 = 接收变量.Key
    监听处理主体部分
    return True
def 主控函数():
    Hook 对象 = pyHook.HookManager()
    Hook 对象.KeyDown = 监听与处理函数名
    Hook 对象.HookKeyboard()
主控函数()
```

　　例如我们可以通过如下所示的程序实现监听当前按键并输出当前按键值的功能：

```
def listen(presskey):
    thiskey = presskey.Key
    print(thiskey)
    return True
def start():
    hook = pyHook.HookManager()
    hook.KeyDown = listen
    hook.HookKeyboard()
start()
```

　　执行上面的程序之后，当我们进行按键操作的时候，便会在 Python Shell 中输出我们所按的键的键值名。

例如在我们执行了上面的程序之后,笔者依次按了上、下、左、右方向键,在 Python Shell 中出现了如下所示的输出:

```
>>> Up
Down
Left
Right
```

可以看到,上面的程序已经可以实现按键监听与处理的功能了。

在本节中,可以先完善按键监听与处理部分的功能。在此,我们将在 listenanddo()方法中完成按键监听与处理的功能,具体实现代码如下所示:

```python
class Game():
    ...
    def listenanddo(self,mypresskey):
        # 获取当前按键
        thiskey = mypresskey.Key
        if(thiskey == "F10"):
            # 启动或重启程序
            self.data = [[0 for i in range(0,self.xnum)] for i in range(0,self.ynum)]
            self.createdata()
            self.show()
        elif(thiskey == "Escape"):
            print("您是否需要终止程序?如果需要,可以按 Ctrl + C 组合键实现")
        elif(thiskey == "Left"):
            # 按了左方向键,进行左移的操作
            # 左移具体的过程为左滑、左滑合并、再左滑、随机生成数据、棋盘展示
            self.left()
            self.lmerge()
            self.left()
            self.createdata()
            self.show()
        elif(thiskey == "Right"):
            # 按了右方向键,进行右移的操作
            # 右移具体的过程为右滑、合并、再右滑、随机生成数据、棋盘展示
            self.right()
            self.rmerge()
            self.right()
            self.createdata()
            self.show()
        elif(thiskey == "Up"):
            # 按了上方向键,进行上移的操作
            # 上移具体的过程为上滑、合并、再上滑、随机生成数据、棋盘展示
            self.up()
            self.umerge()
            self.up()
            self.createdata()
            self.show()
        elif(thiskey == "Down"):
            # 按了下方向键,进行下移的操作
```

```
♯下移具体的过程为下滑、合并、再下滑、随机生成数据、棋盘展示
self.down()
self.dmerge()
self.down()
self.createdata()
self.show()
return True
```

可以看到,在 listenanddo()方法中我们首先获取了当前的按键情况,然后分别对各按键情况进行了判断与处理。如果按 F10 键,则启动或重启程序,此时棋盘中各位置的数据会置为 0,并且会随机生成一个 2 或 4,以供玩家进行后续操作,随机生成的数字之后,会将棋盘中的数据展现给玩家。如果按了 Esc 键(该键的具体名称为 Escape),则提示用户是否要退出游戏,以供用户选择。如果按了上下左右等方向键,会分别自动进行上下左右等移动操作。

14.11 编写主控程序

我们知道,按键监听必须要在主控程序中创建 HookManager()对象,以实现对玩家的按键信息进行监听。

主控程序可以主要实现 HookManager()对象创建与相应处理的功能,对游戏进行整体的控制。

当监听到按键信息之后,会传递给 listenanddo()方法,并在 listenanddo()方法中对玩家的按键信息进行分析,然后调用对应的方法实现游戏的业务逻辑处理。

此时主控程序可以编写为如下所示,下面程序的 main()方法即为本游戏的主控程序部分:

```
import random
import pyHook
class Game():
    … 为了节约书籍空间,此处省略初始化__init__()方法,使用时请补全 …
    … 为了节约书籍空间,此处省略已写好的 createdata()方法,使用时请补全 …
    … 为了节约书籍空间,此处省略已写好的 show()方法,使用时请补全 …
    … 为了节约书籍空间,此处省略已写好的 trans()方法,使用时请补全 …
    … 为了节约书籍空间,此处省略已写好的 left()方法,使用时请补全 …
    … 为了节约书籍空间,此处省略已写好的 lmerge()方法,使用时请补全 …
    … 为了节约书籍空间,此处省略已写好的 right()方法,使用时请补全 …
    … 为了节约书籍空间,此处省略已写好的 rmerge()方法,使用时请补全 …
    … 为了节约书籍空间,此处省略已写好的 up()方法,使用时请补全 …
    … 为了节约书籍空间,此处省略已写好的 umerge()方法,使用时请补全 …
    … 为了节约书籍空间,此处省略已写好的 down()方法,使用时请补全 …
    … 为了节约书籍空间,此处省略已写好的 dmerge()方法,使用时请补全 …
    … 为了节约书籍空间,此处省略已写好的 listenanddo()方法,使用时请补全 …
    def main(self):
        '''主控程序'''
        hook = pyHook.HookManager()
        ♯监听所有按键
        hook.KeyDown = self.listenanddo
```

```
hook.HookKeyboard()
```

可以看到,主控部分的程序并不是特别多,甚至可以说非常少,因为大部分的操作我们都已经封装在各个方法中了。

此时,如果我们执行上面的程序,便可以通过按键来很方便地操作这款 2048 小游戏了。当然,在执行的时候,需要把上面省略号处由于篇幅原因省略了的代码补充完整。这些方法的代码在本章上面的内容中我们均已分别实现。

例如,我们执行如上程序之后,可以在如下的 Python Shell 界面中进行简单的操作与调试。

```
>>> # 创建游戏对象
>>> game1 = Game()
>>> # 调用主控程序,进入按键的监听与处理的过程
>>> game1.main()
按键: F10
>>> ---------------------------
0  0  0  0
0  4  0  0
0  0  0  0
0  0  0  0

---------------------------
按键: 左方向键
---------------------------
0  0  0  0
4  0  0  0
0  0  0  0
4  0  0  0
---------------------------
按键: 上方向键
---------------------------
8  4  0  0
0  0  0  0
0  0  0  0
0  0  0  0
---------------------------
按键: 右方向键
---------------------------
0  0  8  4
0  0  0  0
0  2  0  0
0  0  0  0
---------------------------
按键: 左方向键
---------------------------
8  4  0  0
0  0  0  0
2  0  0  0
0  2  0  0
---------------------------
```

```
按键：右方向键
————————————————————
0   0   8   4
2   0   0   0
0   0   0   2
0   0   0   2
————————————————————

按键：上方向键
————————————————————
2   0   8   4
0   0   0   4
0   0   0   0
0   0   0   4
————————————————————

按键：上方向键
————————————————————
2   0   8   8
0   0   0   4
0   0   0   0
0   0   4   0
————————————————————

按键：右方向键
————————————————————
0   0   2   16
0   0   0   4
0   0   0   0
0   0   2   4
————————————————————
```

可以看到，此时已经可以通过按键去玩这一款 2048 小游戏了，经过几次合并，上面的棋盘中已经成功出现到了 16。

14.12　完善输赢判定与得分输出功能

显然，当前的程序还不能实现自动判断输赢并且自动输出得分的功能。

如果我们要实现自动判断输赢的功能，可以在每次棋盘展现之前判断，若满足输或者赢的条件，则不再展现棋盘，自动提示玩家游戏已输或已赢。

显然，判断玩家是否赢得游戏的条件是：棋盘上是否存在值为 2048 的数字，若存在则赢。

如果要判断玩家是否输掉游戏，条件是：棋盘是否已满？若棋盘满时棋盘上还未出现值为 2048 的数字，则判定为玩家输掉游戏。

所以我们可以先通过 data1＝sum(self.data,[]) 将二维表转换为一维列表，便于统计棋盘上值为 2048 的数字的个数，随后通过 data1.count(2048)≥1 统计出棋盘上值为 2048 的数字的个数并判断是否大于等于 1 个，若大于等于 1 个，则说明当前棋盘上存在值为 2048 的数字，即判定玩家赢得该游戏。

随后可以通过 data1.count(0) 统计棋盘上值为 0 的个数，即计算棋盘中的空白位置的个数,若 data1.count(0)==0,则说明此时棋盘中已经没有空白位置了,由于上面已经判断过此时是否赢得该游戏,若未赢得,显然此时玩家已经输掉了此局游戏。

同样,如果要输出得分,我们可以在每次展示棋盘之前进行累计分值的输出,通过输出 self.score 属性的值即可得到当前的累计分值。

我们可以在棋盘展示方法(即 show()方法)中加上上面所提到的判断输赢与输出分值的代码。

我们可以将 show()方法更改为如下所示:

```python
import random
import pyHook
import time
class Game():
    ...
    def show(self):
        #输出前的处理
        #判断输赢,并输出得分
        #先将棋盘数据转为一维列表 data1 便于统计
        data1 = sum(self.data,[])
        #统计看看棋盘上面有没有值为 2048 的数字,若有则赢
        if(data1.count(2048)>= 1):
            print("恭喜,你赢了!3 秒后关闭程序!")
            print("你的得分是: " + str(self.score))
            time.sleep(3)
            exit(0)
        if(data1.count(0) == 0):
            print("棋盘已满,你输了!3 秒后关闭程序!")
            print("你的最终得分是: " + str(self.score))
            time.sleep(3)
            exit(0)
        #如果尚未输赢,则继续输出棋盘
        #输出对应的棋盘
        print("你的当前累计得分是: " + str(self.score))
        print(" ------------------------------------ ")
        for i in range(0,len(self.data)):
            for j in range(0,len(self.data[0])):
                print(str(self.data[i][j]),end = "\t")
            print()
        print(" ------------------------------------ ")
```

此时,自动判断输赢的功能与得分输出的功能便可实现。

至此,我们已经完成了本项目所有功能的开发。

14.13 完整代码

为了方便读者对本 2048 小游戏项目的代码进行统一阅读以及理解,在本节中附上该 2048 小游戏项目的完整代码。

完整代码如下所示:

```python
# 2048 小游戏
import pyHook
import random
import time
class Game():
    def __init__(self, xnum = 4, ynum = 4):
        self.xnum = xnum
        self.ynum = ynum
        self.score = 0
        # 初始化用于随机出现的数字,只能随机出现 2 或 4
        self.randdata = [2,4]
        # 生成对应长度的列表用于存储棋盘上的数据
        self.data = [[0 for i in range(0,xnum)] for i in range(0,ynum)]
    def trans(self, lista):
        '''二维列表的转置'''
        listb = [[row[i] for row in lista] for i in range(len(lista[0]))]
        return listb
    def createdata(self):
        '''在为 0 的位置中随机选一个位置随机生成 2 或 4'''
        # 随机生成数字 2,4
        self.thisdata = random.choice(self.randdata)
        # 遍历列表,把为 0 的位置存储起来
        zeros = []
        for i in range(0,len(self.data)):
            for j in range(0,len(self.data[0])):
                if(self.data[i][j] == 0):
                    zeros.append((i,j))
        # 随机生成数字 2,4,随机填到棋盘里面为 0 的位置中的其中一个位置上
        self.thisposition = random.choice(zeros)
        self.data[self.thisposition[0]][self.thisposition[1]] = self.thisdata
    def lmerge(self):
        '''左滑合并'''
        for i in range(0,len(self.data)):
            for j in range(1,len(self.data[0])):
                # 若相邻的两个元素值相同,进行合并操作
                if(self.data[i][j] == self.data[i][j-1]):
                    # 如 8 与 8 合并后的值为 8 + 8 = 16, 即 8 * 2
                    self.data[i][j-1] = self.data[i][j-1] * 2
                    # 统计当前得分
                    self.score = self.data[i][j-1] + self.score
                    # 合并后靠右的那个元素已经被合并,故而对应位置的值清零
                    self.data[i][j] = 0
    def rmerge(self):
        '''右滑合并'''
        for i in range(0,len(self.data)):
            for j in range(len(self.data[0]) - 1,0, - 1):
                # 从右往左遍历
                # 若相邻的两个元素值相同,进行合并操作
                if(self.data[i][j] == self.data[i][j-1]):
                    self.data[i][j] = self.data[i][j] * 2
                    # 统计当前得分
```

```
                    self.score = self.data[i][j] + self.score
                    #合并后靠左的那个元素已经被合并,故而对应位置的值清零
                    self.data[i][j - 1] = 0
    def umerge(self):
        '''上滑合并'''
        trans_data = self.trans(self.data)
        # ------- 以左滑合并的方式处理开始 ---------
        for i in range(0, len(trans_data)):
            for j in range(1, len(trans_data[0])):
                if(trans_data[i][j] == trans_data[i][j - 1]):
                    trans_data[i][j - 1] = trans_data[i][j - 1] * 2
                    self.score = trans_data[i][j - 1] + self.score
                    trans_data[i][j] = 0
        # ------- 以左滑合并的方式处理结束 ---------
        #转置回来
        self.data = self.trans(trans_data)
    def dmerge(self):
        '''下滑合并'''
        trans_data = self.trans(self.data)
        # ------- 以右滑合并的方式处理开始 ---------
        for i in range(0, len(trans_data)):
            for j in range(len(self.data[0]) - 1, 0, - 1):
                if(trans_data[i][j] == trans_data[i][j - 1]):
                    trans_data[i][j] = trans_data[i][j] * 2
                    self.score = trans_data[i][j] + self.score
                    trans_data[i][j - 1] = 0
        # ------- 以右滑合并的方式处理结束 ---------
        #转置回来
        self.data = self.trans(trans_data)
    def left(self):
        '''向左滑动操作对应的业务逻辑处理'''
        #可以一行一行地处理
        for i in range(0, len(self.data)):
            thisline = self.data[i]
            can_movepos = None
            for j in range(0, len(thisline)):
                #从左到右对元素进行处理
                #判断是否为 0
                if(thisline[j] == 0):
                    #判断其前面是否还有 0
                    if(j!= 0):
                        if(self.data[i][j] == self.data[i][j - 1]):
                            #此时其前面还有 0,所以 can_movepos 不用变化
                            pass
                        else:
                            can_movepos = j
                    else:
                        can_movepos = j
                else:
                    #此时为非 0 元素
                    #判断 can_movepos 是否存在并且小于 j
```

```
            if(can_movepos == None):
                # 不存在 can_movepos,不移动
                pass
            else:
                if(can_movepos < j):
                    # 可以移动
                    self.data[i][can_movepos] = thisline[j]
                    can_movepos += 1
                    self.data[i][j] = 0
    def right(self):
        '''向右边滑动操作对应的业务逻辑处理'''
        # 可以一行一行地处理
        for i in range(0,len(self.data)):
            thisline = self.data[i]
            can_movepos = None
            for j in range(len(thisline) - 1, - 1, - 1):
                # 从右到左对元素进行处理
                # 判断是否为 0
                if(thisline[j] == 0):
                    # 判断其后面是否还有 0
                    if(j < len(thisline) - 1):
                        if(self.data[i][j] == self.data[i][j + 1]):
                            # 此时其后面还有 0,所以 can_movepos 不用变化
                            pass
                        else:
                            can_movepos = j
                    else:
                        can_movepos = j
                else:
                    # 此时为非 0 元素
                    # 判断 can_move 是否存在并且大于 j
                    if(can_movepos == None):
                        # 不存在 can_movepos,不移动
                        pass
                    else:
                        if(can_movepos > j):
                            # 可以移动
                            self.data[i][can_movepos] = thisline[j]
                            can_movepos -= 1
                            self.data[i][j] = 0
    def up(self):
        '''上滑处理'''
        thisupdata = self.data
        trans_data = self.trans(thisupdata)
        # ------ 以左滑方式处理开始 ---------
        # 可以一行一行地处理
        for i in range(0,len(trans_data)):
            thisline = trans_data[i]
            can_movepos = None
            for j in range(0,len(thisline)):
                # 从左到右对元素进行处理
```

```
                    # 判断是否为 0
                    if(thisline[j] == 0):
                        # 判断其前面是否还有 0
                        if(j!= 0):
                            if(trans_data[i][j] == trans_data[i][j - 1]):
                                # 此时其前面还有 0,所以 can_movepos 不用变化
                                pass
                            else:
                                can_movepos = j
                        else:
                            can_movepos = j
                    else:
                        # 此时为非 0 元素
                        # 判断 can_move 是否存在并且小于 j
                        if(can_movepos == None):
                            # 不存在 can_movepos,不移动
                            pass
                        else:
                            if(can_movepos < j):
                                # 可以移动
                                trans_data[i][can_movepos] = thisline[j]
                                can_movepos += 1
                                trans_data[i][j] = 0
        # -------- 以左滑方式处理结束 ------
        # 再转置回来
        self.data = self.trans(trans_data)


    def down(self):
        '''下滑处理'''
        thisupdata = self.data
        trans_data = self.trans(thisupdata)
        # ------ 以右滑方式处理开始 ---------
        # 可以一行一行地处理
        for i in range(0,len(trans_data)):
            thisline = trans_data[i]
            can_movepos = None
            for j in range(len(thisline) - 1, - 1, - 1):
                # 从右到左对元素进行处理
                # 判断是否为 0
                if(thisline[j] == 0):
                    # 判断其后面是否还有 0
                    if(j < len(thisline) - 1):
                        if(trans_data[i][j] == trans_data[i][j + 1]):
                            # 此时其后面还有 0,所以 can_movepos 不用变化
                            pass
                        else:
                            can_movepos = j
                    else:
                        can_movepos = j
                else:
                    # 此时为非 0 元素
```

```
                #判断 can_move 是否存在并且大于 j
                if(can_movepos == None):
                        #不存在 can_movepos,不移动
                        pass
                else:
                        if(can_movepos > j):
                                #可以移动
                                trans_data[i][can_movepos] = thisline[j]
                                can_movepos -= 1
                                trans_data[i][j] = 0
        # -------- 以右滑方式处理结束 ------
        #再转置回来
        self.data = self.trans(trans_data)
def show(self):
        #输出前的处理
        #判断输赢,并输出得分
        #先将棋盘数据转为一维列表 data1 便于统计
        data1 = sum(self.data,[])
        #统计看看棋盘上面有没有值为 2048 的数字,若有则赢
        if(data1.count(2048)>= 1):
                print("恭喜,你赢了!3 秒后关闭程序!")
                print("你的得分是: " + str(self.score))
                time.sleep(3)
                exit(0)
        if(data1.count(0) == 0):
                print("棋盘已满,你输了!3 秒后关闭程序!")
                print("你的最终得分是: " + str(self.score))
                time.sleep(3)
                exit(0)
        #如果尚未输赢,则继续输出棋盘
        #输出对应的棋盘
        print("你的当前累计得分是: " + str(self.score))
        print(" --------------------- ")
        for i in range(0,len(self.data)):
                for j in range(0,len(self.data[0])):
                        print(str(self.data[i][j]),end = "\t")
                print()
        print(" --------------------- ")
def listenanddo(self,mypresskey):
        #获取当前按键
        thiskey = mypresskey.Key
        if(thiskey == "F10"):
                #启动或重启程序
                self.data = [[0 for i in range(0,self.xnum)] for i in range(0,self.ynum)]
                self.createdata()
                self.show()
        elif(thiskey == "Escape"):
                print("您是否需要终止程序?如果需要,可以按 Ctrl + C 组合键实现")
        elif(thiskey == "Left"):
                #按了左方向键,进行左移的操作
```

```
            ♯左移具体的过程为左滑处理、左滑合并、合并后左滑处理、随机生成数据、棋盘展示
            self.left()
            self.lmerge()
            self.left()
            self.createdata()
            self.show()
        elif(thiskey == "Right"):
            ♯按了右方向键,进行右移的操作
            ♯右移具体的过程为右滑处理、右滑合并、合并后右滑处理、随机生成数据、棋盘展示
            self.right()
            self.rmerge()
            self.right()
            self.createdata()
            self.show()
        elif(thiskey == "Up"):
            ♯按了上方向键,进行上移的操作
            ♯上移具体的过程为上滑处理、上滑合并、合并后上滑处理、随机生成数据、棋盘展示
            self.up()
            self.umerge()
            self.up()
            self.createdata()
            self.show()
        elif(thiskey == "Down"):
            ♯按了下方向键,进行下移的操作
            ♯下移具体的过程为下滑处理、下滑合并、合并后下滑处理、随机生成数据、棋盘展示
            self.down()
            self.dmerge()
            self.down()
            self.createdata()
            self.show()
        return True
    def main(self):
        '''主控程序'''
        hook = pyHook.HookManager()
        ♯监听所有按键
        hook.KeyDown = self.listenanddo
        hook.HookKeyboard()
g1 = Game()
g1.main()
```

14.14 2048 小游戏的调试与运行

接下来我们可以执行上面的完整程序,对该 2048 小游戏进行一些调试,看看各功能能否正常使用。

执行了上面的完整程序之后,可以按 F10 键开始进行游戏,开始游戏后调试过程如下所示:

```
>>> 你的当前累计得分是：0
_____
2  0  0  0
0  0  0  0
0  0  0  0
0  0  0  0
_____
按键：下方向键
你的当前累计得分是：0
_____
0  4  0  0
0  0  0  0
0  0  0  0
2  0  0  0
_____
按键：上方向键
你的当前累计得分是：0
_____
2  4  0  0
0  0  0  0
0  2  0  0
0  0  0  0
_____
按键：左方向键
你的当前累计得分是：0
_____
2  4  0  0
0  0  0  0
2  0  0  0
0  0  4  0
_____
按键：上方向键
你的当前累计得分是：4
_____
4  4  4  0
0  4  0  0
0  0  0  0
0  0  0  0
_____
按键：左方向键
你的当前累计得分是：12
_____
8  4  0  0
4  2  0  0
0  0  0  0
0  0  0  0
_____
按键：右方向键
你的当前累计得分是：12
_____
0  4  8  4
```

```
0   0   4   2
0   0   0   0
0   0   0   0
----------------------
按键：左方向键
你的当前累计得分是：12
----------------------
4   8   4   0
4   2   0   0
0   0   0   0
0   0   4   0
----------------------
按键：上方向键
你的当前累计得分是：28
----------------------
8   8   8   0
0   2   0   0
0   0   0   0
4   0   0   0
----------------------
按键：左方向键
你的当前累计得分是：44
----------------------
16  8   0   0
2   0   0   0
0   0   0   0
4   0   0   2
----------------------
按键：右方向键
你的当前累计得分是：44
----------------------
0   0   16  8
0   0   0   2
0   0   4   0
0   0   4   2
----------------------
按键：上方向键
你的当前累计得分是：56
----------------------
0   0   16  8
0   0   8   4
0   0   0   0
0   0   2   0
----------------------
```

可以看到，在经过了一系列的操作之后，此时已经累计得分 56 分，棋盘上最大的数字已经达到了 16，基本上没有遇到什么大的问题。

随后，笔者又经过一系列的操作，终于输掉了该游戏，输掉时界面如图 14-16 所示。

可见，此局笔者最终得分为 888，但棋盘已满，棋盘上最大的数字才是 128，未达到 2048，故而此局输掉了。在输掉后，程序会自动延时 3 秒钟，随后自动退出游戏。

```
你的当前累计得分是：888
————————————————————————————————
128      16       8       4
0        8        2       32
4        2        16      2
2        8        4       2
————————————————————————————————
棋盘已满，你输了！3秒后关闭程序！
你的最终得分是：888
```

图 14-16　自动判断输赢界面

14.15　小结

（1）完成了左滑处理之后，还需要实现左滑合并的处理，即左滑处理后，假如棋盘中在行的方向上（即横向）相邻的元素相同，则需要将这两个相同的元素合并到靠左的那个元素的位置上。

（2）左滑与右滑的处理方式有一些不同，主要的不同之处为：右滑处理需要从右往左对数据进行遍历，而左滑处理是从左往右对数据进行遍历；右滑处理时假如遍历到的元素值为 0，需要判断其后面（即右边）是否还有值为 0 的元素，若还有，can_movepos 不用变化。左滑处理在遇到类似的情况时，是判断其前面（即左边）是否还有值为 0 的元素；右滑处理时假如遍历到的元素值不是 0，需要判断 can_movepos 是否存在并且大于 j。左滑处理时假如遍历到的元素值不是 0，需要判断 can_movepos 是否存在并且小于 j。

（3）右滑合并的处理过程与左滑合并的处理过程也有一些类似，但同样在数据变换上有一些不同之处，主要的不同之处如下：右滑合并的过程会从右往左进行检查是否有相邻的相同元素，而左滑合并的过程是从左往右进行检查的；右滑合并若遇到相邻的相同的元素，会将两个元素合并到靠右方的元素的位置上，左滑合并会合并到靠左方的元素的位置上。

（4）实际上，上滑与上滑合并的过程可以转换为左滑与左滑合并的过程，下滑与下滑合并的过程可以转换为右滑与右滑合并的过程；上滑处理与上滑合并只需要经过行列转置，便可轻松转换为左滑与左滑合并的方式进行处理，下滑处理与下滑合并只需要经过行列转置，便可轻松转换为右滑与右滑合并的方式进行处理。

14.16　思考与扩展

到这里为止，2048 小游戏项目就已经成功实现了。

相信大家在完成了这一个 2048 小游戏项目之后，对 Python 基础方面的知识已经能够灵活运用了。

为了让读者的思维可以有更多的扩展，在此，笔者将提出两个问题仅供有精力的读者进行思考。

（1）本项目中，上移与下移的操作我们是通过二维列表行列转置的方式，转换为左移与右移进行处理的。请思考一下，除了行列转置的方式，还有其他的方法实现上移与下移的操作吗？具体如何实现？

 提示

> 有的（比如在不转置的情况下）左移与右移是在横向上进行操作的，不用通过转置，上移与下移只需要在纵向上进行操作即可。具体的实现，读者可以试着研究一下。对同一个问题，采用不同的方法去实现，有助于提升一个人的思考能力，以及可以很好地锻炼一个人对知识的灵活运用的能力。

（2）本项目目前只具有简单的棋盘展示功能，严格来说是不具备可视化界面的，那么，使用 Python 技术可以为该项目开发出一个美观的可视化界面（即 GUI 界面）吗？如果可以，请思考具体如何实现？

 提示

> Python 是支持 GUI 编程的，例如大家可以通过 pyqt、wxPython 等第三方库完成美观的 GUI 界面的开发，为该游戏开发一个可视化界面出来。具体的编程实现，有精力的读者也可试着研究编写一下。

图 书 资 源 支 持

感谢您一直以来对清华版图书的支持和爱护。为了配合本书的使用，本书提供配套的资源，有需求的读者请扫描下方的"书圈"微信公众号二维码，在图书专区下载，也可以拨打电话或发送电子邮件咨询。

如果您在使用本书的过程中遇到了什么问题，或者有相关图书出版计划，也请您发邮件告诉我们，以便我们更好地为您服务。

我们的联系方式：

地　　址：北京海淀区双清路学研大厦 A 座 707

邮　　编：100084

电　　话：010－62770175－4604

资源下载：http://www.tup.com.cn

电子邮件：weijj@tup.tsinghua.edu.cn

QQ：883604(请写明您的单位和姓名)

资源下载、样书申请

书圈

用微信扫一扫右边的二维码，即可关注清华大学出版社公众号"书圈"。